Elmar Briem

Beiträge zur Genese und Morphodynamik des ariden Formenschatzes
unter besonderer Berücksichtigung des Problems der Flächenbildung
(aufgezeigt am Beispiel der Sandschwemmebenen in der östlichen zentralen Sahara)

BERLINER GEOGRAPHISCHE ABHANDLUNGEN

Herausgegeben von Gerhard Stäblein, Georg Jensch, Hartmut Valentin, Wilhelm Wöhlke

Schriftleitung: Dieter Jäkel

Heft 26

Elmar Briem

Beiträge zur Genese und Morphodynamik des ariden Formenschatzes unter besonderer Berücksichtigung des Problems der Flächenbildung

(aufgezeigt am Beispiel der Sandschwemmebenen in der östlichen zentralen Sahara)

Arbeit aus der Forschungsstation Bardai/Tibesti

(38 Abbildungen, 23 Figuren, 8 Tabellen, 155 Diagramme, 2 Karten)

1977

Im Selbstverlag des Institutes für Physikalische Geographie der Freien Universität Berlin
ISBN 3-88009-025-4

Inhalt

1.	Einführung	9
1.1	Das Arbeitsgebiet	9
2.	Die geologische Situation	10
2.1	Die tektonischen Grundlagen	12
2.2	Die Gesteinsverhältnisse der Hauptarbeitsgebiete	12
3.	Die Formen und ihr relatives Alter	13
3.1	Die älteren Reliefeinheiten	13
3.2	Die quartären Formenkomplexe	14
	a) die Fußflächen	
	b) die Täler	
	c) die Hänge	
	d) die Serirflächen	
3.3	Zusammenfassung der Ergebnisse	22
4.	Das Klima	25
4.1	Die Wirkung der Niederschläge	27
5.	Die Sandschwemmebenen: Definition, Verbreitung	29
5.1	Die Befunde: Die Sandschwemmebene von Bardai	30
5.2	Die Genese der Formen im Becken von Bardai	34
5.3	Die Sandschwemmebenen am Dougué und auf der Flugplatzebene	36
5.4	Die Sandschwemmebenen in Südlibyen	39
6.	Zusammenfassung und Deutung der wichtigsten Befunde	42
7.	Das Material: Bearbeitung und Methoden	43
7.1	Das Ausgangsmaterial	44
7.2	Das transportierte Grob- oder Lockermaterial	46
7.3	Die Feinmaterialanreicherungsschicht	47
7.4	Das äolische Material	48
7.5	Das fossile Material	50
7.5.1	Der Schuttkörper	50
7.5.2	Das Oberterrassenmaterial	50
7.5.3	Die dunkelbraunen Böden	53
8.	Vergleiche der Korngrößen der Materialien	54
8.1	Ausgangsmaterial und Sedimente der Sandschwemmebene	54
8.2	Vergleiche der Sedimente auf der Sandschwemmebene	54
9.	Die Beregnungsversuche und ihre Ergebnisse	57
9.1	Die Beregnung der herausragenden Teile der Ebene und ihre Folgen	58
9.2	Die Beregnung der flächenbedeckenden Sedimente	58
9.3	Die Bodentemperaturen bei trockenem und beregnetem Material	61
9.4	Dauer und Tiefe der Durchfeuchtung der Sedimente	65
9.5	Die Tonmineralanalysen	65
10.	Die Korngrößenverteilung in den Sedimenten der Sandschwemmebenen in Südlibyen	68
11.	Die flächenbildenden Prozesse	72
12.	Diskussion der Ergebnisse	75
13.	Zusammenfassung	83
	Résumé	84
	Summary	85
	Literaturverzeichnis	86

Vorwort

Die vorliegende Arbeit entstand nach Geländeuntersuchungen in der zentralen Sahara (Station Bardai/Rep. Tchad 1971 und Südlibyen 1972) und den nachfolgenden Laboruntersuchungen in den Jahren 1972 bis 1973.

Besonderen Dank schulde ich den Professoren Dr. H. HAGEDORN und Dr. J. HÖVERMANN, die die Geländeaufenthalte ermöglichten.

Ferner habe ich nicht minder Herrn Professor Dr. A. WIRTHMANN und Herrn Professor Dr. H. HAGEDORN für die Annahme und die Korrektur der Arbeit und Herrn Professor Dr. D. JÄKEL für die Aufnahme der Dissertation in die Reihe der Berliner Geographischen Abhandlungen zu danken.

Nicht zuletzt möchte ich mich für die großartige Hilfe bei der Herstellung der Karten, Profile und Diagramme bei den Herren Kartographen Ing. grad. P. OELMANN (Karlsruhe) und Ing. grad. J. SCHULZ (Berlin) bedanken.

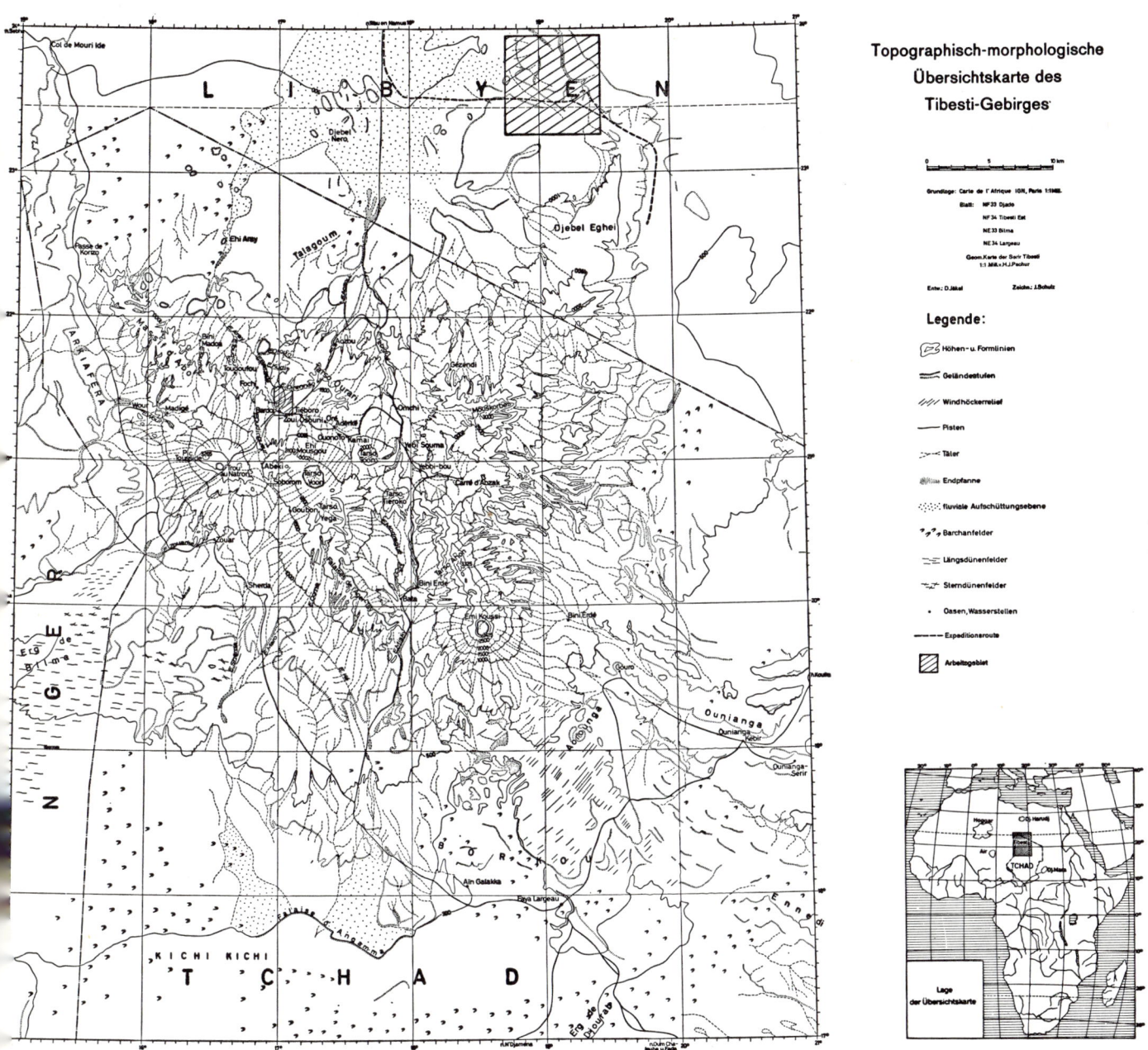

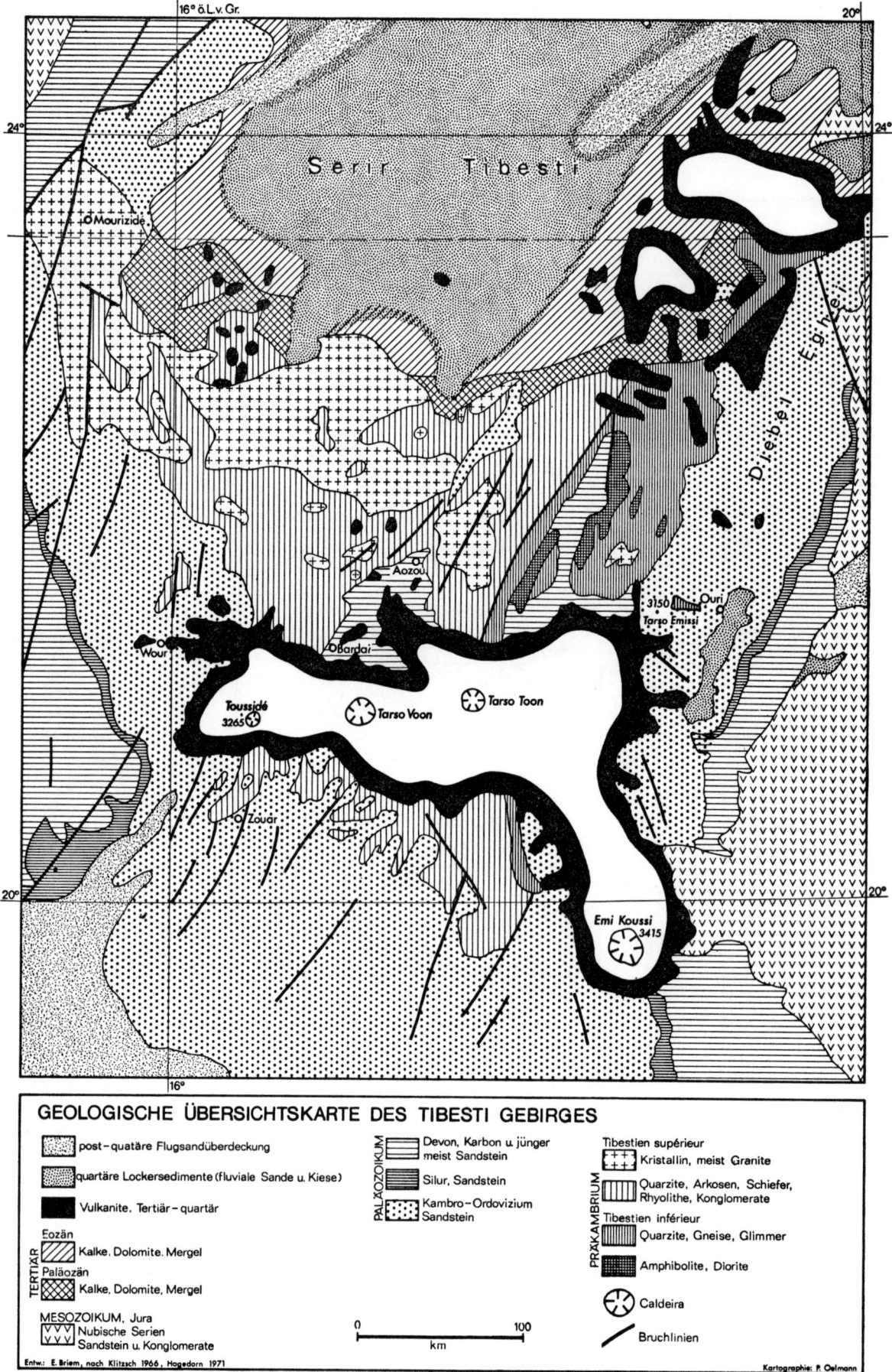

1. Einführung

Der innersaharische Raum wird durch die unendliche Weite seiner Flächen beherrscht. Die Erforschung dieser menschenfeindlichen Räume wurde erst durch die Motorisierung ermöglicht. Genauere Kenntnisse lieferte die Erdölexploration der letzten zwanzig Jahre, die das noch unbekannte Gelände im großen Stil durch Luftbildaufnahme und geologische Prospektion erdwissenschaftlich erforschte.

Morphologisch beherrschen zwei unterschiedliche Flachformen den Raum: Die Flächen der Hamada überziehen mit dunkel patinierten Gesteinsbruchstücken die nahezu unpassierbaren, höheren Stockwerke des Geländes, während die leicht befahrbare Serir die jeweils tiefer gelegenen Flächen bildet.

Die vorliegende Arbeit befaßt sich mit der Genese und der rezenten Morphodynamik solcher Flächen am Beispiel der Sandschwemmebenen, die aus Gründen zahlreicher Ähnlichkeiten zum Formtyp der Serir zu rechnen sind.

Der Text gibt die Ergebnisse von Geländestudien wieder, die bei einem viermonatigen Aufenthalt (1971) an der Forschungsstation Bardai (Rep. Tchad) der Freien Universität Berlin und auf einer Südlibyen-Expedition im Frühjahr 1972 gewonnen wurden. Die notwendigen Probenanalysen sowie deren Auswertung wurden zum größten Teil am Geomorphologischen Laboratorium der Freien Universität Berlin durchgeführt.

Fragen der Genese der Flächen wurden durch intensive Geländebeobachtungen und durch das Studium der vorliegenden Literatur zu beantworten versucht. Eine Klärung der morphodynamischen Vorgänge, die unter den heutigen Bedingungen flächenbildend bzw. erhaltend wirksam werden, war erst durch Beregnungsversuche auf den Sandschwemmebenen und die Analyse des Probenmaterials möglich.

Der Formtyp „Sandschwemmebene" wurde als Untersuchungsobjekt deswegen ausgewählt, weil er sich wegen seiner Beziehungen zu Altflächen, Terrassensystemen und zu den Hängen besonders gut zur Bearbeitung sowohl flächengenetischer als auch morphodynamischer Fragen eignet.

Hier geht es also nicht so sehr um die Diskussion theoretischer Fragestellungen, sondern mehr um die Beschreibung und Deutung von Feldbefunden. Bei der Fülle des schon vorliegenden Materials zu Fragen der ariden Morphodynamik empfiehlt sich eine sinnvolle Beschränkung. Intention der Arbeit war die Darstellung der Ergebnisse eigener Geländebeobachtungen und Laboruntersuchungen. Im Sinne der Zielsetzung der Arbeit werden daher Informationen, die zum allgemeinen Verständnis des Raumes notwendig sind, in möglichst knapper Form summarisch zusammengefaßt und dort, wo es die Fragestellung verlangt, vorangestellt. Die wichtigsten Ergebnisse, die aus der Literatur vorliegen, werden mit den eigenen Befunden verglichen.

Die Durchführung der Untersuchungen verlief dreistufig: zunächst wurden alle erreichbaren Fakten zusammengetragen, die geologische, klimatologische und morphologisch-genetische Fragen des Raumes beantworten. In einem zweiten Schritt wurde die zu bearbeitende Form „Sandschwemmebene" in den bekannten Rahmen eingeordnet und Daten zu ihrer Charakteristik durch intensive Untersuchungen im Gelände gesammelt. Dabei wurden vor allem die Fragen der räumlichen Verbreitung, der Genese, des Materialaufbaus und die Beziehungen dieser Flachform zum Umland bearbeitet.

In einem dritten Schritt wurde versucht, die Fragen des aktiv-morphodynamischen Prozeßgefüges zu beantworten. Zu diesem Zweck wurden Beregnungsversuche durchgeführt, die die natürlichen Niederschlagsverhältnisse und ihre morphologischen Folgen nachahmen sollten. Versuchsobjekte waren die Sandschwemmebenen in der Nähe der Station Bardai. Die entsprechenden Proben wurden im Laboratorium ausgewertet und interpretiert.

Der Aufbau der Arbeit resultiert aus der Reihenfolge der Arbeitsvorgänge: zunächst werden die wichtigsten geologischen, klimatologischen und morphologisch-genetischen Fakten aufgeführt. In einem ersten Hauptteil wird die Form Sandschwemmebene beschrieben, in den bekannten Rahmen eingeordnet und die Verbreitung, die Genese und die Beziehungen dieser Form zum Umland dargestellt. Der zweite Hauptabschnitt widmet sich der Erklärung der Form durch Aufzeichnen der Ergebnisse der Versuche und der Bearbeitung der Materialproben. Zum Abschluß werden die Ergebnisse der Arbeit mit den Angaben und Ansichten in der Literatur verglichen.

1.1 Das Arbeitsgebiet (s. Karte 1)

Das Arbeitsgebiet umfaßt einen Teil der südöstlichen Zentralsahara, die der Verfasser in drei mehrmonatigen Geländeaufenthalten (Station Bardai und Südlibyen-Expedition) bereisen konnte. Im Zentrum liegt das Tibesti-Gebirge, das aus den Flächen, die es umgibt, von etwa 600 m bis auf Höhen von über 3000 m (Emi Koussi 3415 m) aufragt. Abgesehen von stichprobenartigen Aufnahmen entlang der in der Karte eingezeichneten Route wurden vor allem Sandschwemmebenen im nördlichen Gebirgsbereich bei Bardai (21° 20' N, 17° E) in der Höhenregion um 1000 m und im Djebel Eghei (22-23° N und 18-19° E) bei Höhen um 600 bis 800 m untersucht. Weiterhin wurden Beobachtungen zur Hang- und Flächenformung entlang der Route Djebel Soda, Sebha, Tmessa, Wau el Kebir, Wau en Namus und auf der Strecke Sebha-Ubari durchgeführt, also im nördlichen Teil der zentralen Sahara, der auf dem Kartenblatt nicht mehr aufgezeichnet ist.

Aus dem südlibyschen Raum liegen die Ergebnisse ausgedehnter Forschungsreisen, unter anderem von MECKELEIN (1959), KANTER (1963) und FÜRST (1965/66) und aus dem Bereich des Tibesti-Gebirges die umfassende Arbeit von HAGEDORN (1971) vor, um nur auf die wichtigsten Werke der neueren deutschsprachigen Literatur hinzuweisen. Durch die Einrichtung der Forschungsstation Bardai (1964) durch HÖVERMANN und HAGEDORN war es zahlreichen Forschern, vor allem auch Studenten der Erdwissenschaften möglich, in diesem schwer zugänglichen Raum zu arbeiten. Daher liegt unterdessen eine Fülle neuer Ergebnisse vor, die in ganz entscheidendem Maße dazu beigetragen haben, diesen noch wenig erforschten Teil der Sahara nicht nur morphologisch bekannt zu machen (s. Lit.-Verz.).

2. Die geologische Situation
(siehe Karte 2 und Fig. 1)

Im Folgenden wird der geologische Aufbau des Tibesti-Gebirges und seiner Umgebung auf der Grundlage der Arbeiten von WACRENIER (1958), VINCENT (1963) und KLITZSCH (1965, 1966 a, 1970) beschrieben. Die geologische Übersichtskarte wurde auf der Grundlage dieser Veröffentlichung zusammengestellt.

Das Tibesti ist das östliche der beiden zentralsaharischen Gebirge; es liegt etwa innerhalb der Koordinaten 15° 30' und 20° E, sowie 19° und 24° N. Es umfaßt etwa eine Fläche von 100 000 km². Das Gebirge wird im Norden von der Serir Tibesti, im Osten vom Kufra-Becken, im Süden vom Tchad- und im Westen vom Djado- oder Murzuk-Becken begrenzt. Im NE (Djebel Eghei, Tibesti-Syrte-Schwelle) und NW (Tibesti-Tripoli-Schwelle) sowie im SE (Unianga-Ennedi) bilden Schwellenregionen die Ausläufer des Tibesti und grenzen die Becken voneinander ab.

Im wesentlichen sind im Gebirgsbereich drei Phasen der Entwicklung seit dem Präkambrium gegeben:

a) das Basement wird von gefalteten, präkambrischen, metamorphen Gesteinen gebildet;

b) diese werden überlagert von ungefalteten, paläozoischen Deckschichten;

c) tertiär-quartäre Vulkanite bauen das eigentliche Hochgebirge auf (alle Höhen über 1500 m).

Das Grundgebirge steht vor allem im Norden des Tibestis flächendeckend an, während es im Süden nur in vereinzelten Fenstern an die Oberfläche gelangt. Es handelt sich um zwei durch deutliche Diskordanz getrennte Serien, dem Tibestien inférieur und dem Tibestien supérieur.

Das Tibestien inférieur setzt sich aus wechsellagernden Schiefern, Gneisen und Quarziten zusammen, die von Kalkalkali-Graniten und Dioriten durchsetzt sind. Das Tibestien supérieur besteht hauptsächlich aus weit enger gefalteten Schiefern, aber auch Sandsteinen und Arkosen, die im Kontaktbereich zu synorogenen und posttektonischen Granitplutonen metamorphisiert anstehen. Die Schichten streichen 20° über E und stehen fast saiger, was sich morphologisch in dem teilweise badlandartigen Charakter dieser Regionen bemerkbar macht (z. B. NW Bardai). Durch eine auf weite Strecken aufgeschlossene Diskordanz zu den nächstjüngeren Serien kann eine flachwellige Rumpffläche rekonstruiert werden, die das Basement vor der Ablagerung der folgenden Deckschichten überzogen haben muß. Das Grundgebirge ist schon präkambrisch durch eine kräftige Abtragungsphase mit Flächenbildung eingerumpft worden.

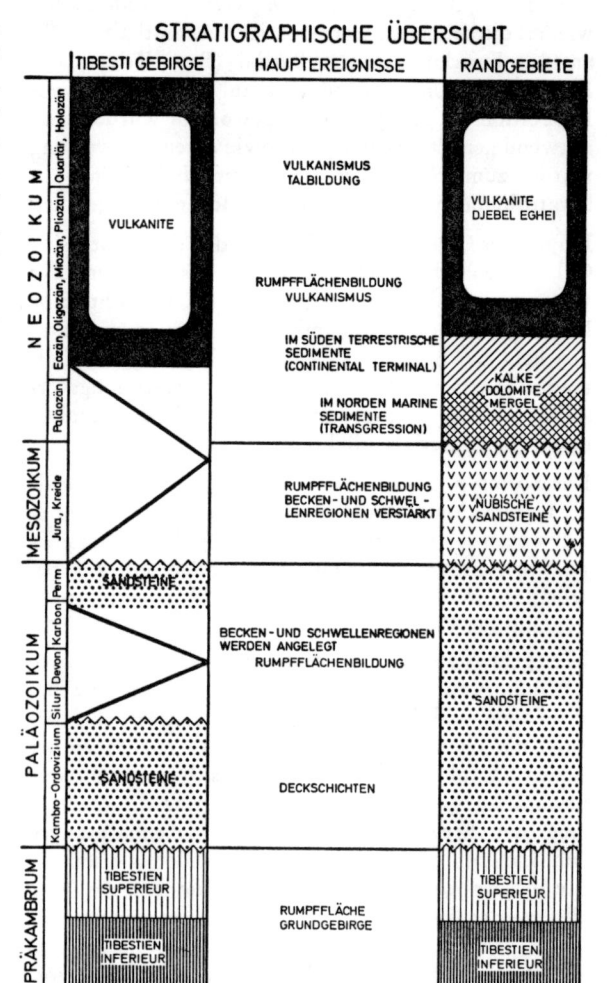

Fig. 1 Stratigraphische Übersicht für das Tibesti-Gebirge und seine Randgebiete

Im Kambrium setzt dann eine Sedimentationsphase ein, in der gut geschichtete Sande und Kiese kontinentaler Fazies abgelagert wurden, die häufig Kreuzschichtung aufweisen. Die daraus hervorgegangenen Sandsteine sind bis auf wenige Ausnahmen [1] ungefaltet und erreichen Mächtigkeiten zwischen 600 bis 1000 m. Sie ummanteln heute das Tibesti keilförmig und stehen im Westen, Süden und Osten mit mächtigen Schichtstufen, die zum Innern des Keils ausbeißen, an. Das Ordovizium bildet den Abschluß dieser ausgedehnten Sedimentationstätigkeit. Im jüngeren Paläozoikum muß weitgehende Abtragungs- und Sedimentationsruhe geherrscht haben, denn erst wieder im Devon und Karbon finden sich mächtigere Sedimentpakete in den Beckenräumen, die also in dieser Zeit schon angelegt wurden. Im Permo-Karbon sind noch vereinzelt Sandsteine zur Ablagerung gekommen, die in der näheren Umgebung von Bardai anstehen.

Das ganze Mesozoikum über war das Tibesti wahrscheinlich Abtragungsraum, da sich keine Ablagerungen aus dem Erdmittelalter finden lassen. Dagegen erreichen solche in den Beckenräumen (Djado, Erdi, Kufra) Mächtigkeiten von mehr als 1500 m, die unter dem Terminus „Nubische Serien" zusammengefaßt werden können. Es sind vor allem kontinentale Sandsteine und Konglomerate des Jura und der Unterkreide. Die Herausbildung von Becken- und Schwellenzonen muß in diesen Zeiten besonders aktiv gewesen sein.

Im Paläozän und Eozän wurden im Norden marine Schichten (Mergel, Kalke) abgelagert, Sedimente einer Transgression aus dem Bereich der Tethis, die von der Syrte bis an den Nordfuß des Tibesti durchgreifen konnte, da die Schwellenregion in diesem Bereich schon soweit ausgeräumt war, wie sie rezent vorliegt. Im Süden dagegen wurde das sogenannte „continental terminal" abgelagert, meist Sandsteine, die zeitlich nur sehr ungenau (Fossilarmut) ins Tertiär gestellt werden. Diese tragen Reste lateritischer Krusten, die der Abtragung besonderen Widerstand leisten und daher stark beeinflussend auf die Formgestaltung im Sinne der Erhaltung der Altflächen wirken. Im Gebirgsbereich selbst sind tertiäre Sedimentgesteine nicht zu finden [2].

Im Tertiär, Quartär und noch im Holozän sind im zentralen Gebirgsbereich und im Djebel Eghei die verschiedensten Vulkanite zur Ablagerung gekommen, Zeugen eines intensiven Oberflächenvulkanismus, der das Tibesti zum Hochgebirge aufgebaut und ihm sein charakteristisches Bild aufgeprägt hat.

VINCENT (1963) hat die Vulkanite ausführlich beschrieben und stratigraphisch geordnet. Er unterscheidet dunkle und helle Serien (série noire, SN und série claire, SC). Die dunklen Serien umfassen vor allem Basalte verschiedener Ausprägungen, während die hellen Serien saure Ergußgesteine, meist Ignimbrite bezeichnen.

Die ältesten Vulkanite (SN 1) haben in Form weitgespannter Trappdecken ein Flächenrelief, vor allem im Norden des Gebirges konserviert. Zum Teil liegen sie im Djebel Eghei den weiter oben erwähnten eozänen marinen Kalken und Mergeln auf, so daß den beginnenden vulkanischen Aktivitäten im Raum des Tibesti ein post-eozänes Alter zugesprochen werden muß.

Der Fossilinhalt eingeschlossener Sedimente der ersten hellen Serie (SC I) erlaubt eine Datierung derselben ins Jungtertiär, sowie die Bestimmung des klimatischen Milieus der Ablagerungszeit, das einem feucht-warmen Typ entsprochen hat. SN-1- und SC-I-Decken sind weitgehend abgetragen.

Die nächstjüngeren Serien (SN 2, SC II) bauen weitgespannte Schilde vom Hawaii-Typ auf (Tarsos), die den zentralen Teil des Gebirges mit über 2000 m Höhe bilden. In diesem eingesenkt liegen die z. T. erosiv stark überformten Calderen [3] des Tarso Voon, Toon und des Emi Koussi.

Weit weniger intensiv abgetragen, aber durch ein radiales Schluchtensystem engständig zerschnitten, treten die weiten Schilde (bouclier nappe, VINCENT, 1963) in Erscheinung, deren oberflächennahe Schichten von Ignimbriten und Bimstuffen der hellen Serie SC III aufgebaut sind. Der Tarso Toussidé (s. Karte 1) z. B. ist in dieser Phase des Vulkanismus entstanden, die ans Ende des Tertiärs gestellt wird.

Jüngere, sehr gut erhaltene, z. T. miteinander verzahnte Calderen gliedern das Zentrum dieses Schildes riesiger Ausdehnung (ca. 1500 km²), von denen das Trou-au-Natron einen Durchmesser von 8 km und eine Tiefe von über 800 m mit z. T. senkrechten Wänden erreicht.

Die quartären Vulkanite eignen sich besonders gut zur Klärung und Datierung der Entwicklung der Täler des Tibesti-Gebirges. Die Serien SN 3 und SN 4 wurden aus einer Unzahl von Schloten, die teilweise das Deckgebirge geradezu durchlöchern, gefördert (so z. B. im Norden des Tarso Toussidé). Die Basaltströme durchflossen und verfüllten bei der Erstarrung immer wieder das schon im Endtertiär kräftig entwickelte Talnetz. VINCENT (1963) bezeichnet diesen Vulkanismus daher als „les basaltes des pentes et des vallées".

Einige Basaltströme erreichen mit bis zu 80 km Lauflänge das Gebirgsvorland, über dessen Flächen sie sich zungenartig ergossen haben. Die jungquartäre Schluchtbildung hat an mehreren Stellen (z. B. bei Wour, westliches Tibesti) [4] bis zu drei Basaltgenerationen auf-

---

[1] Es ist bei Aozou (Nordtibesti) Faltung beobachtet worden.

[2] GABRIEL (1970) hat fluviatile Sedimente von mehreren Metern Mächtigkeit an der Diskordanz (Sdst./Basalt) im Enneri Dirennao (Nordtibesti) beobachtet, wobei es sich wahrscheinlich um tertiäres Material handelt.

[3] Die Entstehung der Calderen (Explosions- oder Einsturz-Calderen) ist noch nicht endgültig geklärt (siehe zusammenfassende Darstellung bei ROLAND, 1974).

[4] Nach eigenen Beobachtungen im Tal des Madigué und auf der Fläche der Arkiafera. Siehe auch HAGEDORN (1971) und BRIEM (1976).

geschlossen, denen bis zu 8 m mächtige latosolartige Sedimente zwischengeschaltet sind, die mit ihrer intensivroten Farbe und dem silikatischen Materialinhalt (reine Eisen-Aluminiumsilikate) einem lateritischen Verwitterungstyp zuzuordnen sind[5]. Diese Sedimente sind fluviatil verfrachtet und abgelagert worden, wie der Aufbau in einzelnen Schichtpaketen, eingeschaltete, stark verwitterte Geröll- und Kieslagen beweisen. Es können also noch weit im Quartär die korrelativen Sedimente einer ferralitischen Verwitterung nachgewiesen werden, auf die weiter unten eingegangen werden soll.

Den Abschluß vulkanischer Fördertätigkeiten bilden die lokal eng begrenzten, holozänen Basalte (SH). Sie bauen z. B. den steilen Kegel des Toussidé auf, der mit einer rel. Höhe von 800 m dem gleichnamigen jungtertiären Schildvulkan aufsitzt. Zahlreiche, zähflüssige Basaltströme haben die im Jungquartär gebildeten Schluchten verstopft und streckenweise verfüllt.

Die Formen sind oft so frisch, daß Förderung in schon geschichtlicher Zeit nicht ausgeschlossen scheint. Noch heute sind bei Soborom (Tarso Voon) Zeugen aktiver, vulkanischer Tätigkeit in Form von Solfataren, Fumarolen und kochenden Schlammlöchern zu bewundern.

2.1 Die tektonischen Grundlagen

Die Tektonik des Tibesti-Gebirges wird durch zwei Hauptbewegungslinien, dem „Tibesti-Syrte"- und dem „Tibesti-Tripoli"-uplift bestimmt, also zweier Hebungsachsen, die sich im zentralen Tibesti kreuzen und an die der Vulkanismus gebunden ist (KLITZSCH, 1966). Wie zahlreiche Verwerfungen, Schrägstellungen und Kippungen beweisen, sind im Laufe der Erdgeschichte Basement und Deckschichten bruchtektonisch stark überarbeitet worden. Die schon erwähnte Differenzierung in Schwellen- und Beckenregionen, die im jüngeren Paläozoikum einsetzte und besonders im Mesozoikum ausgebildet wurde, ist Produkt dieser Bewegungen entlang der Hebungsachsen. Die Keilform des Tibesti kommt durch das Zusammentreffen der beiden Hebungsachsen zustande, in deren Zentrum die stärkste Aufwölbungstätigkeit vorhanden war. Dieser Bereich unterlag der intensivsten Ausräumung (Reliefumkehr, Rumpffläche), in dem weite Areale des Grundgebirges anstehen und der die tertiären, marinen und quartären terrestrischen Sedimente aufgenommen hat (Bereich der Serir Tibesti).

Zu den Flanken hin taucht das Grundgebirge in die Beckenregionen ab, die paläozoischen Deckschichten streichen hier aus und bilden Schichtstufen, die das Tibesti mit zur Aufwölbung hin ausgerichteten Steilhängen keilförmig umgeben (z. B. Massif d'Abo und Djebel Eghei Ostrand). Es handelt sich also um alt angelegte Lineamente, die bis ins Quartär verfolgt werden können. Die Heraushebung der Schwellen und die damit verbundene Bruchtektonik geht nach

---

[5] Die Basalte selbst zeigen keine Spuren einer intensiveren Verwitterung; es ist daher anzunehmen, daß das Material aus älteren (tertiären) Verwitterungsdecken stammt.

KLITZSCH (1966) teilweise bis ins Altpaläozoikum zurück (Tibesti-Tripoli-Schwelle); mit besonderer Aktivität setzen die Bewegungsvorgänge einmal im Karbon ein, nehmen im Laufe des Mesozoikums durch Verlagerung in die Beckenräume ab und erreichen postkretazisch noch einmal größere Intensität. Bewegungen der Erdkruste im Bereich des Tibesti-Gebirges haben aber auch noch im Tertiär und Quartär stattgefunden, wie VINCENT (1963) und WACRENIER (1958) nachweisen.

Die Verwerfungslinien verlaufen wie die Schwellen NNW-SSE, NNE-SSW, NE-SW und NW-SE. Diese Bewegungsvorgänge haben die Grundzüge des Reliefs, das großräumige, strukturelle Relief bestimmt.

2.2 Die Gesteinsverhältnisse der Hauptarbeitsgebiete

Die Untersuchungen zum Problem der Sandschwemmebenen wurden vor allem in der Nähe der Oase Bardai und im Djebel Eghei durchgeführt; zum besseren Verständnis seien daher der „Bardai-Sandstein" und die geologischen Verhältnisse im Djebel Eghei näher erläutert.

Nach ROLAND (1971) ist die Sandsteinprovinz rund um Bardai in drei Einheiten zu untergliedern, nämlich in den zuunterst liegenden „Basissandstein", den mittleren „Quatres-Roches-Sandstein" und den „Tabiriou-Sandstein", die sich durch fazielle Unterschiede klar voneinander trennen lassen. Der älteste „Basissandstein" ist durch einen feinkörnigen Habitus (Fein-Mittelsand, hoher Anteil tonigen Bindemittels) ausgewiesen, der „Quatres-Roches-Sandstein" dagegen durch starke Konglomeratführung, während der „Tabiriou-Sandstein" von einem häufigen Wechsel pelitischer und psammitischer Lagen gekennzeichnet ist.

Wichtig für Fragen der Verwitterung, wie sie im Laufe der Arbeit behandelt werden, ist neben der Körnung die Schichtung und die Klüftigkeit dieser Gesteine. Die Schichtung des „Basissandsteins" liegt durchgehend parallel, seine Klüftigkeit ist relativ gering; er neigt zusammen mit seiner homogenen Feinkörnigkeit zu einer absandenden Verwitterung und einer weitständig-flächenhaften Abspülung, während der kreuz- und schräggeschichtete „Qatres-Roches-Sandstein" mit gut gemischten, gröberen Korngrößen und großer Klüftigkeit zur selektiven Ausräumung neigt. Der „Tabiriou-Sandstein" dagegen tendiert durch seine wechselnde Körnigkeit und durch häufigen Wechsel von Parallel- und Kreuzschichtung zu einer differenzierteren Abtragung, zu einem nebeneinander Herauspräparieren von morphologisch „härteren" und „weicheren" Schichten.

Mit den Funden von *pecopteris cf. arborescens Schlotheimi* durch ROLAND (1971) ist der „Tabiriou-Sandstein" in ein permo-karbonisches Alter zu stellen. Die beiden älteren Generationen von Sandsteinen können also mit DALLONI (1936), KLITZSCH (1966 a), HECHT, FÜRST und KLITZSCH (1963)

ins Kambro-Ordovizium gestellt werden, jedenfalls nicht ins Mesozoikum, wie es der Auffassung WACRENIERs (1958) und VINCENTs (1963) entspricht.

Die Form Sandschwemmebene ist, wie auf den Luftbildern aus dem Tibesti schon nachgewiesen werden kann, nicht an das Vorkommen von Sandsteinen gebunden, sie tritt ebenso in Schiefer- und Granitregionen auf. Da im Tibesti-Gebirge die Arbeitsmöglichkeiten durch bürgerkriegsähnliche Zustände beschränkt waren, wurde die Untersuchung dieser Typform im Schiefer- und Granitbereich des Djebel Eghei auf einer Südlibyen-Expedition (1972) weiter verfolgt.

Die Granite und Schiefer des Djebel Eghei liegen im zentralen Schwellenbereich aufgeschlossen. Es handelt sich um grobkristalline, alkalische Granite, die in Form weitgespannter Plutone im Schiefermantel stecken. Die Granite sind, wie im Tibesti, tiefgründig vergrust und bilden dort, wo sie ausbeißen, runde, wollsackartige Formen.

Die Schiefer stehen fast saiger, mit eng gefalteten Schichten an. Diese zerblättern in kleine Plättchen selektiv der Härte nach. Die ausbeißenden Schieferrücken werden in sich durch kleinste Schichtrippen gegliedert. Es wird eine Art Plättchengrus durch die Verwitterung bereitgestellt, der, sobald er in den Transportmechanismus eingegliedert wird, schnell zu schluffigem Feinmaterial zerrieben wird.

Sandstein, Schiefer und Granit unterliegen eindeutig vergrusender Verwitterung: aktive Schuttproduktion im Sinne von Bereitstellung grober, scharfkantiger Gesteinsbruchstücke kann nur sehr selten, z. B. bei echten Kernsprüngen beobachtet werden. Es ist anzunehmen, daß die rezenten Verwitterungsvorgänge (vor allem die Wirkung angereicherter Salze in Verbindung mit der Taufeuchte) den Gruscharakter des zerfallenden Anstehenden hervorruft. Andererseits kann ein nicht genau faßbarer Anteil des bereitgestellten Feinmaterials auf fossile Verwitterungseinflüsse zurückgeführt werden, wie das Vorhandensein zahlreicher, tiefgründiger Verwitterungsreste, z. T. auch Böden über dem Anstehenden beweist (u. a. Kap. 5.1 und 7.5.3).

Der Basalt nimmt dagegen eine Sonderstellung ein. Abgesehen von der Insolationsverwitterung, der nach meinen Beobachtungen keine besondere Bedeutung zuzumessen ist, verwittert der Basalt nicht in dem Sinne, daß seine Gemengeteile selektiv herausgearbeitet werden, er zerfällt vielmehr in einen feinen Detritus in situ, entlang seiner Klüftung, d. h. da es sich im Djebel Eghei um eine schalig verwitternde Basaltvarietät handelt, wollsackartig. Das Verwitterungsprodukt des Basaltes hat homogene Korngrößen im Feinmaterialbereich, meist Schluffe.

Da in reinen Basaltgebieten keine Sandschwemmebenen aufgefunden werden konnten, mag hier eine echte Petrovarianz im Sinne BÜDELs vorliegen; d. h. Sandschwemmebenen entwickeln sich auf Gesteinen grobkristalliner und schiefriger Natur, sowie auf körnigen Sedimentgesteinen, wie Sandsteinen, aber nicht auf Gesteinen homogener, mikrokristalliner Struktur.

3. Die Formen und ihr relatives Alter

Die Formenvielfalt des Tibesti-Gebirges ist überwältigend. Die Differenzierung der Formen, ihre Gliederung in Strukturformen und klimabedingte fossile, sowie rezente Formenkomplexe stellt die Morphologen vor zahlreiche Aufgaben, denen sich die Mitarbeiter der Forschungsstation Bardai in besonderem Maße gewidmet haben. Es liegen daher eine Reihe morphologischer Arbeiten vor, neben solchen prähistorischer, klimatologischer, geologischer und botanischer Fragestellung, deren Ergebnisse als notwendige Voraussetzung für ein besseres Verständnis der Morphologie dieses Raumes hier zusammengefaßt und chronologisch geordnet, vorgestellt werden sollen. Die Ausführungen berücksichtigen vor allem aber auch eigene Beobachtungen, die zu den einzelnen Formenkomplexen und ihrer Genese gemacht werden konten.

Die durch die geologischen Verhältnisse bestimmten Großeinheiten des strukturellen Reliefs sind im vorangestellten Kapitel schon behandelt worden. Dabei ergaben sich die Möglichkeiten einer relativen Datierung der Formen durch den tertiär-quartären Vulkanismus. Eine zeitlich und klimatisch genauere Gliederung ergibt sich im Jungquartär und Holozän durch die Einordnung von Terrassen, Faunen und Florenbestimmungen, sowie einer Reihe von 14-C-Datierungen.

3.1 Die älteren Reliefeinheiten

Wie schon weiter oben erwähnt, kann über dem alpinotyp gefalteten Grundgebirge eine subkambrische Rumpffläche unter den diskordant überlagernden, kambro-ordovizischen Sandsteinen nachgewiesen werden.

HAGEDORN (1971) und ERGENZINGER (1968) beschreiben im nördlichen, südlichen und westlichen Randbereich des Tibestis ausgedehnte Flächen jüngeren Alters, die das paläozoisch-mesozoische Deckgebirge und das Grundgebirge kappen. Die Flächen senken sich vom Gebirgsrand bei etwa 700 m in die Becken- und Ausraumzonen stetig ab, wo sie unter meist quartären Sedimenten untertauchen. Sie greifen dabei unterschiedslos über die Verwerfungslinien hinweg. Es sind Rumpflächen des sudanesischen Typs, die in Gebirgsnähe, so vor allem im Westen, von steilflankigen Inselbergen (mit rel. Höhen von über 500 m) überragt werden.

Die Flächen sind durch flache Rumpfmulden und Schwellen (Spülmulden und Spülscheiden i. S. BÜDELs) gegliedert. Sie greifen in flachen Dreiecksbuchten trichterförmig in das Gebirge ein. Intramontane Becken, meist an tektonischen Schwächezonen angelegt, schließen sich im Innern des Gebirges an. Harte Lateritkrusten, rotbraune, an Latosole erinnernde Reste feinkörniger Sedimente sind weitverbreitet auf den Flächen zu finden. ERGENZINGER (1968) berichtet über Eisenkrusten von 1 m Mächtigkeit und Verwitterungsdecken über dem Anstehenden von 3 bis 15 m Mächtigkeit. Dabei entspricht das Verhältnis zwischen Krusten- und Basisfläche der BÜDELschen doppelten Einebnungsfläche. Tiefgründige Kaolinisierung und Vergrusung des Anstehenden (KAISER, 1970, BUSCHE, 1972) konnten allenthalben nachgewiesen werden (vgl. auch BÜDEL, 1952, und KUBIENA, 1955, aus dem Bereich der westlichen Zentralsahara). Die Vorgänge der Einrumpfung waren also verknüpft mit Prozessen der Laterisierung und Kaolinisierung des Anstehenden. Für die Bildung der Rumpfflächen muß daher ein wechselfeucht-tropisches Klima postuliert werden (s. a. MECKELEIN, 1959). Das Alter der Rumpfflächen kann nur an Hand von Indizien bestimmt werden.

Im Norden des Tibesti werden die weiter oben schon erwähnten Schichten der eozänen Sedimente von einer Rumpffläche gekappt. Im Djebel Eghei konservieren post-eozäne Trappdecken ein Rumpfflächenrelief. In den zeitlich nicht genau eingestuften Vulkaniten der SC-I-Serien sind limnische Ablagerungen mit reichem Diatomeeninhalt eingeschaltet, die ein feuchtwarmes Klima indizieren. Diese Serien wurden wahrscheinlich im mittleren Tertiär (Miozän?) gefördert, da die SC-II-Serien durch MALEY, COHEN, FAURE, ROGNON und VINCENT (1970) anhand absoluter Datierungen als Frühpliozän ausgewiesen wurden. GABRIEL (1972) fand in Ablagerungen am Puit de Tirenno, einer Wasserstelle, die sich in einer hochgelegenen, alten Talform in tertiären Basalten befindet, zahlreiche Fossilien, von Mastodonten, Krokodilen und Schildkröten, also Faunenreste, die durch ihre Datierung ins Plio-Pleistozän wechselfeucht-tropische Verhältnisse auch noch in dieser Zeit voraussetzen, zumindest in der Region des Hochgebirges.

Die Lage und Verbreitung der Vulkanite zeigt an, daß sich die Ausdehnung der Flächen sowie die Lage der Stufen seit dem Tertiär nicht wesentlich verändert hat. Als Beispiel sollen hier nur die jung-tertiären Ignimbrite vom Tarso Toussidé angeführt werden, die die weiten Flächen des westlichen Gebirgsvorlandes *(Arkiafera)* z. T. bis zu den Inselbergen, an deren Fuß sie grenzen, überschüttet und konserviert haben.

Dieser Befund spricht eindeutig gegen die Auffassung, daß der ariden Morphodynamik eine starke Abtragungsintensität zuzusprechen sei (s. u. a. BARTH und BLUME, 1973). Stufen, Flächen und Inselberge unterliegen einer charakteristischen Überformung, wie weiter unten (s. Kap. 5 ff.) näher beschrieben wird. Sie sind aber nicht Typformen der rezenten arid-morphodynamischen Vorgänge: die Großformen sind als Relikte wahrscheinlich wechselfeucht-tropischer Bedingungen (Tertiär) anzusprechen, lediglich ein Teil des kleinräumigen Reliefs zeugt von typisch ariden Klimaeinflüssen, wie weiter unten ausgeführt wird (s. Kap. 5.2).

Das tertiäre Relief wurde durch Rumpfflächen, Schichtstufen und Inselberge repräsentiert, wie es auch heute noch für den außervulkanischen Bereich des Tibesti-Gebirges charakteristisch ist. Insbesondere die Stufen und Inselberge, aber auch die Flächen wurden durch die Abtragungsprozesse der jüngeren Erdgeschichte überformt, ihr landschaftsbestimmendes Element konnte aber nicht verwischt werden.

3.2 Die quartären Formenkomplexe

a) Die Fußflächen

Aus dem Bereich des Tibesti-Gebirges beschreiben unter anderen PACHUR (1970), HAGEDORN (1971), MOLLE (1971), MESSERLI (1972) und BUSCHE (1972) Formen, die übereinstimmend als Pedimente bezeichnet werden: es sind leicht geneigte (3 bis 10°), kegelförmige, nur von geringer Schuttstreu bedeckte Flächen über dem Anstehenden, die sich zwischen den Flächen mit noch geringerer Neigung und den rückwärtigen Steilhängen einschalten. Die Pedimente finden sich im Gebirgsrandbereich als vermittelnde Glieder zwischen den Rumpfflächen und dem Gebirge selbst, sowie im Gebirgsinneren an den Rändern der intramontanen Becken.

HAGEDORN (1971) und BUSCHE (1972) beschreiben mehrere Generationen von Pedimenten, die z. T. durch Schluchten und Kerbrinnen bis zur Unkenntlichkeit aufgelöst sind. Die Prozesse, die zur Bildung dieser Flachformen geführt haben, sind ebensowenig geklärt wie deren zeitliche Einordnung. Übereinstimmung besteht bei allen Bearbeitern in der Auffassung, daß diese Flachformen fossil seien und in der Gegenwart weder weiter- noch neugebildet werden, abgesehen von MESSERLI (1972), der in der Höhenregion über 2800 m Pedimentbildung als rezent aktiven Formungsvorgang bei konzentrierten Niederschlägen von über 150 mm/Jahr beschreibt.

BUSCHE, der sich besonders intensiv mit dem Pedimentproblem im Bereich des Tibesti auseinandergesetzt hat, sieht in diesen Flachformen durch aride Vorgänge von der Latosoldecke entblößte Rumpfflächenteile; sie sind „die degradierten Überreste von Spülmulden oder Flachmuldentälern" [6]. Leider bezeichnet BUSCHE trotz seiner Schlußfolgerungen diese Flächen weiterhin als Pedimente und trägt damit zu der ohnehin schon großen nomenklatorischen Verwirrung bei.

Es ist in der Tat so, daß diese Flächen selten mehr als 5° Neigung erreichen. Außerdem fehlen meist sowohl eine Schuttbedeckung allochthonen Materials sowie der Bereich der Glacis und der Salztonebenen. Der Ver-

---

[6] BUSCHE (1972 a).

fasser kommt auf Grund dieser Tatsachen und zahlreicher eigener Beobachtungen (s. a. die folgenden Kap.) zu der Auffassung, daß in der zentralen Sahara Pedimente im Sinne der Definition von WILHELMY (1972 II, S. 175) nicht auftreten, zumindest aber nicht als aride Leitform anzusprechen sind; er kann sich daher nur der Meinung BUSCHEs anschließen und von Rumpfflächen sprechen, die durch die aride Morphodynamik z. T. zu Felsfußflächen umgestaltet wurden.

Diese Felsfußflächen sind gewiß auf Spülvorgänge, hervorgerufen durch die Starkniederschläge eines insgesamt ariden Klimamilieus, zurückzuführen und daher als Produktform eines Trockenklimas anzusprechen, sie sind aber nicht das Ergebnis der Pediplanation, sei es im Sinne BÜDELs (1970) oder GOSSMANNs (1970), die die Hangzurückverlegung, oder im Sinne von v. WISSMANN (1951), WICHE (1963) und RAHN (1967), die die Lateralerosion der den Gebirgsbereich verlassenden Flüsse, verantwortlich machen.

Die Zerschneidung dieser Flächen durch Schluchten ist auf fluviatile Einflüsse zurückzuführen, die wahrscheinlich in feuchteren Klimaperioden gegeben waren (s. Kap. 3.2 b). Da die Felsfußflächen und die Schluchten z. T. auch von älteren Terrassen überdeckt und verfüllt werden, wurden sie schon vor der Anlage dieser Akkumulationskörper sowohl freigelegt als auch zerschnitten. Die Anlage der Flächen ist damit fossil, es muß BUSCHE zugestimmt werden, der die Entstehung der Felsfußflächen ins Altquartär datiert.

Vom Formungsmechanismus her stimmt diese Datierung auch mit den bisherigen Ergebnissen der Paläoklimatologie überein, die ein allmähliches Trockenwerden des Klimas im ausgehenden Tertiär und Altquartär postulieren. KAISER (1972, S. 18) spricht von „offenbar randtropischer Aridität" im Sinne von semiariden Klimaverhältnissen tropischen Charakters mit kurzen sommerlichen Regenzeiten, die im Gegensatz zum vorangegangenen wechselfeucht-tropischen Klima, weit herabgesetzte Niederschlagsmengen aufwiesen.

Die Umgestaltung der Rumpfflächen im Saumbereich höher aufragenden Geländes, d. h. der Stufen, in Felsfußflächen im Sinne des vom Verwitterungsmantel entblößten Anstehenden ist vor allem altquartären Alters. Ob darin Vorgänge der Pediplanation zu sehen sind, scheint zweifelhaft und wird vom Verfasser abgelehnt, da die Formen (s. o.) keine eindeutigen Beweise liefern. Echte Pedimente dagegen im Sinne von gebirgssaumbegleitenden Schrägflächen über dem Anstehenden mit Neigungen zwischen 10 bis 15°, die die Transportflächen des vom Gebirge her gelieferten Schutts bilden, sind im mediterranen Randbereich der Sahara (Atlas, nordlibysche Mittelgebirge) entwickelt, in einem Raum ganz anderer klimatischer Bedingungen (Winterregen, höhere, 150 bis 250 mm, regelmäßig jährlich auftretenden Niederschläge). Im klimamorphologischen Sinne muß hier eine Differenzierung vorgenommen werden.

b) Die Täler

Eine Zertalung des Tibesti-Gebirges ist schon in recht früher Zeit nachzuweisen. Die „Basalte der Hänge und Täler" (SN 3, SN 4), die, wie der Name schon sagt, ein Talrelief verfüllten, sind im Laufe des Alt- und Mittelquartärs zur Ablagerung gekommen. Die SC-IIIb-Ignimbrite, die an der Wende Tertiär-Quartär gefördert worden sein sollen, haben auch schon dieses Talrelief vorgefunden, das teilweise bis unter die heutige Talsohle ausgeräumt war. Vor allem im Bereich der Schichtstufen und ihrer Landterrassen sind, wie die Satelliten-Aufnahmen beweisen, großartige, konsequente Talsysteme angelegt worden mit breiten, steilflankigen Kasten- und Sohlentälern, in die die Vulkanite talbodenfüllend eingeflossen sind (s. Abb. 1 und 2).

Wie BRIEM (1970) und HAGEDORN (1971) aus dem Bereich des Enneri[7] Wouri beschrieben, sind den verschiedenen Talbasalten intensivrote, bis zu 3 m mächtige, fluviatile Sedimente eingeschaltet, die selten Geröllkorngröße erreichen und vorwiegend aus fest verbackenem, ferralitischen Feinmaterial bestehen. Wahrscheinlich handelt es sich um die Reste tertiärer Verwitterungsdecken, die im Bereich der damaligen Flüsse nach Abschwemmung und Umlagerung zur Sedimentation kamen. Die Anlage der rezenten Flächenreste spricht sowohl für spülende als auch linearerosive Abtragungsvorgänge, wie im weiteren erläutert werden soll.

Die Flächenreste zeigen das Idealbild einer Grundhöckerflur, wie sie BÜDEL in seiner Theorie der doppelten Einebnungsflächen als „untere Verwitterungsfrontfläche" beschreibt. Es liegen meist nacktfelsige Flächen vor, die geradlinig durch zahlreiche, gleichmäßig verteilte Kerben badlandartig aufgelöst sind, die das Kluftnetz des Anstehenden bis ins Detail nachzeichnen. BREMER (1971, 1972) weist darauf hin, daß sich nur unter einer Zersatzdecke, die nicht bewegt wird, und nur unter intensiven, chemischen Verwitterungsbedingungen eine solche minutiöse Herauspräparierung des Kluftnetzes entwickelt.

Weil bei den weiter unten beschriebenen (s. Kap. 5.2) Flächenresten nicht nur die Klüfte, die in Gefällerichtung liegen, erosiv ausgewaschen wurden, sondern auch die dem Gefälle entgegengerichteten und querlaufenden in gleichem Maße, muß eine Abtragung der Gesamtflächen von oben nach unten stattgefunden haben, was nur durch Flächenspülung hervorgerufen werden kann. Ein ausgesprochen dendritisches Gewässernetz kann nicht beobachtet werden; Seitentäler sind nur wenig entwickelt, dagegen aber umso mächtiger die tief eingeschnittenen Hauptentwässerungsadern, die äußerst geradlinig, dem Kluftnetz angepaßt, verlaufen. Daher kann folgender Entwicklungsgang angenommen werden: der Klimawechsel zum Trocknerwerden verhinderte die weitere Entwicklung der tiefgründigen, chemischen Verwitterung und beschleunigte gleichzeitig die flächenhafte Abtragung der Zersatzdecke durch Spülvorgänge. Die Talbildung setzte an den Klüften ein,

---

[7] Enneri = Wadi, Sprachgebrauch der eingeborenen Tubus.

die zuerst von der Abtragung erreicht wurden und die im jeweiligen Gefälle der Flächen lagen. Die Freilegung der Grundhöckerflur zwingt die Entwässerung in die vorgezeichneten Bahnen der herausgearbeiteten Kluftnetze. Es bildete sich allmählich ein hierarchisches, konsequentes Gewässernetz aus, bei dem zunächst die Hauptentwässerungsadern und erst später die Seitenzuflüsse entwickelt wurden, bei ständiger Abtragung des noch überwiegend flächenbedeckenden Zersatzes, auf dem dank des Feinmaterials Spülvorgänge geherrscht haben werden, die die Wässer den einzelnen großen Adern zugeführt haben. Man muß sich also ein Nebeneinander von Flächenspülung und kräftiger Talausräumung vorstellen; nur so wird die Anlage der großen Täler verständlich, die das Tibesti durchziehen, und der weiten, fossilen Flächenreste, die dazwischen erhalten geblieben sind, sowie deren freigelegtes Grundhöckerrelief.

Von dieser endtertiär-altpleistozänen Zertalung liegen keine genaueren Untersuchungen vor, jedoch haben MOLLE (1969, 1971), sowie GABRIEL (1972) und GRUNERT (1972) Schottervorkommen und Terrassenreste beobachtet, die bis zu 40 m und mehr über den heutigen Talböden liegen. Die zeitliche Einstufung derselben ist ungewiß: mit Sicherheit können sie lediglich ins Prä-Jungpleistozän gestellt werden. Es ist aber anzunehmen, daß sie mit dieser ältesten Zertalung des Tibestis in Verbindung stehen.

Die vulkanisch aufgebauten Teile des Gebirges werden durch Schluchten engständig zerschnitten. Das gesamte Tibesti ist also im Pleistozän fluviatil überformt worden. Da diese intensive Zerschneidung die mittelquartären Basalte der Serien SN 3 und SN 4 erfaßt hat, muß sie im jüngeren Pleistozän wirksam gewesen sein. Die bisher vorliegenden Terrassenuntersuchungen (s. u.) belegen eindeutig einen post-mittel-pleistozänen Wechsel von Erosions- und Akkumulationsphasen, die auf Klimaänderungen zurückgeführt werden. Dieser Wechsel im Formungsmechanismus ist Ausdruck der Pluvial- und Interpluvialzeiten[8] des jüngeren Quartärs und Holozäns.

Die Terrassen waren bevorzugtes Forschungsobjekt der Mitarbeiter an der Forschungsstation Bardai, deren Ergebnisse in zahlreichen Veröffentlichungen (s. Lit.-Verz.) vorliegen. Die morphologische und klimatische Entwicklung dieses Raumes konnte zumindest für den Zeitraum der letzten zwanzigtausend Jahre recht lückenlos und detailliert nachvollzogen werden.

Abgesehen von den älteren Akkumulationskörpern, die JÄKEL (1971) und OBENAUF (1971) aus dem Bereich des Enneri Toudoufou beschrieben haben und die wegen ihres hohen, vulkanischen Materialinhalts als vulkanischen Ursprungs anzusehen sind, wurden übereinstimmend drei jüngere Akkumulationen im Wechsel mit Erosionsphasen von BÖTTCHER (1969), MOLLE (1969), GABRIEL (1972), BRIEM (1970), JÄKEL (1971), OBENAUF (1971) und GRUNERT (1972) in allen Teilen des Tibestis nachgewiesen.

JÄKEL (1971) hat diese jüngeren Terrassen durch exakt eingemessene Längs- und Querprofile erfaßt und daran zeigen können, daß diese nicht tektonischen, sondern klimatischen Ursprungs sind. Nach den Befunden sind die Akkumulations- und Erosionsphasen generell in den Zusammenhang mit Feucht- und Trockenzeiten zu stellen; dabei ist der Aufbau der Sedimente wahrscheinlich in die Übergangsperiode von pluvialem zum ariden Klimamaximum, dagegen die fluviatile Erosion in die Übergangsperiode vom ariden zum pluvialen Maximum einzuordnen. CHAVAILLON (1964, S. 302) hat diesen Effekt der verzögerten Reaktion der Formung auf Klimaänderungen in einem Schema der Klima- und Sedimentations- bzw. Erosionszyklen darstellt (s. a. Fig. 20).

In dem Zusammenhang sind auch die Ausführungen JÄKELs interessant, der nachweisen konnte, daß die Erosion vom Gebirgsinnern zum Randbereich, dagegen die Akkumulation vom Äußeren zum Inneren des Gebirges wanderte.

Durch die aufgeführten Autoren (s. o.) ist das komplexe Gefüge des Aufbaus der Terrassen, ihre Haupt- und Subniveaus, ihr Materialinhalt und ihre Genese ausführlich diskutiert worden. Auf diese Literatur sei verwiesen und im übrigen an dieser Stelle stark generalisierend die wichtigsten Fakten zusammengestellt.

Nach einer ausgedehnten Erosionsphase, die die mittelpleistozänen „Basalte der Hänge und Täler" in Schluchten bis teilweise unter die rezenten Talböden zerschnitten hat, kamen überwiegend grobe Schotter und Kiese zur Ablagerung, deren Reste als Oberterrasse bezeichnet werden. Die Akkumulationen werden über 20 m mächtig; das Material ist nicht verbacken, aber stark angewittert, oft ist auch ein rotbrauner Boden darüber entwickelt.

Die Verbreitung der Schotterreste beweist, daß das Schluchtrelief auf langen Strecken vollständig verfüllt war und daß ein Saumbereich auf den Flächen zu den Talflanken hin überschüttet wurde. Die ungleichmäßige Zurundung und Größe der Schotter, deren wirre, fast ungeschichtete Lagerung und ein Materialinhalt, der kein Anzeichen von Selektionierung aufweist, deuten auf einen stoßweisen Transport und damit auf relativ aride Verhältnisse in der Ablagerungszeit hin.

Es folgte eine durch Subniveaus dokumentierte, phasenhafte Ausräumung der Oberterrassenschotter mit dem Ergebnis einer neuen Schluchtzertalung, die allerdings nicht das Ausmaß der großen vorangegangenen erreichte.

In diese eingelagert wurden die Sedimente der nächst jüngeren Terrassengeneration, nämlich die der Mittelterrasse. MOLLE (1971) konnte an mehreren Punkten besonders gut die diskordante Anlagerung des MT-Materials an die Oberterrasse und damit sowohl das jüngere Alter als auch die vorangegangene Erosionsphase nachweisen. Die Sedimente der Mittelterrasse

---

[8] Die Termini Pluvial und Interpluvial sollen hier lediglich für Zeiten erhöhter bzw. verminderter Niederschlagstätigkeit stehen.

sind bedeutend feinkörniger, oft sogar vorwiegend in der Schlufffraktion ausgebildet. Sie erreichen Mächtigkeiten von über 10 m. Zwischengeschaltete Seekreidehorizonte, ein hoher Kalkgehalt und zahlreiche Faunen- (meist Schnecken) und Florenreste zeichnen diese Sedimente aus.

Eine Reihe von Proben wurden durch ^{14}C-Datierungen zeitlich exakt bestimmt (s. JÄKEL, 1971). Danach ist der Akkumulationskörper mit Sicherheit zwischen —15 000 und —8 000 b. p. entstanden. Die Oberterrasse muß also, wird der Ausraum dieser Sedimente berücksichtigt, erheblich älter sein; es muß mit mindestens —20 000 b. p. gerechnet werden.

Alle Befunde und die Reste zeitgleich datierter Seeablagerungen, vor allem in den Calderen der vulkanischen Gebirgsteile weisen auf eine recht feuchte Zeit der Entstehung der Mittelterrassensedimente. Die Bestimmungen von Faunen- und Florenproben lassen ein Klima mit mediterranem Charakter vermuten; es wurden sogar, vor allem in den Höhenregionen, erhebliche Anteile von holarktischen Formen nachgewiesen (Nordpluvial?).

Die jüngsten Ergebnisse der paläoklimatischen Forschung (s. BÖTTCHER, ERGENZINGER, JAECKEL und KAISER, 1972) lassen vermuten, daß mit Ausklingen der Akkumulationsphase der Mittelterrasse die Trockenheit zunahm (Kalkkrusten). KAISER rechnet mit einer 2—3000jährigen Dauer dieses „Interpluvials" (10 00 bis 7 000 b. p.), das (S. 207) „wesentlich trockener als die Pluviale selbst, jedoch erheblich feuchter als die Jetztzeit anzusprechen ist".

Diese Zeit relativer Trockenheit wurde wiederum von feuchteren Klimaverhältnissen abgelöst, der sog. „neolithischen Feuchtphase", die vor allem wegen der reichen prähistorischen Kulturfunde aus der Sahara bekannt ist (s. u. a. BUTZER, 1957 a, b, c, 1958, 1959). FAURE (1966) und MAUNY (1956) konnten diese Feuchtphase an Hand von Seeablagerungen und Funden sudanesischer Großsäuger in der Südsahara bis in den Zeitraum von —3000 b. p. nachweisen (s. a. ERGENZINGER, 1972, S. 221 ff.), während sie in der nördlichen Sahara etwa gegen —5000 b. p. ausgeklungen ist. Die bisher vorliegenden ^{14}C-Datierungen (siehe GEYH, M. A. und JÄKEL, D., 1974) bestätigen den Befund.

Nach dieser erneuten Zerschneidungsphase, die ebenfalls ein Schluchtrelief mit oft tieferem Niveau als das rezente hinterlassen hat, kamen grobe, gut gerundete und chaotisch gelagerte Schotter zur Ablagerung: die Niederterrasse, deren Zeitstellung ungewiß ist. Die NT-Schotter sind unverfestigt, nicht verwittert und erreichen selten über 5 m Mächtigkeit.

GRUNERT (1972 a) vermutet, daß die Niederterrasse ein Produkt der neolithischen Feuchtphase sei, die er, wie auch KAISER (1972), ROGNON (1967 a) und JANNSEN (1969) einem Südpluvial zuordnet. GABRIEL (1970 und 1972) konnte aus der Niederterrasse einen Elefantenknochen bergen, dessen Datierung ein Alter von —2690 b. p. erbrachte. Er ist daher der Meinung, daß die Niederterrasse einer kurzen, relativ feuchteren Phase um Christi Geburt zuzuordnen ist.

Die morphologischen Befunde (gut gerundetes, grobes Geröllmaterial) deuten auf ein feuchteres Milieu als das der Jetztzeit, in der überwiegend Sande und Kiese und nur wenig Gerölle in den Wadis verfrachtet werden; es ist daher anzunehmen, daß die Niederterrasse einer relativ feuchteren Phase als die der Jetztzeit zuzuordnen ist.

Die Niederterrassensedimente unterlagen einer jüngsten Erosionsphase, die sie nur noch in Resten zurückließ. Hinzu kommt noch die abschließende, z. Z. wirksame Akkumulationstätigkeit, die vor allem im Gebirgsrandbereich (BRIEM, 1970) erhebliche Mächtigkeiten (7 bis 10 m) erreichen kann. Dieses rezente Akkumulieren wurde durch zahlreiche Beobachtungen und Messungen bis in Höhen über 1000 m nachgewiesen (s. JANNSEN, 1969, GAVRILOVIC, 1970, JÄKEL, 1971). Die Akkumulation der Niederterrasse ist m. E. daher mit größter Wahrscheinlichkeit in das Ausklingen des letzten Südpluvials zu stellen. Die Ergebnisse JÄKELs stimmen damit überein, der mit Hilfe von ^{14}C-Datierungen das Ende der letzten Erosionsphase auf etwa —1500 b. p. festlegte. Auch GRUNERT (1972 a) ist ähnlicher Auffassung; er kommt im Vergleich mit den bisherigen Ergebnissen zu einer Datierung dieser Sedimente nicht vor etwa —5000 b. p. (s. a. Fig. 4).

c) Die Hänge

Im Zusammenhang mit der Frage des relativen Alters der Formen muß der Hangentwicklung besondere Bedeutung zuerkannt werden. Es sollen im Folgenden an Hand exemplarischer Literaturstellen und vor allem eigener Beobachtungen in Libyen und im nördlichen Tchad einige Aspekte der Hangformung aufgezeigt werden, die Wichtigkeit im Hinblick auf Flächenbildungsfragen beinhalten.

HÖVERMANN (1967) erkannte sowohl eine vertikale als auch eine meridionale Anordnung der rezenten Hangformungsprozesse in der zentralen Sahara. In dem von mir bearbeiteten Raum unterscheidet er grundsätzlich zwei Regionen unterschiedlicher Hanggestaltung: im Norden die der Pedimentregion und im Süden (Fezzan, Tibesti) die Region der Sand- und Kiesebenen, die unmittelbar an Steilhänge grenzen und von diesen durch Randfurchen getrennt sind. In der Pedimentregion sind rezente Schutthänge entwickelt, in der südlichen Region fehlen sie. Die Entwicklung von Schutthängen tritt im Süden erst wieder in der Höhenregion auf (ab 700 m).

In den mittleren und südlichen Bereichen der Zentralsahara sind zwar Hänge mit Schuttschleppen vorhanden, sie werden aber durch Kerbrinnen weitgehend aufgelöst, z. T. vom frischen Material der Kies- und Sandebenen überlagert oder einfach eingesandet. Die Schuttkörper sind auf ihren erhaltenen Teilen dunkel patiniert, während in den Einschnitten die frische Gesteinsfarbe aufgeschlossen ist; sie sind daher als Relikte älterer Formen anzusprechen. Diese Beobachtungen

17

konnten von mir auf mehreren Nord-Süddurchquerungen der östlichen Sahara bestätigt werden (s. a. ERGENZINGER, 1972).

Es sind zwei Hangtypen als Reliktformen anzusprechen: im Norden z. B. in der Höhenregion (über 700 m) des Djebel Soda, der konkav-konvexe Hang, der weiter südlich nicht mehr anzutreffen ist, obwohl z. T. annähernd gleiche petrographische Voraussetzungen gegeben sind. Im Süden ist in der gleichen Höhenlage (Djebel ben Gnema) der konkave Hang mit weiter Schuttschleppe und scharfer Oberkante in Verbindung mit den Schichtstufen anzutreffen, den ich vor allem um Sebha in niedrigerem Niveau (300 m) und im Djebel Eghei untersuchen konnte. Beide Hangformen haben ein durchschnittliches Gefälle von 12 bis 20°. Die konvex-konkaven Hänge zeigen im Anschnitt ein Blockschuttmaterial, das in einer hellen, lehmigen, fest verbackenen Matrix, die nur wenige bis zu kiesgroße Bestandteile aufweist, schwimmt. Die Oberfläche zeigt das Bild einer typischen Hamada mit dunkel patiniertem Steinpflaster und eckigen Blöcken, die zur Hälfte aus dem Untergrund aufragen, während sie mit der anderen, aber gut gerundeten Hälfte in der lehmigen Matrix stecken. Es waren durch den Straßenbau Anschnitte von über 1,50 m freigelegt, aber auch ein tieferes Anschürfen brachte keine Veränderung des Materials zum Vorschein (s. Abb. 3 und MECKELEIN, 1959, S. 94 ff.).

Die konkaven Hänge zeigen an der Oberfläche ein ähnliches Bild: sie sind dunkel patiniert und tragen eine Steinpflasterdecke, jedoch fehlen die herausragenden Blöcke. Im Anschnitt ist meist ein mächtiges Paket dachziegelartig angeordneter Schuttplatten und -plättchen aufgeschlossen, das weniger Feinmaterial enthält als das Material der konvex-konkaven Hänge und im Gegensatz zu diesen nicht verbacken ist.

Beide Hangformen sind heute bis zur Auflösung überformt; sie werden durch Zerschneidung und Feinmaterialentzug (s. u.) so versteilt, daß ein durchschnittliches Gefälle von 25 bis 30° entstanden ist, eine Entwicklungstendenz, die in allen Stadien vom noch intakten Hang bis zur Randfurchenbildung und Auflösung der Hänge in situ beobachtet werden kann. Dabei ist generell eine Abnahme des Zerstörungsgrades mit der Höhe von unten nach oben festzustellen; je höher im Gebirge aufgestiegen wird, umso intakter sind die Hänge erhalten.

Je nach Materialinhalt sieht die Form der Zerstörung anders aus; wollsackartig gelagerte Blöcke rutschen durch den Feinmaterialentzug zusammen, so daß keine scharfen Einschnitte entstehen, sondern der sanft geschwungene Charakter des Geländes erhalten bleibt. Die konkaven Hänge sind scharfkantig zerschnitten, meist durch Kerbrinnen. Der Feinmaterialentzug kann bei beiden Hangformen gut durch die Grobschutt- bzw. Blockanreicherung nachgewiesen werden. Dabei wird das Feinmaterial durch Spülung von den noch erhaltenen Teilen der Althänge abgeführt, sehr gut sichtbar an der hohlen Lagerung (s. Fig. 2) des Grobmaterials an den Flanken der Einschnitte, deren frische Gesteinsfarbe und an den hellen Kiesen und Sanden, die in den Kerbrinnen hangabwärts transportiert werden. Es fehlt im Bereich der Rinnen auch das die Althänge konservierende Steinpflaster.

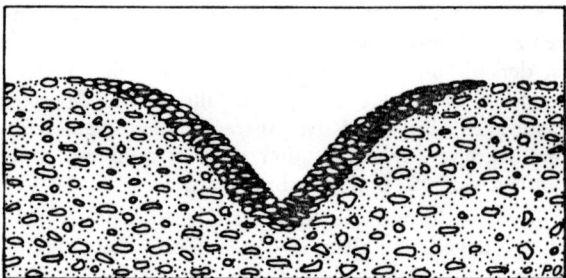

Fig. 2 Kerbe im Hangschutt

PACHUR (1970) hat die Hangformung im Tibesti untersucht und kommt zu ähnlichen Ergebnissen (ebenso ERGENZINGER, 1972). Er berichtet von der Schutthangzerrunsung und der damit verbundenen Versteilung des Geländes in den Höhen über 800 m, während unterhalb dieser Grenze die Hänge nacktfelsig ohne Schuttschleppe unmittelbar aus den Flächen aufsteigen, oft mit senkrechten Wänden. Oberhalb 1900 m ist die Zerschneidung der Schutthänge nur noch eine Ausnahme, es erfolgt flächenhafte Bodenversetzung, wie HÖVERMANN (1967) schreibt, der nicht nur aus Gründen dieses Befundes periglaziale Formungsvorgänge in der Höhenregion des Tibesti vermutet.

PACHUR (1970, S. 51) formuliert seine Beobachtungsergebnisse so: „Aus der Zunahme der Hangschuttmächtigkeit mit dem Anstieg des Gebirges und der dazu umgekehrt verlaufenden Zahl der Hangrunsen pro Flächeneinheit läßt sich ableiten, daß mit dem Anstieg des Gebirges die Verwitterungsbedingungen bei feuchteren klimatischen Verhältnissen länger andauerten, so daß die Schuttdecke mächtiger wurde als im Vorland und daß mit zunehmender Aridität die Fußzone des Gebirges früher in den Bereich der ariden Hangzerrunsung gelangte als die höher gelegenen Gebiete."

Diese Befunde können durch eigene Beobachtungen nur bestätigt werden: Die gleichen Formungsprozesse wie im Tibesti-Gebirge treten 1000 km nördlich schon in Höhen um 300 m auf: z. B. sind um Sebha herum, wo heute extrem aride Klimawerte gemessen werden (s. u. Diagr. Kap. 4.0), mächtige fossile Schutthänge entwickelt, die durch die rezente Zerrunsung allenthalben aufgezehrt werden (s. Abb. 8, 13, 14, Anhang). Daraus folgt, daß im Norden feuchtere Bedingungen länger andauerten und wahrscheinlich auch ausgeprägter waren als im Süden, wo Schutthänge erst ab 700 m Höhe auftreten.

Die Fossilität der Hänge läßt sich auch aus der Einstellung der Schuttschleppen auf die Terrassen nachweisen: Sie verzahnen sich zum Talweg hin mit den jeweiligen Terrassenschottern, wie ERGENZINGER (1972) anschaulich zeigen konnte. Es gibt mehrere

Schutthanggenerationen, von denen vor allem die auf die Mittelterrasse eingestellte besonders gut nachgewiesen werden kann.

Die Niedrigwasserbetten, auf die die rezenten Transportbahnen eingestellt sind, liegen mehrere Meter tiefer: während die Schutthänge auf die Terrassenoberkanten auslaufen, sind die frischen Kerbrinnen auf die Niedrigwasserbetten der Wadis eingestellt.

Das in den Feuchtzeiten von der Verwitterung bereitgestellte Schutt- und Feinmaterial konnte im Maximum des Feuchteangebots fluviatil abtransportiert werden (s. Schwemmkegel der Serirflächen, Kap. 3.2 d). Erhöhte Schuttproduktion und flächenhafte Bodenversetzung sind nach Auffassung des Verfassers Anzeichen für eine erhöhte Verwitterungs- und Abtragungsintensität im Vergleich mit der Jetztzeit, in der weder sichtbar Schuttproduktion stattfindet, noch Schutt transportiert wird (s. Akkumulationsmaterial in den Wadis, Kap. 5 ff.).

Die intensiven Verwitterungs- und Abtragungsvorgänge können den Befunden nach nur in eine feuchtere Zeit gestellt werden (s. a. GRUNERT, 1972 a, und BUSCHE, 1972 b); da es sich meist um Scherbenschutt handelt, sind allgemein kältere Klimaeinflüsse anzunehmen.

Diese Befunde sprechen nicht gegen die Theorie, daß die Akkumulationsterrassen mit zunehmender Aridisierung entstanden sind. Mit dem langsamen Ausklingen der Feuchtzeit konnte die fluviatile Abtragung dem noch vorhandenen Angebot an Verwitterungsmaterial nicht nachkommen und es fand Aufschotterung im Talbereich statt.

Bevor die rezenten Vorgänge am Hang näher erläutert werden, die zur Versteilung des Reliefs führen, muß das Gelände oberhalb der Hänge beschrieben werden, da von diesem die Formung an den Hängen gesteuert wird. Es handelt sich also um den „waxing slope" nach der Definition von KING; im Beobachtungsgebiet handelt es sich um Landterrassen, da es meist Schichtstufen sind, an denen die Untersuchungen durchgeführt wurden.

Die Landterrassen werden durch weite, unzerschnittene Ebenen charakterisiert, deren Oberflächen dunkel patinierte Hamadas darstellen; im Gegensatz zu den jeweils tiefer gelegenen Flächen, die im Stufenrandbereich von einem hellen Gemisch frischer Sand- und Kiesalluvionen bedeckt sind, den Sandschwemmebenen, die, falls größere Ebenheiten vorhanden sind, im weiteren Abstand von den Stufen in Serirflächen übergehen.

Zwei Hamadatypen können vom Erscheinungsbild diagnostiziert werden, obwohl sie den gleichen Aufbau im Anschnitt zeigen: die Blockschutthamada ist vorwiegend auf Basalten, die Scherbenschutthamada auf den weit verbreiteten Sandsteinen entwickelt. Die Flächen der Blockschutthamada werden durch auseinanderliegende Gesteinsblöcke von beträchtlicher Größe (Durchmesser 30 cm und mehr) bedeckt, die durch kleine unregelmäßige Zwischenräume voneinander getrennt werden. Die Zwischenräume überzieht ein Steinpflaster aus bis zu handgroßen dunkel patinierten Gesteinsbruchstücken. Die Blöcke zerfallen in situ durch kombinierte Wirkung von Kernsprüngen und Desquamation[9].

Die abplatzenden Schalen bilden das Steinpflaster; nur sehr selten ist aber ein frisch abgeplatztes Gesteinsstück zu finden. Der Scherbenschutt häuft sich außerdem keineswegs im Bereich der Blöcke an, sondern findet sich gleichmäßig verteilt, flachliegend über den Zwischenräumen. Das führt zu der Annahme, daß a) wenig Schutt produziert wird und b) Verschwemmungsvorgänge herrschen müssen, die die Schuttstücke gleichmäßig verteilen und den Flachseiten nach horizontal lagern. Bei der Scherbenschutthamada wird die gesamte Oberfläche durch ein solches Steinpflaster gebildet; sie ist daher noch mit Fahrzeugen passierbar, während die Blockschutthamada jedes Eindringen von Geländefahrzeugen verhindert.

Gräbt man die Hamadaflächen auf, so stößt man gleich unter der meist nur 2 bis 3 cm mächtigen Pflasterdecke auf Feinmaterial, das hellocker gefärbt ist. In diesem Material schwimmen die Blöcke sowie der Scherbenschutt (s. Abb. 4 und 5).

Zur Stufenstirn hin sind die weiten Flächen durch breite, ganz flache, nur sehr wenig eingetiefte Muldentäler gegliedert, die oft nur wenige Zehner an Metern Lauflänge erreichen. Sie sind sehr auffällig, da in ihnen keine Blöcke oder gröberes Schuttmaterial auftreten; unter einer losen Streu von kiesgroßem, dunklem Material, das dem Steinpflaster entspricht, liegt gleich das helle Feinmaterial, das in den oberen Partien manchmal Trockenrisse oder polyedrisch zerbrechende Tonplättchen aufweist, ein Hinweis auf die zeitweilige Durchfeuchtung des Materials (s. Abb. 6). Diese Muldentäler sind die Sammeladern der Wässer von der Fläche, die sie zur Stufenstirn hin transportieren, die an diesen Stellen eingebuchtet ist. Nur wenige Meter vor der scharfkantigen Stirn gehen die Muldentälchen unmittelbar in eine Kerbe über, wenn noch Schutt bis dort hinauf liegt, oder sie grenzen mit der ganzen Breite an die nackte Stufenstirn, wie in den meisten Fällen beobachtet werden kann.

Die Formung macht den Prozeß deutlich; der Vorgang der Versteilung läuft etwa so ab: bei den zu erwartenden heftigen Niederschlägen (s. Kap. 4.0) wird die Oberfläche der Hamadas durch Staueffekt der durch das Steinpflaster geschützten Feinmaterialdecke unter Wasser gesetzt. Diese Wässer stürzen, in breiten Mulden zusammengefaßt, am oberen Hangknick herab, spülen aus und sammeln sich in den Rinnen, die die unteren Hangteile zerkerben. Am unteren Hangknick wird das ausgespülte Material in sehr flachen Schwemmkegeln, die dreiecksförmig in den Hang eingreifen, wieder abgelagert.

---

[9] Ob durch Insolation hervorgerufen, ist anzuzweifeln, eher ist Sprengung durch Quellung von Salzen und Tonmineralien anzunehmen, da a) die Hitze nur wenig tief ins Gestein eindringt und b) oft Tonhäutchen und Salzkristalle in den Sprüngen und Schalen zu finden sind.

Die Wässer haben, solange sie noch auf der oberen Fläche sind, offenbar kaum erosive Wirkung, da kinetische Energie durch die nahezu ebenen Hamadaflächen fehlt. Die Folge ist, daß das fließende Wasser nicht genügend Geschwindigkeit aufweist, um durch den Transport von Material erosiv wirken zu können. Die Wässer können nicht eindringen, da die Feinmaterialdecke wasserundurchlässig wirkt, wie zahlreiche Beregnungsversuche (s. u. Kap. 9.1 und Abb. 7) zeigen; vielmehr stauen sich die Wässer auf, die nicht einmal viel Trübe durch Aufweichen und Abspülen des Feinmaterials aufnehmen werden, da das dichte Steinpflaster davor schützt.

Die horizontale Lagerung der „Pflastersteine" zeugt von der geringen Bewegung der gestauten Wässer, die nicht in der Lage sind, die Gesteinsbruchstücke fortzubewegen oder gar zu wenden. So kann sich auf dem Pflaster eine geschlossene Patina entwickeln, während sie auf der Unterseite der Steine fehlt. Dieser Befund stützt die Annahme, daß die Steinpflasterdecke nicht bewegt wird, und zwar schon so lange, daß sich eine Patina entwickeln konnte.

Damit steht nahezu der Gesamtniederschlag, der auf den Hamadas fällt, in Form unbelasteter Wässer zur Verfügung, die, sobald sie am oberen Hangknick ankommen, die volle kinetische Energie entfalten können. Es ist also ein weitgehend denudativer Vorgang, der die oberen Hangpartien ausspült und versteilt und ein linienhaft erosiver Vorgang in den unteren Hangpartien, wenn der Schutthang dort noch erhalten ist. Diese nehmen die herabstürzenden Wässer auf und verbrauchen dabei durch deren Verteilung und die damit verbundenen Ausspülvorgänge die kinetische Energie.

Die nun gebremsten und mit Material beladenen Wässer sammeln sich in einer Tiefenlinie und zerschneiden den Schuttkörper. Sobald sie an der unteren Arbeitskante angelangt sind, wird das Gefälle gleich 0, das Transportmaterial wird abgeladen und die Wässer sammeln sich in kleinen, sich seitwärts verlagernden Rinnen, die den Schutthang lateralerosiv unterschneiden (anastomosierende Gerinne auf der unteren Fläche).

Die unteren Flächen greifen mit Dreiecksspitzen, die auf die Kerben zulaufen, in die Schutthänge ein. Die Flächen erreichen auch im Hangbereich selbst selten über 3° Neigung. Es muß angenommen werden, daß die Wässer eine noch erhebliche Energie am unteren Hangknick aufweisen, was BÜDEL (1970) als Hangfußeffekt beschrieben und GOSSMANN (1970) rechnerisch nachvollzogen hat. Andererseits muß darin auch der Beweis für die nicht ausgelastete Aufnahmekapazität der Spülwässer gesehen werden, die in der Lage sind, den Bereich, der unmittelbar an den Hang anschließt, so flach zu gestalten.

Die Korngrößenzusammensetzung des Materials in den Kerben und auf den Flächen (s. u. Kap. 7.2 und Abb. 14) zeigt, daß fast ausschließlich Feinmaterial (bis zu Kiesgröße) ausgespült und abgelagert wird. Vereinzelte Blöcke, die bis auf die unteren Flächen gelangen, werden gleich durch Auskolken und Einsacken in das Feinmaterial eingelagert, so daß sie selten weiter auf die Flächen hinaustransportiert werden.

Bis zur völligen Auflösung der Schutthänge bleibt eine Dreiecksform am Hang erhalten, deren Spitze hangabwärts zum schutthangzerschneidenden Gerinne hinweist, ein Dreieck in der Vertikalen, das anzeigt, daß von oben her der Hang versteilt wird, indem der Schutthang „hinterschnitten" wird. Ein zweites, horizontales Dreieck, das mit der Spitze zum unteren Ende des den Schutthang zerschneidenden Gerinnes weist, zeigt die Zerstörung des Schutthangs und die Versteilung des Geländes von unten her, wo der Schutthang von den Dreiecksseiten her lateralerosiv unterschnitten wird. Daher kann man oft beobachten, daß die fossilen Schutthänge von oben und von der Seite her vom rezenten Steilhang abgeschnitten sind und als Reste heute, getrennt weitab vom Hangfuß, konserviert liegen (s. Abb. 8).

Die von BARTH und BLUME (1973) beschriebenen Schuttrampen entsprechen diesen Formen. Der Schlußfolgerung, daß die Schuttrampen das Zurückwandern der Stufen beweisen, kann m. E. nur insoweit zugestimmt werden, daß die Hänge durch die Abtragung des Schuttmantels zur Stufenstirn hin zurückweichen. Dabei liegt die Stufenstirn weitgehend ortsfest, während sich der eigentliche Hang bei zunehmender Versteilung und Akzentuierung der Konkavität der Lage der Hangoberkante anpaßt.

Eine echte Hangzurückverlegung (Zurückweichen des gesamten Hanges, also auch der Hangoberkante unter Beibehaltung der Form) kann durch diesen Befund nicht nachgewiesen werden, lediglich eine Formveränderung der Hänge: ein nacktfelsiger Steilhang ist an die Stelle eines sanft geschwungenen Schutthanges getreten (s. u. Abb. 9 ff. und Fig. 10). Es liegt also ein Wechsel in der Morphodynamik vor: Schuttproduzierende Verwitterungsvorgänge in Verbindung mit flächenhafter Abtragung sind durch Vorgänge ersetzt worden, die eine Zerrunsung und damit Abtragung des Schuttes ermöglichen. Gleichzeitig hat sich die Verwitterungsart geändert: schuttproduzierende Verwitterungsbedingungen sind durch solche abgelöst worden, die eine ausreichende Materialnachlieferung (für die Abtragung) nicht gewährleisten können.

Dieser Befund spricht für eine Klimaveränderung: Material (Scherbenschutt, Feinmaterial) und flächenhafter Versatz desselben (glatte, langgezogene Konkavität), deuten auf ein im Verhältnis zur Jetztzeit feuchteres und kühleres Milieu z. Z. der Entstehung der Schutthänge.

Im fortgeschrittenen Stadium erreichen die Hänge Wandcharakter, wenn die Schutthänge aufgelöst sind und der Winkel des unteren und des oberen Dreiecks, indem sie stetig aufeinander zuwandern, der eine von oben, der andere horizontal, 180° erreichen und sich dabei treffen.

GOSSMANN (1970) versucht die Hangentwicklung mathematisch durch Modelle zu erfassen und kommt dabei zu interessanten Ergebnissen. Er erarbeitet für die ariden Gebiete Modelle, indem die Transportkraft des ablaufenden Wassers am Hang stärker als linear von der Hangoberkante weg, zunimmt. Dieses sogenannte „reine Spülmodell" setzt er als typisch für die ariden Gebiete und weist damit sehr anschaulich die BÜDELschen Vorstellungen zur Pedimentbildung durch aktive Hangrückverlegung und Hangfußeffekt nach. Er geht allerdings von einer Prämisse aus, die im Gelände nicht beobachtet werden kann, nämlich von der angeblich großen Schuttproduktion des ariden Verwitterungstyps.

Auf Seite 78 schreibt er: „Ein großer Teil des Abtragungsmaterials wird nicht gelöst oder suspendiert, sondern tatsächlich als körnig, grobe Fracht aus den höheren Reliefteilen herausgeschafft." Dieser Feststellung muß widersprochen werden, da ein derartiger Transport nicht auf den hochgelegenen Flächen, um die es sich im ganz überwiegenden Fall handelt, beobachtet werden kann. Es trifft daher auch nicht zu, daß „genügend Verwitterungmaterial zur Verfügung steht, um die Transportkapazität des auf der Fläche abfließenden Wassers auszulasten".

Die weiter oben schon mehrfach beschriebene Tendenz zu nacktfelsigen Steilhängen bei zunehmender Aridität und die Fossilität des Schuttes (Zerschneidung, Patina, beweist hier das Gegenteil. Die über die obere Arbeitskante herabstürzenden Wässer sind bis auf wenige Kiese und die Trübe unbelastet, ihnen fehlen die Erosionswaffen, außerdem besitzen sie nur wenig kinetische Energie aus Mangel an Gefälle (s. o.); sie sind daher nicht in der Lage, die Hänge in ganzer Breite zurückzuverlegen, sie buchten die Stufenstirn aus, oder zerschneiden die Oberkante der Hänge. Beide Vorgänge führen zur Zerstörung des glatten Stufenhangs, zu dessen Zerlappung und Auffiederung, ohne daß sich die Lage der Stufe verändert.

Dem gegenüber ist die Abspülkraft und damit verbunden die Versteilungstendenz an den Hängen selbst umso größer. Dies entspricht der These GOSSMANNs, daß in ariden Gebieten das Transportvermögen des abfließenden Wassers weit stärker als linear von der Hangoberkante weg zunimmt. Mit der Auflösung des Schuttmantels ist daher auch eine Verstärkung der Abspülkraft verbunden, und zwar aus folgenden Gründen: die Versteilung erhöht die Geschwindigkeit des fließenden Wassers und die Verringerung des Schuttangebotes vergrößert das Transportvermögen. Die schließlich frei am senkrechten Steilhang abschießenden Wässer sind daher in der Lage Randfurchen auszuarbeiten, so daß die Hänge von der Fläche losgelöst aufragen.

Im Prinzip hat GOSSMANN diesen Vorgang durch den Effekt der Restbergversteilung modellhaft nachvollzogen, bei dem im Rechenvorgang die Schuttnachlieferung (Belastung) nahezu ausgeschaltet wurde. Seine Ergebnisse lauten so (S. 98): „Die Hänge von Restbergen in Gebieten vorherrschender Abspülung tendieren dahin, ihre Konkavität zu akzentuieren und eine ausgeprägte Steil-Flachform zu entwickeln."

Nach den oben beschriebenen Befunden muß diese Feststellung ganz allgemein für die Hangformung in der zentralen Sahara gelten (s. Fig. 3).

Diese so charakteristische Versteilung der Hänge in Verbindung mit der Zerstörung der Schutthänge wird im hangnahen Bereich, ebenso charakteristisch durch Flächenbildung begleitet, der sich im Folgenden die Ausführungen widmen sollen.

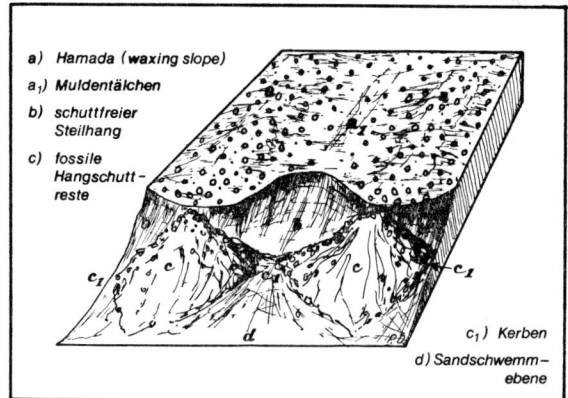

Fig. 3   Rezente Hangformung

d) Die Serirflächen

Bevor der Vorgang der hangnahen, rezenten Flächenbildung in Form der Sandschwemmebenen näher beschrieben wird, muß im Sinne der Genese des Formenschatzes das Serirproblem behandelt werden, vor allem aber auch deswegen, weil eine enge Formverwandtschaft zu den Sandschwemmebenen besteht.

Von den Formenkomplexen Hamada, Serir und Erg, die als aride Typformen die Weiten der inneren Sahara gliedern, nehmen die Serirflächen den weitaus größten Raum ein. Allein die einheitliche Fläche der Serir-Tibesti, die hier exemplarisch vorgestellt werden soll, erreicht ein Ausmaß von etwa 50 000 km²; sie erstreckt sich zwischen den Koordinaten 16° 13' N und 18° 30' E sowie 23° N und 25° N. Vom Gebirgsfuß bei etwa 600 m wird in Richtung NE der tiefste Punkt nur wenig unter 500 m erreicht; d. h. die Neigungswerte in Richtung der Abdachung liegen bei knapp 0,4 ‰ und sind mit dem bloßen Auge nicht mehr wahrnehmbar.

Die unendliche Eintönigkeit dieses Teils der südlibyschen Wüste wird durch die einheitliche Bedeckung der Fläche mit einem Steinpflaster aus gut gerundeten Kiesen unterstrichen. MECKELEIN (1959) hat diesen Raum erstmals intensiv in morphologischer Sicht bearbeitet. Er gliedert die Serirflächen in zweifacher Hinsicht: zunächst unterscheidet er im Hinblick auf die Korngröße des Kiesmaterials Grob- und Feinserir; das gut gerundete, vom Windschliff überarbeitete Material weist zwei unterschiedliche Korngrößen in seinen Hauptbestandteilen auf, bei der Grobserir handelt es sich um Korngrößen zwischen 6 und 60 mm, bei der Feinserir liegen die Korndurchmesser zwischen 2 und 6 mm. Während die Grobserir vor allem im Zentrum der weiten Flächen entwickelt ist, liegt die Verbreitung der Feinserir an der Peripherie der Fläche.

In genetischer Hinsicht unterscheidet er die Eluvial- und Alluvialserir; er schreibt S. 54: Bei den Flächen der Alluvialserir „handelt es sich deutlich um Aufbauformen, die sich unter dem derzeitigen Klima bilden", und S. 56: Die Eluvialserire „entstehen also in situ, sind heute keine Aufbauformen mehr, sondern Zerstörungsformen". Zahlreiche Probenuntersuchungen ergaben den generell geltenden Befund (S. 56): „Im Allgemeinen sind die Alluvialserire stärker sandig, die Eluvialserire mehr kiesig."

Die Anreicherung gröberen Materials wird der rezenten Überarbeitung der Grobserir durch Windausblasung zugeschrieben. Zwar sind beide Serirtypen morphodynamisch gleicher Entstehung, jedoch nicht gleichen Alters: die Eluvialserir ist fossil, die Alluvialserir rezent. So schreibt er S. 58: „Die alluviale Kieswüste wird heute gebildet, die Eluvial-Serire entstammen weitgehend dem Tertiär."

Der Aufbau der Serirtypen zeigt eine charakteristische Anreicherung von Grobmaterial in den oberen Zentimetern der Profile, sowie eine ebensolche Konzentrierung des Feinmaterials in den darunter liegenden Schichten. MECKELEIN sieht darin die Reste von fossilen Böden (s. S. 117). Der Materialaufbau ist durch das fließende Wasser bedingt, der Zustand der Alluvialserir ist dem (S. 58) „gelegentlichen, schichtflutartig abfließenden Wasser", der der Eluvialserir der nachträglichen Verwitterung und Ausblasung des Materials zuzuschreiben. Die Vorgänge, die zur Ausbildung der Eluvialserir führen, sind (S. 63) „in jedem Fall außerordentlich langsam, und die meisten Kernwüsten werden deshalb relativ alt sein". Diese Feststellung bestätigt MECKELEIN in der Annahme, daß die Eluvialserir der Kernraum einer seit dem Tertiär persistierenden Wüste sei.

In neuer Zeit konnte vor allem durch FÜRST (1965, 66 a, b) im Rahmen erdölgeologischer Forschungen nachgewiesen werden, daß die Serire jüngeren Alters sind. Die Luftbildauswertungen und Probenuntersuchungen ergaben, daß die Anlage der Serirflächen den feuchteren Zeiten des Quartärs und Holozäns zuzuordnen sind, in dem Sinne, daß die Flüsse aus den benachbarten Gebirgsräumen das Alluvialmaterial heranschafften und in weiten, flachen Schwemmfächern über der tertiären Rumpffläche ablagerten [10]. Die Serir Tibesti diente also in den „Pluvialen" als Sammelbecken fluviatiler Schwemmsedimente, die in den Trockenzeiten morphodynamisch überarbeitet wurden; sowohl Schwemm- als auch äolische Vorgänge wandelten die Schwemmfächer in die äußerst flachen Ebenheiten um, wie weiter unten noch bewiesen wird.

Eigene Beobachtungen können diesen Befund nur bestätigen: Die weiten, heute unbewohnbaren Flächen, die keinerlei Vegetation aufweisen, sind in prähistorischer Zeit besiedelt gewesen, vor allem im näheren Bereich der Flüsse und Endseen; zahlreiche Funde, vor allem neolithischen, aber auch paläolithischen Kulturgutes, sowie die Entdeckung der Fossilien einer reichen Fauna, die unter anderen auch Großsäuger, wie den Elefanten aufweist, bestätigt, daß diese Gebiete im Neolithikum bewohnbar waren, d. h. sie müssen weitaus feuchter als zur Jetztzeit gewesen sein (vgl. a. GABRIEL, 1972).

Die Flächen der Serir Tibesti sind polygenetischen Ursprungs. Nach der bis ins Endtertiär zu verfolgenden Rumpfflächenbildung bzw. -erhaltung unter wechselfeucht-tropischen Bedingungen, sind die weiten Ebenen im Quartär, vornehmlich in den „Pluvialen" mit fluviatilem Material überschüttet worden, als in den Gebirgen Erosion vorherrschte. Während der trockenen „Interpluvialzeiten" unter aridem Milieu wurden die Ebenheiten durch äolische und aquatische Überformung weiter verflacht, besonders mit der zunehmenden Austrocknung des Gesamtraumes seit dem Neolithikum.

Die Verbreitung der Alluvialserir stimmt mit der der Feinserir überein (s. MECKELEIN, 1959, S. 36), sowie auch Eluvial- und Grobserir nahezu gleichen Standort haben. Den Stufenrändern und Tafellandschaften parallel zuzuordnen sind die Flächen der Fein- bzw. Alluvialserir, im Zentrum der weiten Ebenheiten, Eluvial- bzw. Grobserir angesiedelt. Daraus folgt, daß sich die Austrocknung vom Zentrum zur Peripherie durchsetzte. Unter den heutigen Bedingungen wird nur der äußerste stufen- und gebirgsnahe Teil der Serir aktiv geformt, nämlich der Bereich der Alluvial- bzw. Feinserir. Die Alluvialserir stellt den rezenten, noch morphodynamischen aktiven Teil der Fläche dar, während die Eluvialserir als der fossile, morphodynamisch inaktive Flächenteil angesehen werden muß.

Wie im Weiteren gezeigt wird, entspricht die Alluvialserir den Sandschwemmebenen. Zum besseren Verständnis der Vorgänge, die zur Bildung dieses Flächentyps führen, müssen zunächst im Sinne der klimatischen Morphologie die Züge des herrschenden Klimas beschrieben werden (s. Kap. 4).

3.3 Zusammenfassung der Ergebnisse

Die Möglichkeiten der relativen und absoluten Datierung morphologischer Befunde gestatten einige gesicherte Aussagen zur Genese dieses zentralsaharischen Raumes: das endtertiäre Ausgangsrelief wird durch ausgedehnte Rumpfflächen und Schichtstufen beherrscht. Das Quartär bringt einen landschaftsüberprägenden Formungswandel im Tibesti-Gebirge: mit dem allgemeinen Ariderwerden des Klimas wird die Rumpfflächenbildung schon im ausgehenden Tertiär durch eine kräftige Talbildung abgelöst. Die relative Zeitstellung der Vulkanite erlaubt eine Datierung der Talbildungsphasen. Grundsätzlich ist anhand der mittelquartären „Basalte der Hänge und Täler" eine ältere und eine jüngere Phase der Talentwicklung auszugliedern: Die ältere Phase, das „grand creusement des vallées" hat im Grundgebirge, seinen Deckschichten und in den tertiären Vulkaniten die großen Täler (meist Kastenform) geschaffen, sozusagen das

---

[10] Die Flußläufe sind auf den Weltraumphotos bis weit nördlich in die Region der Rebiana-Sandsee zu verfolgen.

Grundgerüst der Entwässerungsadern, die in ihren breiten und tiefen Hohlformen die jüngeren Vulkanite aufgenommen haben.

Diese Basalte (SN 3, SN 4), sowie die jüngeren sauren Ergußgesteine (Ignimbrite, SCIIIb) der großen Schildvulkane vom Hawaii-Typ werden engständig durch Schluchten zerschnitten, die mindestens drei Terrassenkörper verschiedenen Alters beinhalten. Die postmittelpleistozäne Talentwicklung wird durch den Wechsel intensiver Zerschneidung und Akkumulation charakterisiert. Mindestens vier Erosions- und drei Akkumulationsphasen zeigen die bewegte Formungsgeschichte im Jungquartär und Holozän an.

Die neuesten Ergebnisse zahlreicher Probenuntersuchungen lassen eine Rekonstruktion der jüngsten erdgeschichtlichen Entwicklung zu. Die älteren Terrassen (vor allem die Oberterrasse) sind zeitlich nicht genau einzuordnen; sie kamen vor den Mittelterrassensedimenten zur Ablagerung, also mindestens vor —20 000 b. p., wenn man die folgende intensive Erosionsphase berücksichtigt. Die Mittelterrassensedimente wurden in einer erheblich feuchteren Zeit als heute abgelagert. Zahlreiche ^{14}C-Datierungen lassen die gesicherte Aussage zu, daß dieses Sediment zwischen —15 000 und —8 000 b. p. entstanden ist, einer Zeit, in der der Urtchadsee einen sehr hohen Wasserstand erreichte.

Die Mollusken- und Polleninhalte der zeitgleichen Sedimente zeigen, daß wir es wahrscheinlich mit einem Nordpluvial[11] zu tun haben, dessen Grenze etwa durch das südliche Tibesti zu ziehen ist (s. KAISER, 1972). Im nördlichen Teil überwiegen die hol- und paläarktischen Formen, im Tchadsee dagegen wurden ausschließlich afrikanische Formen gefunden.

Die jüngere Entwicklung wird obendrein noch durch zahlreiche, prähistorische Funde untermauert. Nach einer kurzen aber intensiven Zerschneidungsphase nach —7000 b. p. kam im Tibesti ein Sediment mit chaotisch gelagerten, groben und gröbsten Geröllen etwa zwischen —5000 und 3000 b. p. zur Ablagerung, die Niederterrasse. Abgesehen von den Funden einer sudanesischen Großsäugerfauna zeigt das reiche neolithische Fundmaterial, vor allem aber die Felsgravuren dieser Zeit deutlich ein langsames Austrocknen dieses Raumes. Zunächst werden Elefanten, Nashorn und Giraffe bevorzugt dargestellt, später vor allem Rinder und im jüngsten Neolithikum der Strauß.

Die Befunde bestätigen die Ergebnisse der Forscher aus den südlichen Bereichen, die dort ein neolithisches Südpluvial erkannten. Dieses hat offenbar das Tibesti noch stark beeinflußt, das aus Gründen der Massenerhebung erhöhte Niederschläge erhalten haben wird.

Die Sedimente der Niederterrasse sind bis etwa in die

---

[11] Nord- und Südpluvial werden nicht im Sinne von Süd- bzw. Nordwärtsverschieben der Klimagürtel verstanden, sondern als Verdrängung der Trockenheit aus diesem Raum, hervorgerufen durch ein allgemein feuchteres Klima, einmal durch den Einfluß erhöhter Niederschlagstätigkeit aus dem Norden, zum anderen aus dem Süden (vgl. auch FLOHN, 1963).

geschichtliche Zeit hinein ausgeräumt worden, im Zuge der langsamen Austrocknung, die sich bis heute mit verstärkter Tendenz durchsetzte. Eine leichte Akkumulationstätigkeit konnte bis in Höhen von 1200 m nachgewiesen werden, während in den höheren Stockwerken z. Z. fluviatile Erosionsprozesse, Pedimentierungsvorgänge und evtl. auch periglaziale Prozesse stattfinden.

Im Jungquartär und Holozän ist also eine weitere allmähliche Klimaverschlechterung festzustellen. Manifestiert an Terrassen und deren Zerschneidung kann von einem Wechsel von Pluvialen und Interpluvialen gesprochen werden, wobei die Interpluviale die eigentlichen Trockenzeiten repräsentieren.

Die fossilen Schutthänge sind auf die Terrassen eingestellt. Sie sind Produkt einer Zeit erhöhter Schuttzufuhr vom Hang, die feuchter als heute gewesen sein muß, da unter den rezenten, hochariden Klimaverhältnissen kein Schutt zum Transport bereitgestellt wird. Die Hänge werden durch Spülung intensiv überformt und vom fossilen Schutt entblößt. Sie legen sich nicht parallel zu sich selbst zurück, sondern werden von oben und von den von unten gegen den Hang vorstoßenden Flächen versteilt. Bei fortgeschrittenem Stadium entstehen durch die herabstürzenden Wässer Randfurchen, wenn die Hänge zu nahezu senkrechten Wänden umgeformt sind und der Schutt restlos aufgezehrt ist. Die Steilhänge werden in situ in die so charakteristischen Zinnen und Türme (s. Abb. 17) zerlegt und damit unter Beibehaltung des Standorts zerstört.

Die Beobachtung der Verbreitung der fossilen Schutthänge und deren Zerstörungsgrad führt zu den folgenden Ergebnissen: Die Schutthänge treten mit zunehmender Entfernung vom Tibesti nach Norden in immer tieferen Lagen auf, gleichzeitig wird der Zerstörungsgrad geringer. Bei etwa 21° N und einer Höhe von 500 bis 600 m sind ausschließlich nacktfelsige Steilhänge zu finden. Schon bei 24° N im Djebel Eghei sind in gleicher Höhenlage noch zahlreiche Reste von Schutthängen erhalten, ihre nur noch unzusammenhängenden Teile werden weiter zerstört. Bei Sebha (27° N) sind meist sogar noch die zusammenhängenden weiten Schuttschleppen erhalten, die durch Kerbrinnen aufgeschlitzt werden. Dort ist das Ausspülen am Hang und das Eingreifen der Flächen von unten her, verbunden durch die Kerbrinnen am besten zu beobachten (s. Abb. 12 ff.).

Im Tibesti treten erst ab 700 m Schutthänge auf, die mit zunehmender Höhe immer weniger zerschnitten werden. In der Höhenregion über 1900 m liegen sie unzerstört vor. Daraus kann folgendes geschlossen werden:

a) die Saumbereiche des Tibesti-Gebirges stehen länger unter ariden Klimaeinflüssen,

b) das Tibesti erhielt aus Gründen der Massenerhebung weit mehr Niederschläge als seine Randbereiche,

c) mit zunehmender Entfernung vom Tibesti nach Norden bestanden länger feuchtere Verhältnisse, und zwar auch in den unteren Höhenstufen (s. Sebha

300 m). Die erhöhten Niederschläge im Norden können daher nicht, wie im Tibesti, als orographisch bedingte Vorkommnisse angesprochen werden, sondern sind auf ein allgemein größeres Feuchteangebot zurückzuführen. Noch weiter nördlich ist in der Höhenregion der konvex-konkave Hang entwickelt, ein weiteres Zeichen für die Herabdrückung der vertikalen Höhenstufung der Formungsprozesse in den feuchteren Vorzeiten.

Der Zustand der Krusten- und Patinabildung lieferte weitere Indizien zur Klärung des Wechsels von feuchteren und ariden Klimaeinflüssen (HABERLAND, 1975). Rezente Krustenbildung konnte von mir nicht beobachtet werden. Dazu ist offenbar mehr Feuchtigkeit notwendig. Die Krusten sind zerstört und liegen meist als besonders verwitterungsresistente Schuttreste in loser Streu auf dem Anstehenden. An feuchten Stellen kann Patinabildung in Form hauchdünner Beschichtung der Felsen beobachtet werden. Krusten müssen daher als fossil angesprochen werden, die dunkle, fast schwarze Patinierung weiter Flächen dagegen als subrezent.

Die Serire stellen aus dem Tertiär ererbte Rumpfflächenformen dar, die im Quartär durch fluviatile Überschüttung in den Pluvialzeiten und äolisch-aquatischer [12] Überformung in den Interpluvialzeiten aufgebaut wurden. Mit der Austrocknung ist eine Wanderung der überformenden Kräfte vom Zentrum zur Peripherie festzustellen. Die Eluvialserir, der Flächentyp, der die weiten Ebenen des zentralen Bereichs bildet, ist eine Reliktform und heute als morphodynamisch inaktiv anzusehen. Die Alluvialserir dagegen erstreckt sich im Saumbereich der Flächen stufen- und gebirgsrandparallel: sie wird unter den heutigen Bedingungen weitergebildet und stellt daher den morphodynamisch noch aktiven Teil der großen Rumpffläche dar.

Zum Abschluß sei in Fig. 4 der Versuch unternommen, Akkumulations- und Erosionsphasen, sowie Nord- und Südpluviale mit einer Kurve des „in etwa" Feuchtigkeitsgrades zu kombinieren. Am oberen Rand sind die Ereignisse in Europa zum Vergleich notiert, wie sie FRENZEL (1967) zusammengefaßt hat. Wenn auch die größte Vorsicht bei der Interpretation der Ereignisse geboten ist, so treten doch zwei Übereinstimmungen klar hervor: das Nordpluvial ist verknüpfbar mit den letzten Vorstößen des Eises, das Südpluvial mit dem Klimaoptimum, der Zeit, die Europa die relativ wärmsten Temperaturen gebracht hat.

[12] unter „aquatisch" soll ganz allgemein eine Formung durch das fließende Wasser verstanden werden.

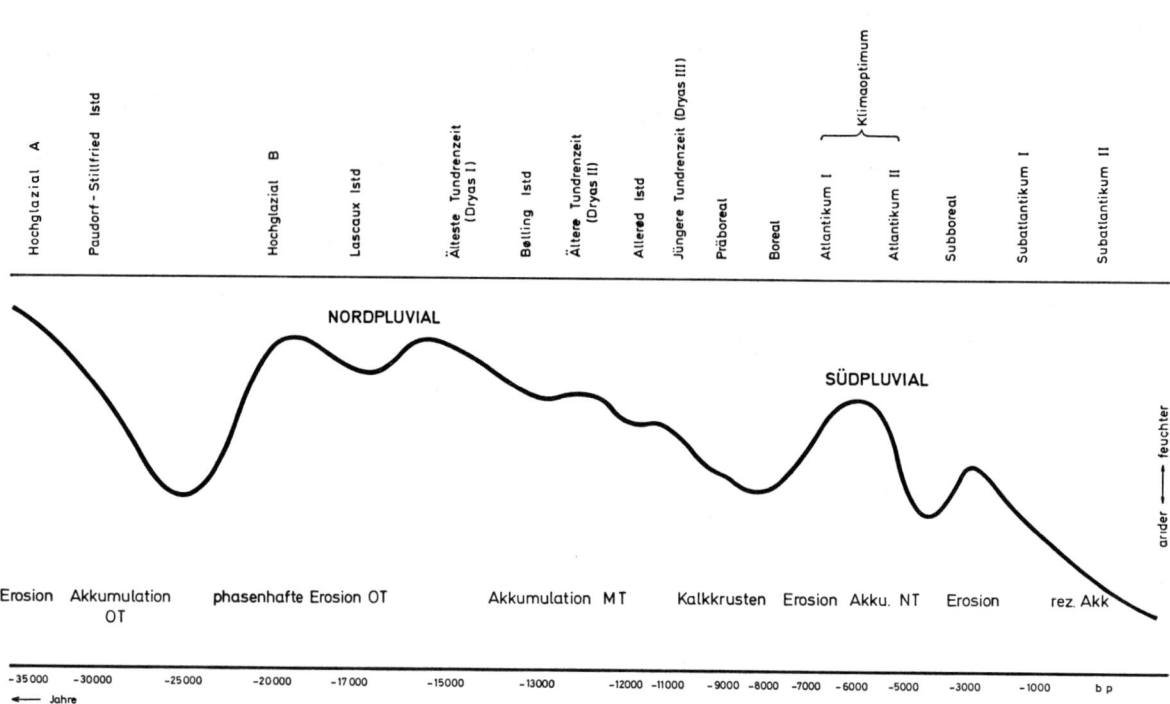

Fig. 4 Die Entwicklung von Erosion und Akkumulation im Tibesti im Jungpleistozän im Vergleich mit der nordeuropäischen Eiszeitgliederung

4. Das Klima

Das Tibesti liegt im Grenzbereich der Einflußsphäre tropischer und arktischer Zirkulation, die klimatische Labilität dieses Raumes kommt klar zum Ausdruck. Der Vorstoß der Nordpluviale scheint insgesamt einen feuchteren Habitus des Klimas bedingt zu haben durch Einzwängen oder gar Verdrängen der Wüstenklimate (Tchadseehöchststand, Verbreitung von ausgedehnten Seen in der Sahara). Sobald auch nur der Einfluß des Nordpluvials geringfügig vermindert wurde, tritt eine Interpluvialzeit, d. h. Trockenheit auf, ein weiterer Hinweis auf den großen Einfluß des orographischen Effekts auf den Feuchtigkeitsgrad eines Gebirges im Randbereich zweier Klimazonen.

Mit der Nordwärtsverschiebung der Klimazonen gerät das Tibesti unter den verstärkten Einfluß der ITC und erhält größere Niederschlagsmengen durch regenzeitbedingte Steigungsniederschläge (Südpluvial-Klimaoptimum). Mit der Konsolidierung des Klimas in geschichtlicher Zeit wird der Einfluß der ITC vermindert, das Tibesti liegt sozusagen im „Niemandsland" der Einflußgebiete. Es erhält nur noch selten und meist nur noch in der Höhe größere monsunale Niederschläge, der Einfluß außertropischer, regenbringender Luftmassen ist praktisch unterbunden. Die Bewölkungshäufigkeit wird geringer, die Einstrahlungsintensität und damit die Verdunstungskapazität werden größer, d. h. die Restfeuchtigkeit (in Böden, Seen, Endpfannen, Vegetation) wird aufgezehrt, der Raum trocknet mit verstärkter Tendenz aus.

Über die klimatischen Verhältnisse in der südöstlichen Zentralsahara ist bisher wenig berichtet worden. Es fehlen sowohl langjährige Beobachtungsreihen als auch ein Netz von Stationen, die durchgehend die wichtigsten Klimadaten messen. Die hier folgende Beschreibung des klimatischen Milieus und dessen morphologische Auswirkung fußt auf den Veröffentlichungen von DUBIEF (1959, 1963) und den Klimadaten, die im Arbeitsgebiet vor allem durch GAVRILOVIC (1969) und HECKENDORFF (1972) veröffentlicht wurden. Die wenigen Beschreibungen, die von direkten Beobachtungen der Wirkung der Niederschläge auf die Oberfläche des Landes vorliegen, finden in einem anschließenden Kapitel deswegen besondere Berücksichtigung, weil sie wichtige Aspekte der Formungsprozesse verdeutlichen.

Die klimatischen Verhältnisse im Tibesti und seiner Umgebung entsprechen trotz der Höhe und Größe des Gebirges dem hochariden, thermischen Jahreszeitenklima, bedingt durch die exzessive Strahlungsintensität in diesem Teil der Sahara (nach HECKENDORFF, 1972: 700 cal/cm²/Tag gegenüber 370 cal/cm²/Tag in Berlin). Kennzeichnend ist ein hoher Ariditätsgrad mit geringer relativer Luftfeuchtigkeit und hohen täglichen wie jährlichen Temperaturschwankungen. Es handelt sich also um ein stark ausgeprägtes Wüstenklima (climat hyperaride, nach KÖPPEN: BW) mit kontinentalem Charakter, der die Trockenheit dieses Raumes zusätzlich verstärkt.

Abgesehen von dem eigentlichen Hochgebirge fallen hier die geringsten Niederschlagsmengen in der gesamten Sahara. Die Mittelwerte der relativen Luftfeuchtigkeit liegen bei 25 % (Tab. 1), Extremwerte wurden sogar unter 6 % gemessen. Die geringen mittleren Luftfeuchtigkeitswerte bedingen eine außerordentlich hohe potentielle Verdunstungskapazität, die in den trockensten Gebieten im Norden des Gebirges über 6000 mm erreicht. Die südöstliche Zentralsahara muß nach dem Verdunstungsüberschuß als der trockenste Raum der Erde angesehen werden.

Tabelle 1
Monatsmittel der relativen Feuchte (in %) in Bardai

31	25	22	23	36	34	16	20	24	25	22	28
J	F	M	A	M	J	J	A	S	O	N	D

Nach HECKENDORFF (1969)

Die täglichen und jährlichen Temperaturschwankungen sind sehr groß (s. Diagr. 1 bis 4); nimmt man die mittleren Maxima- und Minimawerte, so liegen sie durchschnittlich zwischen 15° bis 20° C, die absoluten Extremwerte liegen noch weit darüber. Die täglichen Schwankungen der Bodentemperaturen erreichen an der Oberfläche häufig Werte über 60° C. Die Temperaturen sinken im Winter z. T. erheblich unter den Gefrierpunkt, vor allem in den höheren Gebirgsteilen.

Die Niederschläge erreichen in jährlichen Mittelwerten gemessen kaum 50 mm; selbst im Hochgebirge werden nur knapp 100 mm überschritten.

Der Niederschlag fällt aber konzentriert, meistens nur an einem Tag und dort noch zusammengefaßt in Stunden und Minuten. Jahrelange Perioden ohne Regenniederschlag sind nicht ungewöhnlich, im Durchschnitt dürften die Trockenzeiten zwischen den einzelnen Regen etwa ein Jahr dauern. Die Menge des Niederschlages ist allein nicht ausschlaggebend für die morphologische Wirksamkeit desselben, sondern die Menge pro Zeiteinheit, wie weiter unten noch beschrieben wird. Die episodischen Niederschläge sind meist heftiger Natur und werden daher eine starke morphologische Wirksamkeit aufweisen, zumal sie auf eine vegetationslose Oberfläche fallen. Die Wolkenbrüche müssen an den Hängen und auf dem Anstehenden stark abspülend und auf den sedimentbedeckten Flächen ebenso stark durchfeuchtend wirken (Verwitterung!).

In Tab. 2 werden die Niederschlagsmengen von drei ausgewählten Stationen vorgestellt: Bardai liegt bei 1020 m in der Nordabdachung des Gebirges, das Trou au Natron bei 2450 m im zentralen Bereich auf den Hochflächen des Gebirges und Zouar bei 775 m am Südfuß des Gebirges (s. Diagr. 1 bis 4).

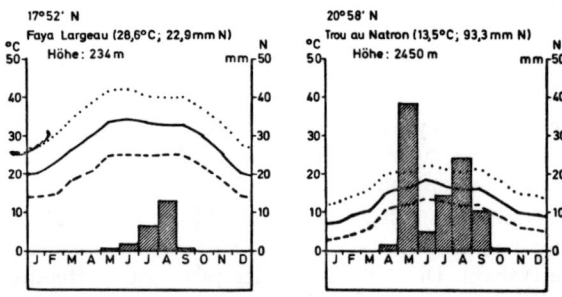

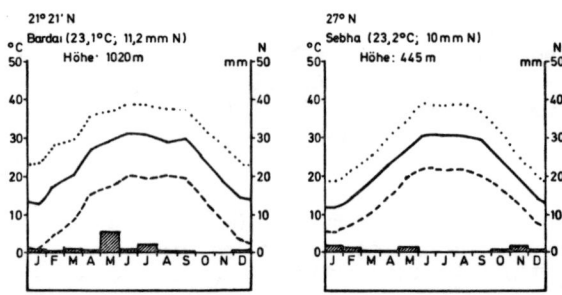

Diagr. 1 bis 4 Klimadiagramme vier ausgewählter Stationen der zentralen Sahara (Monatsmittel-, Minimum- und Maximumtemperaturkurven).

	J	F	M	A	M	J	J	A	S	O	N	D
Bardai (11,2)												
	0,7	0,2	0,8	0,4	5,3	0,8	2,0	0,1	0,2	0,0	0,0	0,7
Trou au Natron (93,3)												
	0,0	0,1	0,0	0,2	38,4	5,4	14,6	24,3	10,5	0,8	0,0	0,0
Zouar (56,0)												
	0,1	0,0	0,0	0,0	4,0	0,8	10,6	38,6	1,3	0,3	0,0	0,3

Tab. 2 Monatliche Niederschlagsmengen ausgewählter Stationen des Tibesti-Gebirges.

Die Verteilung zeigt deutlich, daß die Niederschläge auf der Südabdachung des Gebirges

a) vorwiegend in den Sommermonaten fallen,

b) eine Zunahme der Niederschlagsmenge von etwa 100 % auf den Hochflächen zu verzeichnen ist, und

c) in Bardai, auf der Nordseite des Gebirges nur 11,2 mm/Jahr durchschnittlich erreicht werden.

Daraus wird ersichtlich, daß die Niederschläge hauptsächlich aus Süden kommen und als Steigungsregen auf der Südabdachung des Gebirges niedergehen. Ausgelöst durch das Nordwärtswandern der ITC erreichen, wenn auch selten, monsunale Luftströmungen aus Südwesten das Gebirge, die der Südflanke des Tibesti weit mehr Niederschläge bringen als auf der Nordabdachung gemessen werden. Die erhöhte Niederschlagstätigkeit mit zunehmender Höhe, verbunden mit einer herabgesetzten Verdunstung muß sowohl Folgen für die Verwitterung als auch für die morphologische Gestaltung haben. Es wurde schon weiter oben auf die Schluchtzertalungsprozesse, die flächenhafte Bodenversetzung und die intakten konkaven Hangformen in den höheren Gebirgsteilen hingewiesen, die vermutlich auf den Einfluß niederer Temperaturen und höherer Niederschläge zurückzuführen sind.

In Bardai erlangen Winterniederschläge einige Bedeutung, die nicht so heftig, dafür aber dauerhafter niedergehen. Diese kommen durch Kaltluftmassen zustande, die episodisch vom Mittelmeer her das Tibesti erreichen können. Das Tibesti bildet also die Grenze sommerlich sudanesischer und winterlich mediterraner Niederschläge. Infolge dieser Luftbewegungen, verbunden mit der Massenerhebung, zeigt das Tibesti relativ häufig Bewölkung; die Seltenheit der Niederschläge liegt an der Überhitzung der bodennahen Luftschicht und der damit verbundenen extrem hohen Verdunstungsrate. Niederschläge in der Höhe, die den Boden nicht erreichen, können daher oft beobachtet werden.

Die hohen täglichen Temperaturschwankungen bringen durch die starke nächtliche Abkühlung der bodennahen Luftschicht oft Tauniederschläge, deren Verwitterungswirksamkeit nicht unterschätzt werden darf. Der Wechsel zwischen Verdunstung am Tage und nächtlicher Taubenetzung, wie auch die Verdunstung der Niederschläge, ist Ursache für die Wanderung kolloidaler Lösungen im Boden und deren Anreicherung an der Oberfläche. Salzanreicherung und Patinabildung muß auf diesen Wechsel zurückgeführt werden, wenn auch die Feuchtigkeitsmengen nicht ausreichen, Krusten, wie sie fossil vorliegen, auszubilden.

Die morphologische Wirksamkeit des Windes hat vor allem in den unteren Stockwerken des Gebirges deutliche Spuren hinterlassen.

Die Passatströmung, die das Tibesti aus NE umweht, bestimmt durch die Stetigkeit und Heftigkeit der Winde die Oberflächenformung in diesem Bereich. Abgesehen von den bekannten akkumulativen Formen der Dünen, die sich im Randbereich des Gebirges und auf den weiten Rumpfflächen finden lassen, wirkt er auf das Anstehende dieses Bereiches erosiv. Der Wind transportiert Fein- und Mittelsande, er wirkt daher wie ein dauerndes Sandstrahlgebläse korradierend auf den Untergrund. Das Ergebnis dieser abschleifenden Windtätigkeit zeigt sich deutlich in der der Windrichtung angepaßten Striemung des Geländes, wie auf den Weltraumphotos klar zum Ausdruck kommt (s. Abb. 1 und 2).

Das aerodynamische Relief wurde von HAGEDORN (1971) und MAINGUET (1974) hervorragend beschrieben. Der besonderen Bedeutung der Windformung in den unteren Reliefbereichen werden HÖVERMANN (1967) und HAGEDORN (1971) gerecht, indem sie in der äolischen Reliefgestaltung den basalen Typ einer vertikalen Höhenstufung der rezenten Oberflächenformung sehen. In den höheren Bereichen des Gebirges sind es lokale, meist topographisch bedingte Winde, die durch z. T. erhebliche Stärke Sandfegen verursachen und äolische Formen hinterlassen, wenn auch in weit geringerem Maße und räumlich eng begrenzt.

Die südexponierten Teile des Gebirges erhalten, wie oben beschrieben, weit mehr Niederschläge als die im

Lee liegende Nordseite. Da die Arbeitsgebiete in der Nordabdachung obendrein meist noch in Beckenlagen liegen, ist dort heute mit weniger als 20 mm/Jahr zu rechnen. Im südlibyschen Raum nimmt die Niederschlagsmenge aus Gründen der Kontinentalität und der Gebirgsferne ab, so daß mit episodischen Niederschlägen unter 20 mm/Jahr gerechnet werden muß (s. Diagr. 4, Sebha).

Die kurze Beschreibung der wichtigsten klimatischen Faktoren läßt ein rezentes Verwitterungs- und Abtragungssystem erschließen, auf das im Text noch näher eingegangen werden soll. Die Diskrepanz zwischen den rezent wirkenden, klimatisch bedingten Abtragungsvorgängen und dem größten Teil der Formen, die die Oberflächengestalt des Tibesti bestimmen, beweist, daß die herrschenden, formbildenden Kräfte noch nicht erdgeschichtlich lange Zeiten wirksam gewesen sein können, ein weiteres Indiz für die junge Austrocknung dieses Raumes.

4.1 Die Wirkung der Niederschläge

Es liegen naturgemäß nur wenige Beschreibungen der Wirkungen des abfließenden Wassers aus der Sahara vor. Daher haben die Modellvorstellungen flächenbildender Abflußvorgänge nur hypothetischen Charakter. Abgesehen von dem Konzept der Auslastung der Gerinne, das ausführlich durch v. WISSMANN (1951) beschrieben wurde, sind auf der Basis der Niederschlagsart „Starkregen" zwei unterschiedliche Modelle der flächenbildenden Fließvorgänge entwickelt worden: einerseits wird die Schichtflut (s h e e t f l o o d), die von McGEE (1897) zuerst beschrieben wurde, zur Erklärung der Flächenbildung herangezogen; unter Schichtflut verstehen die amerikanischen Forscher ein turbulentes Flächenabfließen der Niederschläge, während französische Wissenschaftler aus dem Raum der Sahara Schichtfluten als laminares Fließen von Oberflächenmaterial weniger Zentimeter Mächtigkeit beschreiben (JOLY, 1953, CORBEL, 1963).

Andererseits wird die „ s t r e a m - f l o o d ", eine Bearbeitung der Flächen durch viele, nur wenig eingetiefte Gerinne, die sich während des Abflußvorganges ständig verästeln (anastomosieren) beschrieben. Besonders deutlich hat RAHN (1967) die Wirksamkeit relativ dicht benachbarter Rinnen (s t r e a m) im Gegensatz zur flächenhaft abfließenden Wasserschicht (s h e e t) hervorgehoben.

Die wenigen vorliegenden Abflußbeschreibungen bestätigen, daß sowohl schichtflutartige als auch streamfloodartige Abkommen in zeitlicher Abfolge und in Abhängigkeit von der Menge des Niederschlags pro Zeiteinheit entweder getrennt oder kombiniert auftreten können. Allgemein kann gesagt werden, daß mit der Intensität des Niederschlags die Möglichkeit schichtflutartigen Abkommens wächst.

So berichtet VANNEY (1967) über Starkregen in der Region des nördlichen Grand Erg Occidental (etwa 32° N) zwischen den Oasen Beni Abbès, Colomb Béchar und Ain Sefra, einer Fläche von der halben Größe Frankreichs. Zwar wird damit ein Gebiet angesprochen, das sowohl nördlich als auch weit westlich von dem bisher beschriebenen Arbeitsgebiet liegt, jedoch ist der Raum in jeder Hinsicht ähnlich strukturiert.

Die Niederschläge kamen durch das Zusammentreffen tropisch feuchter Luft am Boden und Polarluft in der Höhe zustande. Es handelt sich also um die recht seltene Verschiebung der Passatfront nach Süden, so daß ein Kaltluftvorstoß die anomal warme tropische Luft vom Boden abheben und zum Aufsteigen zwingen konnte. Dadurch wurde erst die große Ausdehnung der Niederschlagsfelder und das heftige Abregnen derselben ermöglicht.

Die Regen waren durchweg von abflußbildender Stärke; sie erbrachten im Durchschnitt über 30 mm/24 h. Spitzenwerte wurden in Colomb Béchar gemessen mit 77 mm/24 h, aber auch noch weit im Süden wurden Niederschlagshöhen von 50 mm/24 h ermittelt (Kerzaz 48 mm/24 h).

Noch aussagekräftiger sind die durchschnittlichen stündlichen Spitzenwerte, die bei 7 mm/h liegen. In Liter umgerechnet fielen 7 ltr/m²/h, d. h. 7 Millionen Liter Wasser wurden z. T. stündlich pro km² Fläche aufgenommen und mußten abgeführt werden. Da die errechneten Tagesmittelwerte, bezogen auf das Gesamtgebiet, 30 mm/24 h betragen, standen an einem einzigen Tag 30 Millionen Liter Wasser auf jeden Quadratkilometer des Landes für den Abfluß bereit. In den Wadis, die diese Fluten aufnahmen, wurden ungeheure Mengen Wassers verfrachtet; alleine im Wadi Guir kamen 800 mio m³ ab. Die Hauptflutwelle bewegte sich mit 4 km/h nach Süden; dabei wurden in Abdala 80 ltr/sec/m² und in Kerzaz noch 8,8 ltr/sec/m² gemessen. Diese Werte entsprechen in etwa der Wassermenge, die die Weichsel im Jahresdurchschnitt (1200 km³) in die Ostsee einbringt. Die plötzlich entstehenden Flüsse konnten im Süden außerhalb des Niederschlagsgebietes mit z. T. über 500 km Lauflänge die Sahara durchqueren bis sie in Endpfannengebieten endlich versiegten.

Die Fluten hatten katastrophale Folgen für den Kulturbereich der Menschen, vor allem deswegen, weil sich die Gärten, Siedlungen und Weideplätze der Oasenbewohner meist auf den Talsohlen der Wadis befinden. Die zerstörende Kraft des in den Sammeladern, den Wadis, zusammengefaßten Niederschlages war so stark, daß selbst ganze Eisenbahnwaggons über 150 m weit transportiert werden konnten. Ähnliche Beobachtungen konnte der Verfasser in Libyen machen, wo die Betonfundamente und Pfeiler der Fezzanstraße, Blöcke von mehreren Metern Kantenlänge, einige 100 m weit transportiert wurden.

Die Erosionswirkung der Starkniederschläge, so berichtet VANNEY (S. 98), war vor allem an den Steilhängen, die zu den Hamadas überleiten, zu beobachten. Hier wurden große Mengen Lockermaterials abgespült. Dagegen fanden auf den Flächen „breite Schlammströme" und „schichtflutartige Abflüsse" statt, die auf den Ebenheiten keine sichtbare erosive Überformung hinterließen. Die plötzliche Überflutung der Flächen brachte zwar eine kurzfristige hohe Transportkraft mit sich, die ebenso schnell abebbte, wie die Niederschläge beendet waren.

Das Transportmaterial wurde in gleichem Maße abgelagert; daher war morphologisch keine Veränderung auf den Flächen festzustellen.

In den Wadibereichen wurden die gleichen Vorgänge beobachtet: mit dem Einsetzen der Flutwellen ein starkes Verändern des Flußbettes durch kräftige Transportleistung und mit Abebben der Flut das Ablagern der mitgeführten Fracht. Nach Beendigung des Fließvorganges hatte sich morphologisch keine große Veränderung ergeben. Die Fluten hatten ein ruckhaftes Versetzen des Lockermaterials zur Folge, nicht aber Einschneidung und Akkumulation.

GAVRILOVIC (1970) berichtet über solche Sturzregen und ihre Folgen im nördlichen Tibestigebirge (Bardai) im Jahre 1968. Die Niederschläge vom Juli waren Ergebnis des Zusammentreffens einer vom Mittelmeer ans Tibesti heranwandernden Kaltfront und der gleichzeitig vom Süden nahenden ITC. Dabei müssen über den Hochflächen (Tarsos) größere Niederschläge gefallen sein, die sich im Wadi Bardagué sammelten und über 300 km bis zu seiner Endpfanne abflossen. Die Flut vom 7. 6. kam am Beobachtungsort mit einer schäumenden Welle von 20 bis 30 cm Höhe an, die sich mit 2 m/sec. voranbewegte. Nur wenige Minuten später war der Fluß schon 60 m breit und 0,7 bis 1 m tief. Flußabwärts verstärkte sich die Welle noch, so daß sie 2,5 m/sec. und eine Höhe von 1 m erreichte. Es entstanden Wellen an der Oberfläche, die vom Verschieben des Materials am Grund herrührten. GAVRILOVIC spricht von einer (S. 206) „gewaltigen Transportleistung des Wassers", bei der große Kies-, Sand- und Geröllmassen bewegt wurden. Die Transportleistung setzt mit Beginn der Flut ruckhaft ein und verebbt mit gleichzeitiger Akkumulation sehr rasch. Insgesamt wurde in dieser mittleren Laufstrecke des Bardagué eine leichte Akkumulationstätigkeit gemessen.

Am 28. Juli fielen in Bardai selbst auch Niederschläge, und zwar 6,5 mm in einer Stunde; die Sturzregen erreichten auch hier wieder die gleiche Intensität wie sie VANNEY beschrieben hat. GAVRILOVIC beobachtete die Wirkung der Niederschläge auf den nahezu schuttfreien Sandsteinflächen, die dort anstehen, und auf den Sandschwemmebenen, die er als „akkumulatives Pediment" bezeichnet. Die Beschreibung wird ihrer Bedeutung wegen im Folgenden ungekürzt wiedergegeben:

Während das Wasser auf den Sandsteinen förmlich abschoß, sich in den Klüften sammelte und diese in reißenden Bächen erosiv überarbeitete, geschah auf dem „akkumulativen Pediment" nichts. „Trotz der heftigen Schauer war zu Beginn der größte Teil des akkumulativen Pediments lediglich feucht." GAVRILOVIC schreibt weiter (S. 210): „Erst eine halbe Stunde später trat im oberen Teil des Pediments auf der Sandfläche eine dünne Wasserschicht auf, die alsbald eine Stärke von 5 bis 10 cm erreichte. Von diesem Moment an trat flächenhafter Wasserabfluß ein. Die sich mit einer Geschwindigkeit von 2 m/sec. ausbreitende Wasserdecke umfaßte binnen kurzem den größten Teil des Pediments ... Der flächenhafte Wasserabfluß war seinem Wesen nach ein strömender Abfluß. Die riesige Wasserdecke des Pediments bestand aus zahllosen kleinen Wasserläufen, die in der Sand-Kiesebene ständig ihre Laufrichtung änderten. Die über das Pediment abfließenden Wasserströme sättigten sich mehr und mehr mit dem Material, das sie mittrugen. Wenn die Materialmenge in einem Wasserlauf seine Tragfähigkeit überstieg, dann setzte sich das Material ab und der Wasserlauf zerbrach oder änderte seine Abflußrichtung. Während dieses ununterbrochenen Zerbrechens und der damit verbundenen Neubildung der Wasserströme, glitten der Sand und der Kies langsam über das Pediment ab. Zufolge der Übersättigung des Wassers mit dem Ablagerungsmaterial und seines flächenhaften Abflusses war der Erosionseffekt äußerst gering ... Mit Aufhören des Niederschlags verschwand das Wasser ebenso rasch wie es plötzlich auf dem Pediment aufgetreten war. Die einheitliche Wasserdecke zersplitterte in kleine Bäche und bald waren auch diese versiegt."

Die Beschreibung von GAVRILOVIC und VANNEY bestätigt, daß nur Sturzregen mit einer Intensität von über 6 mm/h zu flächenhaftem Abfluß führen (s. a. RAHN, 1967). Die weitaus häufigeren Niederschläge geringerer Intensität bringen auf den Flächen, wie der Verfasser nach eigenen Beobachtungen bestätigen kann, keinerlei Abfluß zustande. Ganz außergewöhnlich starke und dauerhafte Niederschläge, wie sie HERVOUET (1958) aus dem nördlichen Tibesti beschreibt (370 mm/72 h) werden vermutlich zu größeren flächenhaften Abtragungsleistungen führen, die nicht nur die Hangbereiche, sondern auch Flächen und Wadi-Eintiefungen betreffen.

KLITZSCH (1966 b) hat die Auswirkungen von Starkniederschlägen auch auf Serirflächen im zentralen Libyen beobachten können. Er berichtet über das Wegspülen der schweren Pistenmarkierungen (mit Sand gefüllte Benzinfässer) auf den nahezu gestaltlosen Flächen. Auch er vermutet (S. 168), daß „es sich nur um Schichtfluten beträchtlicher Höhe und Stärke gehandelt haben kann".

Starkregen mit abflußbringender Menge treten nach Berichten der Bevölkerung (s. DUBIEF, 1947) in fünf- bis zehnjährigem Abstand auf. VANNEY rechnet mit einer 10- bis 15jährigen Folge, MECKELEIN (1959) dagegen hält eine fünfjährige Abfolge für gegeben. KLITZSCH kommt auf Grund langjähriger Beobachtungen auf eine 5- bis 10jährige Wiederholung von Starkniederschlägen, die alle 30 bis 40 Jahre eine solche Intensität erreichen, daß selbst die Serirflächen umgestaltet werden, d. h. durch Umschichtung der obersten Zentimeter des an der Oberfläche liegenden Materials wird wieder Feinmaterial zur Ausblasung freigestellt.

Die hier summarisch zusammengefaßten Beobachtungen zeigen, daß auch in den hochariden Gebieten die Formung durch fließende Wasser vorherrschend ist. Die große Intensität der Niederschläge, auch wenn sie nur in Zeitabständen von über 5 Jahren fallen, hat in den Gebieten mit größerer Reliefenergie stark abspülenden und damit echt gestaltenden Einfluß, während die Ebenheiten der Form nach erhalten bleiben, obwohl sogar Seriroberflächen durch Umschichtung des Materials bewegt werden. Die Tendenz des gleichzeitigen Herauspräparierens einerseits schroffer, schuttfreier Formen und andererseits gestaltloser, weiter Flächen ist ein Charakteristikum der rezent wirkenden Klimakräfte, vor allem der seltenen Starkniederschläge. Dabei ist zu beobachten, daß Regenmengen unter 5 mm/h auf den Flächen meist keinen Abfluß hervorrufen, dagegen Mengen über 6 mm/h ein laminares Fließen in vielen anastomosierenden Gerinnen (stream flood); erst noch größere Intensität und Dauer der Starkniederschläge kann auch auf den Flächen in größerer Entfernung von höher aufragendem Gelände schichtflutartige Abkommen hervorrufen. Stream- und sheetflood weisen große Transportleistungen auf, ohne jedoch erosiv wirken zu können, da eine erreichbare, tiefer gelegene Erosionsbasis fehlt. Der Effekt ist eine immer wiederkehrende Umverteilung der Oberflächensedimente ohne sichtbare morphologische Wirkung.

Die Lösung der Flächenbildungsfragen kann nur von diesen Fakten ausgehen. Bevor jedoch näher auf die Ursachen der Flächenbildung eingegangen wird, ist die Konfrontation mit den Befunden notwendig.

5. Die Sandschwemmebenen: Definition, Verbreitung

Der Begriff „Sandschwemmebene" wurde 1952 von BÜDEL (S. 117 ff.) eingeführt. Er beschreibt die Sandschwemmebenen als eine fast ebene Flachform, die sich im Hoggargebirge zwischen den umlaufenden Schichtstufen und dem zentralen Rumpftreppengebirge einlagert. Die Ebenheit, die ein Gesamtgefälle von 1% erreicht, ist in sich durch unzählige „ganz flache Wasserscheiden" mit einem Lokalgefälle bis zu 3% gegliedert. Die Flächen grenzen mit scharfem Fußknick an „steile, bodenfreie, häufig auch schuttarme Felshänge".

Motor der Flächenbildung ist „der seltene, aber umso wirksamere Sturzregen", der den Sand- und Feingrus von den Steilhängen abspült, so daß diese ohne Feinmaterialbedeckung die nackte Gesteinsoberfläche zeigen, auf der nur der grobe Schutt verwitternd zurückbleibt. „Erst unterhalb des Fußknicks wird der herabgespülte Grus auf der Sandschwemmebene in kleinen, flachen Schwemmhalden ausgebreitet." Von hier erfolgt die Schuttabfuhr nur sehr langsam, da die dauernden Gerinne fehlen und die seltenen Regengüsse lediglich einen Nahtransport auf kurze Strecken hin zulassen. Sandschwemmebenen und Steilhänge sind daher „Zeugen des heutigen Wüstenklimas". BÜDEL sieht in den Sandschwemmebenen die aride Weiterbildung und Erhaltung der aus dem Tertiär ererbten Rumpfflächen (Sukzessionsflächen).

Zu ähnlicher Auffassung kam HÖVERMANN (1967); er hebt die Sandschwemmebenenbildung als einen selbständigen, charakteristischen Formtyp arider Klimate hervor, indem er Flächen- und Hangbildung scharf voneinander trennt (S. 147): „Flächen- und Hangbildung unterliegen völlig verschiedenen Bedingungen. Während die Flächen in kontinuierlicher Ausgleichung der durch Wasser und Wind geschaffenen Formen einer immer vollkommeneren Ebene zustreben, zerlegt die Tiefenerosion die höherragenden Geländeteile in ein immer wilder zerschluchtetes Gebirge." HÖVERMANN bemißt der Windwirkung zusätzliche, formgebende Kraft, die die durch das fließende Wasser hervorgerufene geringfügige Reliefierung des Geländes wieder ausgleicht. ERGENZINGER (1968) schlägt aus dem gleichen Grund den Terminus Treibschwemmebene vor.

HAGEDORN (1971) beschreibt ausführlich die Sandschwemmebenen und weist ihnen einen eigenen Formungscharakter zu (S. 121):

„Verbreitet ist der Formentyp der Sandschwemmebene in der Höhenstufe von 600 bis 1000 m. Er vermittelt zwischen dem fluvialen Relieftyp der höheren Bereiche und dem basalen Windrelief; teilweise sind die Sandschwemmebenen sowohl in das Windrelief als auch in das fluviale Relief eingeschaltet, worin das labile Gleichgewicht zwischen Wind- und Wasserwirkung in diesem Bereich zum Ausdruck kommt." HAGEDORN ordnet also den Formtyp Sandschwemmebene als intermediäres Glied zwischen den basalen Typ des Windreliefs und den fluvialen Typ der Höhenregion und betont somit die Eigenständigkeit der Formungsprozesse innerhalb dieser Höhenstufe des Geländes. PACHUR (1970) gelangt zur gleichen Auffassung und fügt noch hinzu (S. 53): „Die Fläche wird rezent weitergebildet, dies geht aus dem über die ganze Fläche verteilten, frischen Gesteinsgrus und zahlreichen, nur schwach eingestuften Gerinnen hervor. Hinzu kommt in diesem Bereich der Wind ..., somit stellt diese Fläche ein eigenes Formelement dar."

Dies macht den Unterschied der Sandschwemmebenen zu den fossilen Serirflächen deutlich (nach MECKELEIN: Eluvialserir, s. Kap. 3.2 d), während die Sandschwemmebenen unter den rezenten Formungsprozessen weitergebildet werden, unterliegen die Serirflächen relativer morphologischer Inaktivität. Die Sandschwemmebenen entsprechen dagegen der Alluvialserir MECKELEINs; es ist jedoch der Ausdruck Sandschwemmebene vorzuziehen, denn auch die Reliktform Eluvialserir ist alluvialen Ursprungs (s. o.).

Der Terminus Sandschwemmebene beinhaltet die Beschreibung einer typisch ariden Flachform, die in sich wenig gegliedert, den vermittelnden Teil zwischen Hang und hangfernem Gelände darstellt. Charakteristisch ist ein scharfes Aneinandergrenzen von Flächen und Hang (Fußknick, meist Steilhang), sehr geringe Neigungen (um 1 %)[13] und eine Bedeckung der Flächen mit einem lockeren Gemisch aus Kiesen und Sanden. Sie sollen durch das Zusammenwirken von Wind- und Wasserformung zustande kommen.

Die Verbreitung der Sandschwemmebenen ist an die mittlere Höhenregion des zentralsaharischen Bereichs gebunden, d. h. an Bereiche zwischen 300 und 1000 m Höhe, dort, wo ein aufragendes Hinterland vorhanden ist.

In den tieferen Regionen sind sie dort zu finden, wo größere Reliefunterschiede das Landschaftsbild bestimmen, in der Höhenregion bedecken sie die Flächen der größeren Ausraumzonen. Im Gebirgsinneren haben sie daher eine geringere Ausdehnung und eine lokal begrenzte Verbreitung, während sie an den Flanken des Gebirges als Saum zusammenhängend auftreten.

Die Weltraumphotographien (s. Abb. 1 und 2) zeichnen die Sandschwemmebenen mit ganz hellen Grautönen nach. Ihre Verbreitung ist deutlich an dem scharfen Aneinandergrenzen von Hell (Sandschwemmebenen) und Dunkel (patinierte Oberflächen Hamadas) abzulesen: es sind die Gebirgssaumbereiche, die intramontanen Becken und die weiten Talungen, die Sandschwemmebenen aufweisen. In größerer Gebirgsferne gehen die Flächen mit Sandschwemmebenenbedeckung in die Eluvialserir über, die auf den Photos durch dunklere Grautöne wiedergegeben wird.

Die folgenden Kapitel beschäftigen sich mit der Genese der Sandschwemmebenen. Es werden hier Beispiele aus dem Tibesti und aus Südlibyen vorgestellt. Besondere Berücksichtigung fanden die Gebiete in der Höhenregion um 1000 m in der Nähe von Bardai, da in diesem Grenzbereich sowohl Sandschwemmebenenbildung als auch fluviale Zerschneidungsprozesse, die nebeneinander ablaufen, beobachtet werden können.

5.1 Die Befunde:
Die Sandschwemmebenen von Bardai
(s. Luftbildinterpretation, Abb. 15, 15 a, 16)

Die Sandschwemmebenen von Bardai sind an kesselförmige Talerweiterungen des Bardagué, einer Hauptentwässerungsader des nördlichen Tibesti, gebunden, die in ihrer Geradlinigkeit wahrscheinlich einer tektonischen Leitlinie folgt. Die rezenten Gerinne zertalen, wie in dieser Höhenlage üblich, schluchtartig den gesamten Beckenbereich (cuvette), meist ältere fluviatile Sedimente. Jedoch sind zwischen Schlucht- und Beckensteilrändern Verebnungen eingeschaltet, wie sie als Charakteristikum tieferen Zonen im Gebirgsrandbereich eigen sind. Es sind sanft zu den Schluchten hin geneigte Geländeteile, deren Oberflächen leicht bewegt bis nahezu eben von einem lockeren Gemisch aus Kiesen, Sanden, Sandsteinschuttresten und vereinzelt auch äolischem Material bedeckt sind. Die einheitliche gelbgraue helle Farbtönung fällt im Gegensatz zum dunklen Anstehenden besonders auf.

Im NE der Oase erstreckt sich eine Sandschwemmebene, die in ihrer größten Länge (NE—SW) 2,5 km und in ihrer größten Breite etwa 1 km Ausdehnung hat. Im Norden und NE ist die Fläche von einer Sandsteinsteilstufe begrenzt; die südliche Umrahmung wird halbkreisförmig von einer Sandsteinschwelle gebildet, die durch zahlreiche Trockenbäche zerschnitten wird, die, Terrassenreste zerschneidend, entweder ins Bardaguétal entwässern oder mit einem Schwemmfächer auf das Niveau der Oasensiedlung münden.

Wie in Fig. 5, Profil (C—D) gezeigt wird, ist das Gelände von der Steilstufe her gleichförmig (2,6 %) geneigt und endet mit Steilabfall zum Bardagué. Dabei kappt die Fläche die Sandsteinschwelle, Schuttmaterial sowie Ober- und Mittelterrassenreste.

Die Ebene wird dort, wo Bäche aus dem Hinterland kommen, im NE und NW, durch Schluchten zerschnitten. Diese Gerinne haben lediglich eine Länge von weniger als 1 km und einen Einzugsbereich von etwa 1,5 bis 2 km², und sind in der Lage, bei durchschnittlich 2 % Gefälle die gesamte Breite der Ebene in einer 4 bis 6 m tiefen Schlucht zu durchteufen. Das nordöstliche Gerinne schüttet unmittelbar in den Bardagué, während das nordwestliche einen flachen Schwemmfächer am Sandsteinschwellenrand im Niveau der Siedlung ablagert.

Die Sandsteinsteilstufe ist in Zinnen und Türme aufgelöst (s. Abb. 17). Es greifen enge Schluchten von oft nicht mehr als 100 m Länge in sie hinein, die als Sammeladern des Stufenrandbereichs die Spülwässer auf die Ebenheit abführen. In den Schluchten ist das fließende Wasser erosiv wirksam; die Schluchtbetten zeigen die frische Farbe des Anstehenden. Das unregelmäßige, starke Gefälle hat Wasserfälle und Strudeltöpfe entstehen lassen und nur wenig Transportmaterial bedeckt an günstigen Stellen die Fließrinnen; bis zu 50 cm mächtige Anwehungen von Flugsand blockieren z. T. die Schluchtböden.

Sobald die Gerinne den Stufenrand erreichen, laufen sie, je nach Größe, entweder unmittelbar auf die grobe Lockermaterialbedeckung der Ebene aus oder sie biegen als wenig eingetiefte Randfurchen stufenparallel ab, um sich einem der die Sandschwemmebene zerschneidenden Gerinne anzuschließen oder ebenfalls nach kurzer Strecke flach auf die Ebenheit auszulaufen.

Die Ebene wird durch einen scharfen Hangknick begrenzt, über dem sich unmittelbar meist senkrechte Wände mit relativen Höhen bis zu 100 m erheben; z. T. setzt in Hangknicknähe die Lockermaterialbe-

---

[13] Es können auch größere Neigungen (3,5 %) erreicht werden, und zwar dann, wenn die Sandschwemmebenen auf Vorfluter eingestellt sind, die eine tieferliegende Erosionsbasis bieten.

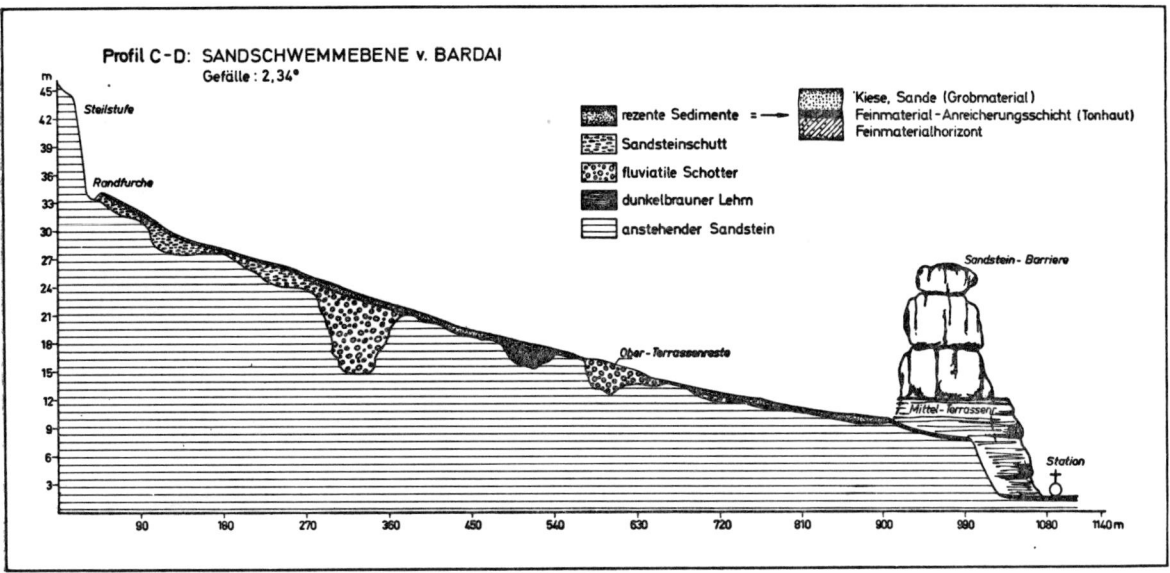

Fig. 5 Sandschwemmebene von Bardai

deckung der Fläche aus und das teilweise weich vergruste Anstehende bildet die Oberfläche. Nur wenige grobe Schuttstücke liegen vereinzelt auf dem mürben Anstehenden; sie stammen von herabstürzenden Blöcken, deren Abrißnischen in den Wänden noch gut erkennbar sind oder sie sind Reste fossiler, besonders verwitterungsresistenter Eisen-Mangankrusten, deren dunkle Gesteinsbruchstücke immer wieder im hellen Sandschwemmebenenmaterial auffallen. Im Gegensatz zum betonharten, patinierten Anstehenden zerfallen die herabgestürzten Blöcke meist schon bei leichtem Anschlagen mit dem Hammer; oft sind die Bruchstücke so mürbe, daß man sie mit der Hand zerdrücken kann. Bei fortgeschrittener Entwicklung zerfließt das Material an Ort und Stelle, eine Anhäufung von Grus markiert die Stelle, an der der Block niedergegangen ist.

Abgesehen von der zerschmetternden Kraft des Aufschlags kann diese relativ große Verwitterungsintensität in Hangknicknähe noch durch eine andere Beobachtung belegt werden: Der Hangknick wird durch eine „Verwitterungshohlkehle" übersteilt; die chemische Verwitterung greift die ersten Meter Wand durch Abgrusen des Sandsteins, oft in Form der Wabenverwitterung, an, so daß z. T. die Felsritzungen der Neolithiker zerstört werden (Abb. 18).

Auch hier zeigt sich wieder, daß die Steilhänge nicht zurückverlegt werden, sondern daß sie ortsfest bleiben, sobald sie Wandcharakter erreicht haben. Sie werden lediglich von oben her langsam durch das Herausbrechen lockerer Blöcke überformt, die Steilheit bleibt bis zur Auflösung erhalten (s. Abb. 17).

Vor der Sandsteinsteilstufe ist ein Saum von etwa 100 m Breite mit leicht bewegter Oberfläche entwickelt, deren Hohlformen von netzartig angelegten „Muldentälchen", teils auch „Kastentälchen" und deren Vollformen von langgestreckten, stromlinienartig geformten, ganz flachen Rücken gebildet werden. In den Tälchen ist lockeres Grobmaterial angereichert (Kiese, Sande), während die Rücken weitgehend aus leicht verbackenem Feinmaterial aufgebaut sind, in dem Kiese und Sande eingebettet liegen. Oft finden sich über dem Grobmaterial in den Tälchen Anwehungen von Flugsand. Auf dem Rücken haben sich winzige Flugsandfahnen im Lee von Sandsteinkrustenstückchen und gröberen Kiesen angesammelt, die aus dem Feinmaterial herausragen.

Die Kiese und Sande sind hellgelb und das Feinmaterial hellgrau gefärbt, während die Flugsande eine rötliche Tönung aufweisen. Die feste Feinmaterialdecke zieht sich unter der lockeren Grobmaterialfüllung der Tälchen zu den jeweils benachbarten Rücken hin durch (s. Fig. 6).

Dieser noch deutlich vom fließenden Wasser überformte Flächenteil wird weiter abwärts durch eine ebene Oberfläche ersetzt. Die Fläche ist einheitlich mit Grobmaterial bedeckt, wie es sich in den oben beschriebenen Tälchen befindet[14]. Kiese, Grobsande, Krustenreste und wenig Feinmaterial liegen locker gemischt über einem verbackenen Feinmaterialhorizont.

Das Lockermaterial wird zur unteren Begrenzung der Sandschwemmebene hin in Streifen zusammengefaßt und kappt mit gleichmäßigem Gefälle stromlinienförmige Ausbisse des Anstehenden, sowie Oberterrassenreste, die, stark verwittert, den Sandstein überlagern.

---

[14] Hier ist bezeichnenderweise das Sportfeld des Militärs angelegt worden.

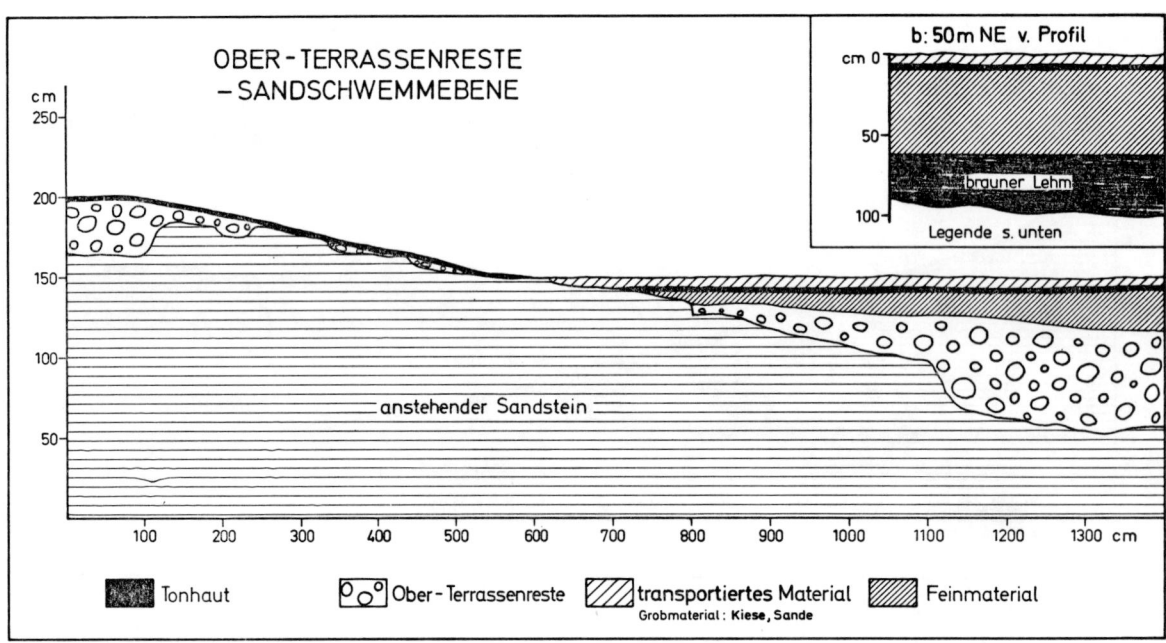

Fig. 6 Sandschwemmebene von Bardai

Die Sandschwemmebene stößt an der südlichen Umrahmung in mehreren Buchten gegen eine Schwelle von Sandsteinen vor, die ein einheitliches Niveau aufweist.

Dieser Schwelle sitzen mit zunehmender Höhe nach Osten zu einzelne turmartige Felsen auf, die über 50 m relative Höhe erreichen. Die Schwelle grenzt mit Steilabfall an die Hauptentwässerungsader, den Bardagué. In zahlreichen Einschnitten liegen vor der Erosion geschützt Reste der Mittelterrasse. Diese Reste verfüllen scharf eingeschnittene Kerbrinnen, die zur Sandschwemmebene überleiten. Die Kerben müssen also schon vor der Akkumulation der Mittelterrasse angelegt worden sein. Heute kleben nur noch Reste des Terrassenkörpers an den Seiten der Einkerbungen; durch Ausräumung der Terrassensedimente sind die Kerben z. T. wieder ganz freigelegt worden. Wie die frische Gesteinsfarbe des Anstehenden zeigt, werden die Kerben heute weiter erosiv überformt; in ihnen wird das Sandschwemmebenenmaterial zum Vorfluter abgeführt.

Die Fläche greift mit Dreiecken in die Schwelle ein. Am unteren spitzen Ende der Dreiecke setzen die Kerben ein. Die Schwelle wird lateralerosiv unterschnitten. Dort, wo das Sandschwemmebenenmaterial in die auf die Kerben weisenden Trichter eingeführt wird, nimmt das Gefälle zu. Die Mächtigkeit der Materialbedeckung nimmt gleichzeitig ab, sie reißt langsam auf, so daß schon vor Einsetzen der Kerben oft der frische Sandstein anstehen kann.

Die Kerben sind als Stromschnellen ausgebildet, sie überwinden bei einer Länge von 50 m etwa 6 m Gefälle; sie stehen in direkter Verbindung mit dem rezenten Niedrigwasserbett oder sie enden im Niveau der Siedlung, das dem des Hochwasserbettes entspricht (hier als Erosionsniveau in Sedimenten der Mittelterrasse entwickelt). Das Lockermaterial von der Sandschwemmebene wird also entweder direkt dem Niedrigwasserbett oder zunächst dem Hochwasserbett des Bardagué zugeführt. Die Ebene ist daher auf das rezente Entwässerungssystem eingestellt; da sie die Sandsteinschwelle sowie das Niveau der Ober/Mittel- und der Niederterrasse kappt, muß sie jünger als diese sein.

Die Ebenen sind wie ganz flache Trichter mit zunehmendem Gefälle zum Ansatz der Kerbrinnen hin eingesenkt. In der Luftbildinterpretation (s. Abb. 15 a) sind die Einzugsgebiete der einzelnen Trichter dargestellt und die Bewegungslinien des Materials, die die Stromlinien des abfließenden Wassers nachzeichnen.

Die einzelnen Einzugsgebiete der Kerben sind durch ganz flache Spülscheiden voneinander getrennt. Die Bedeckung mit Lockermaterial setzt an den Spülscheiden aus, oft steht hier der Sandstein an. Das Anstehende kann an Ausbissen mit nahezu gleichem Niveau von der Schwelle bis zur Steilstufe hin verfolgt werden. Auf diese einheitliche Fläche über dem Anstehenden wird noch besonders in Kap. 5.1.2 eingegangen werden. Die Sandschwemmebene ist schüsselförmig in diese Fläche eingelagert, also auch jünger als deren Anlage; durch denudative Vorgänge hat sie sich flächenhaft dort einarbeiten können.

Wie oben beschrieben, ist die Sandschwemmebene in Gefällerichtung der Formung nach gegliedert (siehe Profil 1 und 2): in unmittelbarer Nähe der Steilstufe,

teilweise durch eine Randfurche getrennt, erstreckt sich ein
a) etwa 150 bis 250 m breiter Saum von flachen Muldentälchen, netzförmig angelegt; dieser wird in Gefällerichtung von einem
b) ebenen Teil, der gleichmäßig mit Lockermaterial bedeckt ist, abgelöst, es folgen zur unteren Begrenzung hin zunächst
c) breite, ebene, von Lockermaterial bedeckte Flächen, die flache stromlinienartige Rücken aus Anstehendem oder Oberterrassenmaterial kappen, und abschließend
d) trichterförmig in den Schwellenbereich eingreifende Keile der Sandschwemmebenensedimente. Über Kerbrinnen am Trichterende wird das Lockermaterial zum Vorfluter abgeführt.

Klammert man die auf der ganzen Fläche zu findenden äolischen Sedimente aus, so finden wir folgende räumliche Materialverteilung an der Oberfläche vor:
a) Unmittelbar am Hangknick meist Ansammlung von schon verfrachtetem Lockermaterial, z. T. das vergrusende Anstehende und Grus von herabgestürzten, verwitterten Blöcken,
b) im Bereich der Muldentälchen: in den Hohlformen Lockermaterial (Kiese, Sande), auf den Rücken Feinmaterial, leicht verbacken,
c) im ebenen Teil: weitflächige Bedeckung mit Lockermaterial,
d) im unteren Bereich: auf den Flächen Lockermaterial- (Kiese, Sande), auf den Rücken Feinmaterialbedeckung, die sich über das stark verwitterte Anstehende bzw. Oberterrassenschotter hinwegzieht,
e) im Bereich der Schwelle liegt das Lockermaterial dem frischen Sandstein auf.

Gräbt man die Sandschwemmebene im Längsprofil auf, so sind folgende Materialinhalte zu finden [15] (s. Profil 1 und Abb. 19 ff.):
a) im gesamten Längsprofil als oberflächennahe Bedeckung:
 1. im Bereich der Muldentälchen, im mittleren ebenen Teil und im unteren Teil bis zu 25 cm mächtige lockere Kiese und Sande (Locker- oder Grobmaterial), die auch zum Vorfluter hin abgeführt werden,
 2. im gleichen Bereich (bis auf den schwellennahen Teil): eine Feinmaterialanreicherungsschicht, die auf den Rücken 2 cm und unter der Lockermaterialschicht bis zu 30 cm mächtig werden kann. Die obersten 2 cm gleichen einem Schaumboden (blasige Hohlräume); er beinhaltet besonders viel Feinmaterial (s. Kap. 7.3), darunter ist gröberes Material mit eingelagert. Der Schaumboden weist Trockenrisse (s. Abb. 21) auf, bricht polyedrisch und ist leicht verbacken, wie die gesamte Feinmaterialschicht,
b) in der Nähe der Steilstufe kommt unter den Schichten a (1 und 2) ein z. T. stark verwitterter Sandsteinschuttkörper mit Mächtigkeiten bis zu 1,50 m vor (Abb. 22) oder das vergruste und gebleichte Anstehende,
c) im mittleren Teil liegt unter a (1 und 2) entweder:
 1. verwitterter Sandstein oder
 2. stark verwittertes Oberterrassenmaterial (Abb. 23, 24) oder
 3. dunkelbraune Lehme (Boden?, s. u. Kap. 5.3).

Das Profil zeigt einen Querschnitt von einem mit Oberterrassenschottern bedeckten Sandsteinrücken zur Fläche. Der ganze Rücken ist, wie oben beschrieben, mit einer „Tonhaut" überzogen. In diese eingebettet liegen, zur Oberfläche hin fächerförmig verwittert, vor allem Basalt- aber auch Ignimbrit- und Sandsteingerölle, von denen Schuttfähnchen in Gefällerichtung über die Tonhaut abgleiten (s. Abb. 25, 26 und Fig. 7). Unter der Tonhaut liegt stark verwittertes Oberterrassenmaterial in einer braunen bodenähnlichen Matrix oder gleich der nur angewitterte Sandstein.

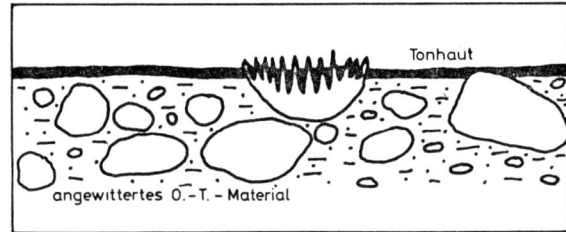

Fig. 7 Verwitterung eines Basaltgerölls der Oberterrasse; Profil zu Abb. 26.

Über einen flach konkaven Teil setzt die Lockermaterialbedeckung der Sandschwemmebene ein. Kiese und Sande in ungeschichtetem Gemisch erreichen bis zu 20 cm Mächtigkeit. Darunter, mit abruptem Fazieswandel, liegt eine verbackene Feinmaterialschicht, die in den ersten 2 cm besonders reich an feinkörnigem Material ist.

Zahlreiche blasige Hohlräume durchsetzen die durch Trockenrisse strukturierte Schicht. Es handelt sich um ein schaumbodenähnliches Feinmaterial. Darunter wird die Verbackung mit gleichzeitiger Zunahme der größeren Bestandteile geringer. Die Akkumulation wird bis zu 30 cm mächtig; es ist eine Schichtung zu erkennen, jedoch nur undeutlich.

Beim tieferen Ausgraben werden Oberterrassenschotter (meist Basalte) in einer ockerfarbenen, hart verbackenen Feinmaterialmatrix aufgeschlossen, die mit unregelmäßiger Mächtigkeit ein bewegtes Relief im Sandstein überlagern. Es handelt sich offenbar um Rinnen, die den Sandstein zerfurchen und die von dem Oberterrassenmaterial verfüllt wurden.

Durch Anschürfen bei Stichprobenuntersuchungen wurden mehrere Male in gleicher Situation, so z. B. 50 m weiter östlich der oben beschriebenen Grabung, unter den Sedimenten der Sandschwemmebene bis zu 50 cm mächtige, dunkelbraune Lehme gefunden, die einen Boden darstellen könnten. Der Lehm ist stark versalzt

---
[15] Genauere Analysen (Korngrößen, Tonminerale) siehe Kap. 7 ff.

und verbacken; er weist (s. u.) eine ganz andere Korngrößenzusammensetzung als die anderen Materialien auf. Die Salzkristalle sind mit bloßem Auge zu erkennen und schmecken bitter.

Verfolgt man die Aufschlüsse entlang der beiden die Ebene zerschneidenden Schluchten, so werden die Befunde bestätigt. Mit Oberterrassenmaterial verfüllte Gerinne, die als „Hängetäler" an den Schluchträndern aufgeschlossen werden (s. Abb. 27), zeigen deutlich, daß die Ebene schon vor Anlage der Oberterrassenakkumulation zerschnitten wurde. Der Schluchteinschnitt wirkt wie eine Sedimentfalle; äolisches Material ist teilweise bis zu 1 m mächtig eingeweht.

Die eigenartige Schichtlagerung der Sedimente konnte durch zahlreiches Anschürfen immer wieder bestätigt werden (s. u. ff.). Da das Grobmaterial und die Feinmaterialschicht die ganze Ebene überziehen, sind diese als Produkt der Prozesse anzusehen, die auf der Sandschwemmebene rezent formbildend wirksam sind. Die fossilen Sedimente sowie der anstehende Sandstein werden insgesamt flächenhaft denudativ bearbeitet; jedoch zeigen die bis zu 55 cm mächtigen rezenten Sedimente, daß auch akkumulative Formungsprozesse flächenbildend stattfinden.

Durch die faziellen Unterschiede lassen sich die fossilen leicht von den rezenten Sedimenten auseinanderhalten, vor allem durch die Zusammensetzung des Materials, die Korngrößenverteilung, die Farbe und durch den Verbackungsgrad. Bevor jedoch näher auf die Materialien und die Prozesse, die zu ihrer Bildung führen, eingegangen wird, sollen der benachbarte Raum und andere Sandschwemmebenen vorgestellt werden.

5.2 Die Genese der Formen im Becken von Bardai
siehe Luftbildinterpretation und Fig. 8)

Während sich auf der Nordseite des Bardagué eine Sandschwemmebene als leicht geneigte Fläche zwischen Steilstufe und Schwellenrand einschaltet, ist auf der Südseite des Flusses ein Niveau im anstehenden Sandstein entwickelt, das mit über 5 km Ausdehnung ins Gebirge eingreift. Es hat die Höhenlage der oben (S. 32 ff.) beschriebenen Schwelle (1030 m).

Ein Netz von Kerben zerschneidet den Sandstein. Wie das Luftbild zeigt, zeichnen die Kerben das Kluftnetz im Sandstein bis ins Detail nach. Die wenigen Stellen mit einer dunkelpatinierten Schuttdecke fallen durch die fast schwarze Färbung im Luftbild auf; die Zerstörung der Schuttdecke wird durch die randliche Auflösung und die Kerbzerschneidung ersichtlich. Vereinzelte Restberge überragen wie Pilze das Flächenniveau. Pässe verbinden zwischen den Inselbergen, die fast senkrecht aus der Fläche aufragen, das einheitliche Niveau.

Das Kluftnetz ist nicht nur in der Hauptentwässerungsrichtung, sondern auch gegenläufig herauspräpariert worden. Die Kluftlinien dienen als Entwässerungsrinnen; sie verlaufen auffallend geradlinig und zeigen scharfwinklige Abbiegungen, die bei kluftnetzunabhängigen Gerinnen niemals auftreten. Dort, wo das engmaschige Netz der Klüfte freigelegt ist, fehlt bis auf ein wenig Grus, äolisches Material und vereinzelte Schuttstücke jede Lockermaterialbedeckung; es ist das Idealbild einer Grundhöckerflur im Sinne BÜDELs entwickelt.

Legt man eine Verbindungslinie (s. Fig. 8 und Luftbildinterpretation) vom Hangknick b am Inselberg und darüberhinaus zum Punkt c, verbindet man also die Niveaus über dem Anstehenden, so zeigt sich eine Fläche mit weniger als 0,5 % Gefälle, auch in den hangnahen Bereichen. Obwohl hier eine Fläche im Fels vorliegt, entspricht diese nicht der eines Pediments im Sinne einer Felsfußfläche. Pedimente als vermittelnde Glieder mit Rampenhängen von 10 bis 15° zwischen Steilrand und Beckeninnern sind hier nicht entwickelt. Das Becken von Bardai ist seiner Anlage nach eine Rumpffläche mit fehlender Zersatzdecke. Die enorme Ausdehnung mit fast horizontalem Niveau, das Erscheinungsbild der Grundhöckerflur, sowie die aufgesetzten Rest- und Inselberge lassen keinen Zweifel offen, daß hier eine fossile Rumpffläche vorliegt, deren Verwitterungsfrontfläche durch klimabedingte jüngere Formungsprozesse freigelegt wurde.

Die größeren Gerinne, vor allem der Bardagué und der Dougué liegen mit tief eingeschnittenen Schluchten in der Grundhöckerflur. Da Oberterrassenmaterial z. T. in den Schluchten in Resten noch aufzufinden ist, fällt die Einschneidung der Gerinne in die Zeit vor der Anlage der Oberterrassenakkumulation. Die Schluchtzertalung hat die mittelquartären „Basalte der Hänge und Täler" erfaßt, sie muß also jünger als diese sein. Reste eines lateritischen Zersatzmaterials, wie es die Grundhöckerflur bedeckt haben wird, sind weiter oben schon beschrieben worden (s. Kap. 3.1 und 3.2).

Außerdem wurde die zur Rumpfflächenbildung notwendige tiefgründige Verwitterung unter anderem von BÜDEL (1952) und KUBIENA (1955) im Hoggar und KAISER (1970) sowie BUSCHE (1972) im Tibesti nachgewiesen (s. a. Kap. 9.5).

Das Oberterrassenmaterial besteht in der Höhe von Bardai aus gut gerundeten, groben Schottern, meist Basaltgeröllen von bis zu 30 cm Durchmesser. Das Material beinhaltet keine Relikte einer intensiven chemischen Verwitterung, sondern nur wenig tonig-schluffige Komponente. Die Sedimente liegen außerdem der nackten Grundhöckerflur auf, die allerdings z. T. einen stark vergrusten Zustand aufweist. Es ist daher anzunehmen, daß die Abtragung der Zersatzdecke im mittleren Pleistozän schon weitgehend abgeschlossen war.

Die Bedeckung der Fläche über der Grundhöckerflur mit wahrscheinlich jungpleistozänem Schutt zeigt, daß dieser nach der Freilegung die Grundhöckerflur überwandert hat. Die Zerstörung des Schuttes und die erneute Aufdeckung des Kluftnetzes fällt in die jüngste Epoche der Entwicklung.

Da die Schotter der Oberterrasse die Grundhöckerflur wie breite Säume schluchtparallel überschütteten und die Sedimente der Mittelterrasse immerhin noch die

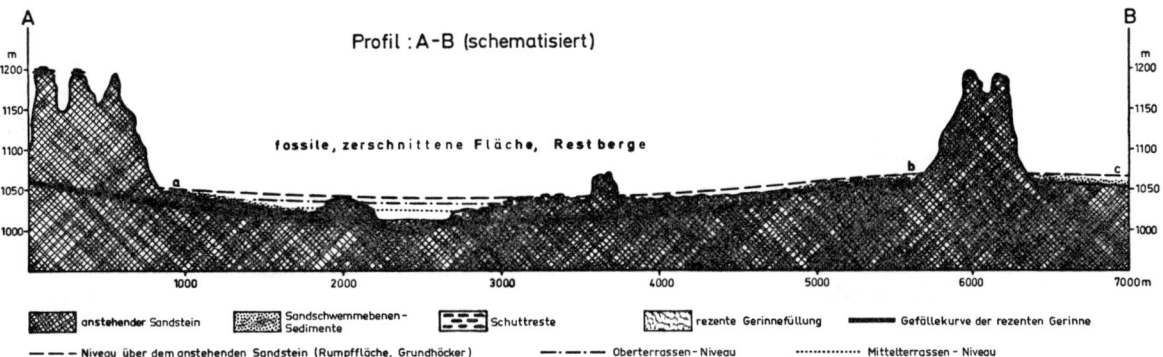

Fig. 8 Das Relief des intramontanen Beckens von Bardai. Siehe auch Luftbildinterpretation, Abb. 15 a.

Schluchten selbst verfüllen konnten (s. Fig. 5), die Kluftnetzkerben und die Schluchtböden dagegen unter dem Niveau der Terrassen liegen, ist mit mehrfacher Aufdeckung und Zuschüttung des Netzes zu rechnen.

Die Grundhöckerflur ist auf der weiten Fläche südlich des Bardagué intakt, sie wird durch keine größeren Gerinne schluchtartig zerschnitten (hier fehlt ein „Hinterland", die Stufe liegt zu weit entfernt). Die Erhaltung des einheitlichen Niveaus und das Herauspräparieren des Kluftnetzes kann nur unter flächenhaft denudativen Vorgängen, nämlich Spülung, vor sich gegangen sein, sonst hätte die Fläche über dem Anstehenden zerstört werden müssen. Auch die rezenten Sturzniederschläge werden nicht konzentriert in einzelnen Gerinnen abgeführt, sondern schießen auf der ganzen Fläche verteilt in den Klüften ab (s. a. Beschreibung GAVRILOVIC, 1970, und Kap. 4.1, S. 27); sie halten diese vom Lockermaterial frei und verstärken die Tendenz zur kluftnetzabhängigen Zerrachelung. Es ist anzunehmen, daß diese Spülprozesse auch in den Zeiten der Einschneidung der großen Gerinne auf der Fläche wirksam waren, es fehlen jedenfalls Zeugen einer linienhaften Zerschneidung.

Die aufragenden Teile der Grundhöcker sind nach der Abtragung der Zersatzdecke von der Verwitterung weitgehend verschont geblieben; das harte Anstehende bildet die bizarren Formen der Grundhöcker. Es fanden also keine intensiven chemischen Verwitterungsprozesse statt, die diese Formen hätten auflösen können.

Die Anlage der Rumpffläche geht mit Sicherheit ins Tertiär zurück; ihre Zerstörung setzte wahrscheinlich mit dem Klimawandel zu arideren Verhältnissen an der Wende Tertiär—Quartär ein. Die Abtragung der Zersatzdecke war im Mittelpleistozän schon weitgehend vollzogen. Die Zerschneidung der Fläche durch Schluchtzertalung fand im jüngeren Pleistozän statt, wie auch die Überwanderung durch Schuttdecken und die damit verbundene Anlage der Terrassenakkumulationen. Die Zerstörung dieses fossilen Formenschatzes durch die Abtragung des flächenbedeckenden Schuttes und damit die Aufdeckung der Grundhöckerflur sowie die Anlage der Sandschwemmebenen ist Ausdruck der rezent wirkenden Formungskräfte.

Die Sandschwemmebene nördlich des Bardagué ist in die Grundhöckerflur eingesenkt; die einzelnen, nur wenig herausragenden Höcker werden durch die Prozesse, die auf der Sandschwemmebene ablaufen, zerstört; sie werden mit der Tieferlegung der Ebene flächenparallel abgetragen. Außerdem wird die gesamte Fläche durch die beiden Schluchten an der Ost- bzw. Westflanke der Ebenen zerschnitten. Diese Zerschneidung war auch schon präoberterrassenzeitlich aktiv (s. o.). Hier sind und waren andere Prozesse wirksam als auf der Grundhöckerflur südlich des Bardagué.

Die Erklärung liegt in der Nähe des die Ebene überragenden Geländes. **Das Auftreten der Sandschwemmebene und der Schluchtzerschneidung**, das wird auch bei der Beschreibung der folgenden Sandschwemmebenen deutlich, **ist abhängig vom Vorhandensein einer Steilstufe mit größerem Hinterland.**

In Bardai liegt die Besonderheit vor, daß in nur 1 km Abstand von der Steilstufe die Hauptentwässerungsader tief eingeschnitten ist; die kurzen, steilflankigen Canyons im Hinterland mit einem Einzugsbereich von nur etwas mehr als einem Quadratkilometer sind in der Lage, die Fläche bis zum Vorfluter hin zu zerschneiden, während die Gerinne mit kleinerem Einzugsbereich auf der Sandschwemmebene auslaufen.

Da Verwitterungsmaterial an der Steilstufe bis auf die wenigen vergrusenden Blöcke fehlt, stammt das Material, das die Ebene bedeckt, aus dem Hinterland, muß also von den Gerinnen herbeigeführt werden.

Die Größe des Einzugsgebietes der Gerinne und die Lage des Vorfluters bestimmen, ob die Grundhöckerflur zerschnitten oder flächenhaft tiefergelegt wird. Je größer das Einzugsgebiet, umso besser können sich die Gerinne einschneiden. Der zweite Faktor ist das Material, das von den Gerinnen transportiert wird; es ist das wenige vergruste Sandsteinmaterial, das von den Steilhängen im Hinterland abgespült wird und die geringmächtigen Dünensande in den Schluchten, die transportiert werden. Unter den gegebenen Verhältnissen wird kein Schutt produziert, so daß keine gröberen Materialien zum Transport zur Verfügung stehen. Die enorme Erosionsleistung der Gerinne mit nur 1 km² Einzugsgebiet wird verständlich: die Wassermassen der Sturzregen, zusammengefaßt in Schluchten und nur wenig durch Transportmaterial belastet, können ihre kinetische Energie frei entfalten.

Das Beispiel dieser Gerinne zeigt, daß bei Fragen der Erosion der Faktor Wassermenge pro Zeiteinheit neben dem der „Erosionswaffen" Bedeutung erlangen kann, nämlich dann, wenn Starkniederschläge vorliegen, die einen plötzlichen, schießenden Abfluß hervorrufen.

Die flächenhafte Tieferlegung der Sandschwemmebene ist sowohl vom Maß der Zufuhr von Wässern und Material aus dem Hinterland als auch von der Nähe und Tiefe der Einschneidung des Vorfluters, auf den die Ebene eingestellt ist, abhängig. Die Labilität der Form Sandschwemmebene ist evident.

Auf der bedeutend größeren Fläche im Süden des Bardagué fehlt ein höher aufragendes Hinterland in unmittelbarer Nähe des Vorfluters und daher auch Transportmaterial und in Schluchten zusammengefaßte Wässer in genügendem Maße, daß die Fläche vom Hinterland her überarbeitet werden könnte. Es findet daher dort Kluftnetzspülung statt, während die stufennahen Bereiche der Grundhöckerflur nördlich des Bardagué sowohl linienhaft erosiv zerschnitten als auch flächenhaft durch Bildung von Sandschwemmebenen ausgeräumt werden.

5.3 Die Sandschwemmebenen am Dougué und auf der Flugplatzebene (s. Fig. 8. u. 9 und Abb. 16 u. 28 ff.)

An der Südostflanke des Beckens von Bardai liegt eine Sandschwemmebene von etwa der doppelten Ausdehnung wie die im Norden der Oase. Sie erstreckt sich zwischen einem Seitental des Dougué und einer Steilstufe im Süden des Flusses. Im Westen grenzt sie an die oben beschriebene Grundhöckerflur, im Osten mit scharfer Grenze an die Oberterrasse, deren Schotter schluchtparallel zum Dougué die Grundhöckerflur überlagern. Die Sandschwemmebene hat ein gleichmäßiges Gefälle von etwa 1,8 %. Eine Gruppe von steil aufragenden Inselbergen liegt inmitten der Fläche (s. Luftbild und Interpretation sowie Abb. 16).

Die Gruppe der Inselberge besteht aus teilweise senkrechten Felstürmen und Zinnen mit nackten Wänden (s. Abb. 28), die, wie die bedeutend größeren Inselberge auf den weiten Flächen des westlichen Gebirgsvorlandes, unmittelbar aus der Fläche aufragen. Schutthänge oder -schleppen sind nicht entwickelt.

Die östlichen Teile der Gruppe werden vom Material der Sandschwemmebene umgeben, die westlichen Berge dagegen stehen auf der Grundhöckerflur, die z. T. wie im Norden und Westen von Schuttresten bedeckt wird, oder, wie im Süden, schuttentblößt den anstehenden Sandstein zeigt.

Das Material auf der Sandschwemmebene kommt aus Süden; die Stromlinien (s. Luftbildinterpretation) zeigen die Bewegungsrichtung des Materials an. Es wird in breiten Bahnen zu den Pässen zwischen den einzelnen Inselbergen geführt, wo es, zusammengefaßt, ohne Veränderung des Gefälles über die Pässe auf die nördliche große Fläche transportiert wird. Dort verteilt es sich wieder.

Am Ostende des größten Inselberges ist eine Randfurche ausgebildet (s. Abb. 29). Diese Furche umfließt die keilförmige Spitze des Inselberges; sie setzt schon an der südlichen Seite des Berges an, umrundet die Spitze und fließt dann etwa 50 m steilhangparallel nach Westen, um dort mit mehreren nur ganz flach eingestuften Rinnen auf die Fläche auszulaufen.

Die Furche ist bis zu 1 m in die Sandschwemmebene eingeschnitten, sie ist am tiefsten unmittelbar am Ostende des Inselberges und verliert sich mit abnehmender Eintiefung nach Westen. Am unteren Hangknick steht der Sandstein mit der frischen Gesteinsfarbe an; der Steilhang des Inselbergs wird unterschnitten und dadurch noch mehr versteilt. Die erosive Kraft des Wassers, gerade an dieser Stelle, wird mehrere Ursachen haben. Der Inselberg bildet einen Widerstand im Stromgefüge des abfließenden Materials; die Einengung und die damit verbundene Beschleunigung des Fließvorgangs wird ebenso die Erosionskraft erhöhen, wie die von den Steilwänden herabstürzenden Wässer, die sich unbelastet am Hangknick sammeln (da der Schutt am Hang fehlt) und dort knickparallel im Sinne des Gefälles ablaufen.

Am nördlichen Fuß des Inselbergs ist die Grundhöckerflur mit zunehmender Breite von Osten nach Westen aufgedeckt. Der anstehende Sandstein beißt aus und wird durch eine dünne Streu äolischen Materials und wenigen Schuttstücken verschleiert (s. Abb. 28).

Reste vulkanischer Aschen sind an mehreren Stellen aufgeschlossen; es handelt sich um ein homogenes hellgelbes Material, das verbacken ist. Es ist den Ignimbriten ähnlich, jedoch nicht verschweißt. Beim Anschlag mit dem Hammer zerfällt es in ein staubiges Pulver. Die Einlagerung dieses Materials beweist, daß die Ebene auch in unmittelbarer Nähe der Stufe vor Anlage der Sandschwemmebene schon einmal bis unter das Niveau derselben aufgedeckt war.

Der keilartige Saum am Fuße des Inselberges ragt mit etwa 50 cm aus der Sandschwemmebene auf. Er wird durch nur schwach eingetiefte Gerinne zerschnitten; in diesen lagert äolisches Material und von den Seiten her wird den Rinnen zusätzlich noch Grus vom Anstehenden und vereinzelte Schuttpartikel zugeführt. Das Anstehende ist in situ vergrust; der Gesteinsverband des Sandsteins ist noch erhalten, jedoch läßt es sich bis zu 10 cm mit dem Hammer anschürfen, ehe der feste Kern erreicht ist, ganz im Gegensatz zum Anstehenden der Inselberge und der freigelegten Grundhöckerflur, wo die Verwitterungsrinde fehlt.

Die Sandschwemmebene am Dougué wird vom nördlichen Hang des Inselberges her aufgezehrt. Das Initialstadium der Aufdeckung der Grundhöckerflur in Form dieses Saumes zeigt, daß die Ebene auf Materialnachschub angewiesen ist. Der schuttfreie Inselberg gibt zuwenig Material frei, das die Ebene erhalten könnte; das äolische Material, der Grus von den herausragenden Grundhöckerspitzen und die vereinzelten Schuttreste reichen nicht aus, die Bedeckung des Anstehenden mit Lockermaterial zu garantieren. Es ist vielmehr so, daß die episodischen Sturzniederschläge das wenige Lockermaterial in Steilhangnähe mit zunehmender Freilegung des Grundhöckerreliefs abspülen. Dort, wo der Nachschub von Lockermaterial aus dem Hinterland fehlt, im Westen, ist das abfließende Wasser in der Lage, die Sedimente der Sandschwemmebene abzudrängen, während an der Ostseite Material von Süden her in dem Maße herantransportiert wird, daß die abspülende Kraft der Wässer zur Freilegung des Anstehenden nicht ausreicht. Die Sedimente der Sandschwemmebene setzen daher im Westen erst in einer Entfernung von 150 m ein, während sie am Ostfuß nur durch die Randfurche vom Steilhang getrennt sind.

Die Begrenzung im Westen ist unscharf. Die Lockermaterialbedeckung reißt auf, das Anstehende wird fleckenhaft sichtbar. Die Sedimente werden etwas tiefer eingeschnittenen Gerinnen zugeführt, die den Übergang zur freigelegten Grundhöckerflur markieren. Die Ebene wird also von Westen her ebenfalls angegriffen (Materialentzug), die Grundhöckerflur weitet sich gegen sie aus. Diese ist Teil der oben beschriebenen Rumpffläche (s. Kap. 5.1.2), deren Niveau etwa 1 bis 2 m über dem der Sandschwemmebene liegt; auch die Reste der im Luftbild durch die dunkle Farbe erkennbaren Schuttdecke erheben sich über das Niveau der Sandschwemmebene. Es wird deutlich, daß auf der Sandschwemmebene denudative Vorgänge herrschen, die in der Lage sind, die Ebene tiefer zu legen; d. h. solange Material in genügendem Maße zur Verfügung steht, das flächenhaft transportiert wird, zeigt die Sandschwemmebene die Tendenz, sich dem Vorfluter im Niveau anzupassen. Es entsteht eine zum Vorfluter hin geneigte Fläche, die in die Grundhöckerflur eingelagert ist; dabei wird auch das Anstehende flächenhaft abgetragen.

Die Ebene am Dougué ist in sich weniger gegliedert als die von Bardai, jedoch ist die Formung durch das fließende Wasser an den ganz flachen, mit äolischem Material verwehten Gerinnen gut zu erkennen. Die lockere Grobmaterialbedeckung (s. Abb. 30) erreicht auf der östlichen Seite bis zu 30 cm Mächtigkeit, während sie nach Westen hin ausdünnt, so daß die schaumbodenartige Feinmaterialschicht verbreiteter an die Oberfläche gelangt. Die Ebene ist insgesamt flacher als die von Bardai (2,3 bzw. 1,8 %).

Die junge Anlage der Ebene wird an der scharfen östlichen Begrenzung zur Oberterrasse hin deutlich. Das helle Material der Sandschwemmebene stößt gegen das dunkle der Oberterrasse vor (s. Abb. 31, 32). Die Sandschwemmebene kappt mit ihrem Gefälle die horizontal lagernden Grobsedimente der Oberterrasse. Der frische, steile Anschnitt im Oberterrassenmaterial zeigt, daß sich die Sandschwemmebene lateral durch aktive Unterschneidung der Oberterrassensedimente verbreitet. Die Erosionskraft, die gegen die Oberterrasse gerichtet ist, kann so stark wirksam werden, weil hier die Sedimente der Oberterrasse quer zur Abflußrichtung des Sandschwemmebenenmaterials liegen; die abfließenden Wässer werden in breiter Front aufgefangen und zum Vorfluter hin abgelenkt.

Der Aufstau der abfließenden Massen von der Sandschwemmebene bedingt einerseits die besonders mächtige Ansammlung von Grobmaterial und andererseits das Freisetzen von Wasser, das die Oberterrasse unterschneiden kann.

Die Luftbildinterpretation zeigt, wie die Stromlinien des Transports von Süden kommend gegen die Oberterrasse gerichtet sind, die Ebene ist daher dort in der Lage, sich lateralerosiv zu verbreiten.

Die Sandschwemmebene hat zahlreiche Anschlüsse an das Schluchtsystem des Bardagué-Dougué, in das sie ihr Oberflächenmaterial einschüttet. Die Materialien werden, genauso wie in Bardai, in Trichtern zusammengefaßt und in Rinnen über einen Gefälleknick in die Entwässerungsadern abgeführt. Der Winkel der Schüttung ist jedoch mit 10 bis 25 % bedeutend geringer; die Gerinne sind daher auch breiter angelegt und nicht Kerbeinschnitte wie in Bardai.

Die Wirkung der Windüberformung ist im Bereich der Sandschwemmebene am Dougué größer als auf der Fläche bei Bardai, wie die zahlreichen Windkanter und die Sandanwehungen, vor allem im Schluchtbereich, beweisen.

Etwa 15 km nördlich von Bardai ist entlang einer Hauptverwerfungslinie eine weite Ausraumzone im Sandstein angelegt, auf der die Landepiste für Flugzeuge eingerichtet ist. Die Landepiste selbst liegt auf hart verbackenen fluviatilen Rotsedimenten, einem Akkumulationskörper, der bis zu faustgroße gut gerundete Gerölle in einer lateritischen Feinmaterialmatrix enthält. Zu den Flanken der großen Ebene hin setzen diese horizontal lagernden Sedimente aus; sie werden im Westen wie auch im Osten durch leicht eingetiefte breite Wadibetten, den rezenten Entwässerungsrinnen, scharf begrenzt.

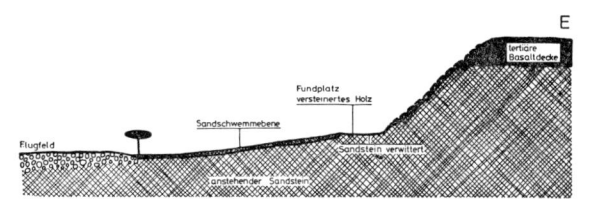

Fig. 9 Schnitt W—E in Höhe des Flugfeldes durch die Flugplatzebene nördlich von Bardai.

Im Osten der Fläche vermittelt eine Sandschwemmebene zu einer Steilstufe im Sandstein, die von einer Basaltdecke konserviert wird. Im Westen ist ebenso eine Sandschwemmebene zwischen Wadi und Hinterland eingeschaltet, die rückwärtig an eine flache Schwelle im Sandstein angrenzt, die zur Schieferregion überleitet (s. Fig. 9).

Der auf der Flugplatzebene anstehende Sandstein ist besonders feinkörnig (nach ROLAND, 1971, Basissandstein s. o.). Er taucht saumartig an den Steilhangbegrenzungen der Ebenen tiefgründig vergrust auf. Das Material ist noch im Gesteinsverband erhalten, es läßt sich aber leicht mit dem Hammer zertrümmern. Insgesamt weist der Sandstein eine leichte rötliche Tönung auf, jedoch tritt die Rötung nur fleckenhaft auf, während der weit überwiegende Teil hellgebleicht ist, fast weiß erscheint. In der Röntgenspektralanalyse erwies sich das helle Material als Kaolin (s. Diagr. Kap. 9.5). Da die helle Farbtönung des Sandsteins schlierenhaft verteilt ist, also nicht an die Schichtung gebunden ist und die Intensität des Verwitterungsgrades mit zunehmender Hellfärbung des Materials größer wird, ist eine Kaolinisierung des Sandsteins durch Verwitterungsprozesse zu postulieren und nicht eine synsedimentäre Aufnahme von Kaolin als Bindemittel. Mit großer Wahrscheinlichkeit liegen hier die Reste einer tiefgründigen Verwitterung vor, wie bei der Grundhöckerflur im Becken von Bardai, jedoch ist hier das Anstehende noch nicht ganz freigelegt worden. Auch hier weisen die Befunde auf eine alte Anlage der Fläche in Form der Rumpfflächenbildung hin.

Der Weg von Bardai zum Flugfeld führt über einen Flächenpaß, dem zahlreiche Inselberge aufgesetzt sind; die weiten Ebenen der nördlichen Ausraumzone stehen über diesen flachen Paß in direkter Verbindung mit dem Becken von Bardai. Die Ebenen in der Nähe des Flugfeldes liegen im Niveau etwa noch 2 m höher als das Niveau über dem Anstehenden der Grundhöcker bei Bardai. Da die Flugplatzflächen im Gegensatz zum Becken von Bardai von der Schluchtzertalung nicht erfaßt wurden, also eine tiefere Erosionsbasis fehlt, konnten sich hier die Flächen in einem höheren Niveau erhalten. Die Gleichaltrigkeit der Anlage der beiden Ausraumzonen sowie die Entstehung derselben unter gleichen klimatischen Bedingungen, nämlich wechselfeucht-tropischer Rumpfflächenbildung, ist anzunehmen.

Die im zentralen und tiefsten Teil der Ausraumzone flächenbedeckend anstehenden fluviatilen Sedimente (s. Fig. 9) können zeitlich nicht genau eingeordnet werden. Die betonharte Verbackung des Materials und die intensive rotbraune Färbung entsprechen nicht den fluviatilen Sedimenten der oben beschriebenen jungquartären Terrassen; das Material gehört vermutlich einer älteren Akkumulationsphase des Quartärs an. Die Sedimente sind nach einer Teilausräumung der tiefgründigen Verwitterungsdecke, die die Fläche überzogen haben wird, eingelagert worden; sie liegen unter dem Niveau des kaolinisierten Sandsteins in einer breiten Hohlform, die im Zentrum der Fläche ausgeräumt wurde.

Die Sedimente der Sandschwemmebene setzen auf der westlichen Fläche gleich an dem oben erwähnten Saum des freigelegten Anstehenden völlig eben ein (Abb. 33). Der Aufbau ist feinkörniger, aber von gleicher Struktur wie bei den beiden vorher beschriebenen Sandschwemmebenen. Das weniger gröbere Verwitterungsmaterial liegt oberflächlich angereichert in dünner Streu von bis zu 6 cm Mächtigkeit über der Fläche. Es folgt darunter die Feinmaterialanreicherungsschicht, die in den obersten 2 cm wieder schaumbodenartig erscheint, während die darunter liegenden Materialien lockerer und etwas gröber ausfallen. Die Materialbedeckung über dem Anstehenden erreicht maximal 50 cm, durchschnittlich werden allerdings nur 25 bis 30 cm Mächtigkeit gemessen.

Die Ebene ist kaum wahrnehmbar zum Vorfluter hin geneigt, sie kappt Ausbisse des Anstehenden und entwässert über einen Gefälleknick in das rezente Wadi (s. Fig. 9). Die Ausbisse liegen, wie bei der Sandsteinschwelle in Bardai, parallel zum Vorfluter. Die Fläche ist also ebenfalls in den Sandstein eingelagert, sie wird denudativ tiefergelegt mit zunehmender Anpassung an das Niveau des rezenten Wadis. Es ist das gleiche Bild wie bei den Sandschwemmebenen von Bardai und Dougué, nur die Reliefenergie ist geringer. Während der Bardagué als Vorfluter eine Schluchteintiefung von über 10 m aufweist, liegt hier das Wadi nur etwa 2,5 m unter dem Niveau der Sandsteinfläche.

Im Osten des Flugfeldes schließt eine Sandschwemmebene an, die rückwärtig von einer steil aufragenden Sandsteinsteilstufe begrenzt wird. Reste einer tertiären Basaltdecke krönen die Stufe und konservieren sie. Der Hang zeigt nicht die Steilheit wie die bei Bardai, so daß sich eine dünne Schuttstreu aus Basaltbrocken und Sandsteinplatten halten kann, zwischen denen äolische Sande eingelagert sind. Der anstehende Sandstein ist vergrust, die Schuttplatten zerfallen beim leichtesten Anschlag in ihre Bestandteile. Die Basaltbrocken dagegen sind äußerst hart; vereinzelt geraten sie auf die Fläche und werden dort dank ihrer Schwere durch Einsacken den Sedimenten einverleibt.

Die Neigung der Ebene ist mit 1,8 % steiler als die auf der Westseite des Flugfeldes, jedoch entsprechen Materialaufbau und Form weitgehend der vorher beschriebenen Fläche; da nur wenig gröberes Sand- und Kiesmaterial zum Transport zur Verfügung steht, ist die Grobmaterialbedeckung gering (bis zu 10 cm); die Fläche ist auffallend eben (s. Abb. 34).

Interessant ist das Vorkommen versteinerten Holzes auf der Fläche: an manchen Stellen ist die Ebene durch eine im Abstand von 150 m vom Hangknick parallel laufende Härtlingsrippe [16] gestuft (s. Fig. 9). Vom Hangknick bis zu dieser Schwelle ist die Fläche nahezu horizontal, erst von dort neigt sie sich in Rich-

---

[16] Es handelt sich um quarzitisierten Sandstein, wahrscheinlich einer Kluftfüllung.

tung des Flugfeldes. Auf diesem hangparallelen Flächensaum steht unmittelbar der stark verwitterte Sandstein an, von äolischen Sanden z. T. geringmächtig verschleiert. Hier liegen ganze Stämme versteinerten Holzes, selbst ein noch stehendes Stück mit Wurzelansatz konnte gefunden werden (s. Abb. 35). Leider konnte weder Alter, Art und Herkunft des Holzes bestimmt werden; es ist jedoch anzunehmen, daß diese Relikte einer fossilen Flora nicht aus dem Anstehenden stammen, das nach ROLAND (1971) kambro-ordovizisches Alter hat. Auch konnten nach eingehender Untersuchung keine Reste der Stämme im anstehenden Sandstein gefunden werden. Das versteinerte Holz wiegt außerordentlich schwer; es war wahrscheinlich in der Zersatzdecke, die die Fläche überzogen haben wird, eingelagert und konnte bei der Zerstörung des Verwitterungsmantels der Schwere wegen nicht abtransportiert werden. Es ist insofern ein Indiz für die schon alte Anlage der Ebene als tertiäre Rumpffläche.

Obwohl die bei Bardai vorherrschende Form des schuttfreien, nacktfelsigen Steilhangs auch hier überwiegend die Fläche umrahmt, sind auch noch Hänge mit mächtiger konkaver Schuttdecke erhalten. Der aus der Fläche aufragende Goni ist ein isolierter großer Inselberg mit Basaltkappe. Seine umlaufenden konkaven Schutthänge (s. Abb. 36) bestehen aus einer chaotischen Ansammlung grober Blöcke. Das Feinmaterial wird dem Hang entzogen, die Blöcke liegen hohl, außerdem werden die Hänge durch linienhafte Zerschneidung aufgelöst. Die abspülende Kraft der Wässer erreicht offenbar nicht die Stärke, wie an den Steilstufen des benachbarten Geländes. Eine Ursache für den geringeren Zerstörungsgrad der Schutthänge könnte die Auffangfläche für den Niederschlag auf dem Inselberg sein. Jedenfalls konnten sich hier die Schutthänge noch erhalten, während sie an den petrographisch gleich aufgebauten Hängen der Nachbarschaft bis auf wenige Reste aufgelöst sind.

Die Sandschwemmebene zehrt auf der nördlichen Seite die Schutthangschleppen lateralerosiv auf, weil die Abflußrinnen auf den Goni zulaufen, sich dort vereinigen und das Material um den Goni herum nach Westen transportieren.

Zwischen dem östlichen Fuß des Inselberges und der im nahen Hinterland aufragenden Stufe ist ein Flächenpaß entwickelt, der noch von mächtigen Schuttlagen bedeckt ist. Diese werden von der Stufe her durch Kerbrinnen zerschnitten, die auf das Niveau der Sandschwemmebenen eingestellt sind. Die Kerben schließen grobblockiges Basalt- und Sandsteinschuttmaterial bis zu 4 m Mächtigkeit auf. Dieser Schutt kann nur von der Stufe stammen und ist flächenbedeckend im Vorland derselben verteilt worden.

Mit größerer Entfernung zu den Hängen wird die Schuttbedeckung allmählich durch dunkelbraune Lehme abgelöst (besonders in südöstlicher Richtung auf Bardai zu). Sie beißen z. T. flächenhaft aus, sie werden aber auch von Sedimenten der dort entwickelten Sandschwemmebene überlagert, bearbeitet und abgetragen.

Die Lehme sind durch Kontraktionsklüfte polygonal strukturiert, hart verbacken und zerbrechen krümelig, wie die weiter oben beschriebenen auf der Sandschwemmebene bei Bardai. Auch hier handelt es sich wahrscheinlich um einen fossilen Boden.

Da die Schutthangbildung und die Lehme in enger Beziehung zueinander stehen, sind sie als gleichaltrig anzusehen. Sie sind jünger als die Rumpffläche, in die sie eingelagert sind. Mit Sicherheit sind sie Produkte einer feuchteren Klimaperiode; der Materialaufbau ähnelt sehr dem der Oberterrasse, in deren Zusammenhang immer wieder auch von braunen Böden berichtet wurde (s. o. Kap. 3.2 b). Es ist daher anzunehmen, daß diese Schutthänge und Böden ebenfalls oberterrassenzeitlich zur Ausbildung kamen.

5.4 Die Sandschwemmebenen in Südlibyen

Vor allem im Djebel Eghei, im Djebel ben Gnema und südlich von Sebha wurden Geländebeobachtungen durchgeführt mit dem Ziel, den Zusammenhang zwischen Hang und Flächenbildung einerseits und die Verbreitung der Form Sandschwemmebene in den nördlichen Bereichen der zentralen Sahara andererseits zu erkennen.

Schon bei der Durchquerung des südlichen Fezzans fällt auf, daß selbst noch in den niedrigsten Höhenlagen (um 300 m) konkave Hänge mit langer Schuttschleppe, wenn auch z.T. weitgehend zerstört, so doch allenthalben einwandfrei erkennbar, erhalten sind. Die flächenhafte Verbreitung von Schutt- und Blockmaterial ist, das zeigt sich an den vielen Hamadaflächen, unvergleichlich größer als im Tibestigebirge, wo in gleicher Höhenlage nacktfelsige Steilhänge und weite Sandschwemmebenen vorherrschen. Vermittelnde Schutthänge zwischen Flächen und Stufen sind in Südlibyen charakteristisch, während sie in gleicher Höhe im Tibesti fehlen und erst über 1000 m verbreitet vorkommen (s. o. Kap. 3.2 c).

Wie aus den oben beschriebenen Befunden klar hervorgeht, wird unter den herrschenden hochariden Klimaverhältnissen kein Schutt produziert; er ist als vorzeitlich anzusprechen und ist wahrscheinlich ein Relikt von Verwitterungsprodukten feuchterer Klimate (s. o. Kap. 3.2 c). Die charakteristischen Verwitterungsprodukte des Wüstenklimas sind Sand, Schluff und allenfalls Kies.

Die unterschiedliche Formung in gleicher Höhenlage und bei gleicher petrographischer Voraussetzung wird klimatische Ursachen haben. Das Tibesti scheint in den tieferen Regionen (unter 800 m) länger den Einflüssen der Aridität ausgesetzt gewesen zu sein; nur die höheren Teile des Gebirges ragten in die feuchteren Zonen anderer Klimate hinein. In Südlibyen müssen dagegen auch in den tieferen Regionen länger feuchtere Verhältnisse geherrscht haben. Während im Tibesti die Niederschläge durch den orographischen Effekt hervorgerufen wurden, ist anzunehmen, daß im südlibyschen Raum die Niederschläge auf den Breiten des

Landes aus Ursachen eines allgemein feuchteren Klimas fielen. Wahrscheinlich waren diese Verhältnisse im letzten Nordpluvial gegeben (s. o. Kap. 3.2 b).

Zum besseren Verständnis werden im Folgenden die Befunde aus dem südlibyschen Raum unter besonderer Berücksichtigung der Hangformung vorgestellt.

Der Djebel Eghei ist der östliche Sporn des Tibestigebirges, der mit Höhen um 1000 m noch weit nach Libyen hineinreicht. Kambro-ordovizische Sandsteine bilden das Rückgrat dieses Gebirgszuges und durch ihre Höhe gleichzeitig die Hauptwasserscheide zwischen Kufra-Becken im Osten und Serir Tibesti im Westen. Während im Osten die Beckenfüllung mit meist Sandsteinen der jurassisch-kretazischen Nubischen Serie ausstreicht, steht im Westen das Grundgebirge mit metamorphen und kristallinen Gesteinen des Tibestien supérieur und inférieur an. Diese werden randlich von marinen und terrestrischen Schichten des älteren Tertiärs überlagert (meist Eozän). Basalte, wahrscheinlich mitteltertiären Alters bedecken vor allem im Nordwesten weitflächig Grundgebirge und Deckschichten (s. Karte 2).

Es wurden Sandschwemmebenen im Schiefer- und Granitbereich untersucht, vor allem aber Beobachtungen zur Hangformung durchgeführt und zwar in allen Gesteinsprovinzen des Djebel Eghei. Bei der folgenden Beschreibung werden die Unterschiede zu den bisherigen Befunden hervorgehoben.

Im Bereich des anstehenden Schiefers und Granits sind Sandschwemmebenen in Höhen um 600 m ausgebildet, die den schon oben beschriebenen Materialaufbau und die gleiche Form zeigen. Eine dünne Streu des gröberen Materials liegt an der Oberfläche (bis zu 10 cm gemessen) über der schaumbodenartigen Schicht, die zu der leicht verbackenen Feinmaterialschicht im Untergrund überleitet.

Der Unterschied in der Formgestaltung liegt einmal darin, daß die Sandschwemmebenen nicht durch eine steile Stufe im Hinterland begrenzt werden; sie sind vielmehr wie ein breiter Schild geformt, aus dem die Gesteinsausbisse verstreut mit vielen einzelnen kleinen Inselbergrücken nur wenig herausragen.

Dies Rücken sind rundherum mit hellem Lockermaterial umgeben, ein scharfer Hangknick leitet zum schuttentblößten Hang über. Das Anstehende, vor allem der Granit, ist so tiefgründig verwittert, daß er sich leicht, oft sogar mit der Hand abbröckeln läßt. Der kristalline Gesteinsverband ist so gelockert, daß die Niederschläge die einzelnen Kristalle leicht abspülen können. Ganz ähnlich sieht es beim Schiefer aus: er ist so zermürbt, daß das Gestein in feinste Platten aufgeblättert werden kann (Abb. 37). Die Inselbergrücken werden der Gesteinsstruktur und dem Verwitterungsgrad angepaßt, durch abspülende Wässer und den Wind herausmodelliert.

In den Bereichen des nahezu saiger stehenden Schiefers sind die Schichten selektiv nach der Härte herauspräpariert, so daß in der Streichrichtung angeordnete Schichtkämme schuttentblößt aus den Sandschwemmebenen herausragen, die im Profil wie ein Sägeblatt aussehen. Der Granit ist seinen Kluftlinien nach in Wollsackformen herausgearbeitet worden.

Der Detritus enthält in den groben Bestandteilen beim Schiefer kiesgroße plattige Schieferstücke und beim Granit bis zu kiesgroße Gruskörper, die noch den Gesteinsverband anzeigen. Die feineren Bestandteile werden wie beim Sandstein von einem Gemisch zerkleinerten Materials und aus Verwitterungsprodukten desselben aufgebaut, wie weiter unten noch beschrieben werden wird. Der Schiefer zerfällt in einen weitaus größeren Anteil an Feinmaterial als der Granit; die Folge ist, daß auf den Sandschwemmebenen im Schieferbereich weit weniger Grobmaterial abtransportiert wird als beim Granit, wo vor allem Quarzgrus in größeren Mengen die Vorfluter erreicht.

Das tiefgründig verwitterte Anstehende ist wahrscheinlich ein Relikt aus der Zeit der Bildung der Rumpfflächen, die hier über den verschiedenen Gesteinen des Grundgebirges ausgebildet ist (s. Kap. 3.1). Auch hier wird deutlich, daß die fossile Aufbereitung des Materials ein sehr wichtiger Faktor für die Gestaltung der rezenten Formen ist.

Ein anderer auffälliger Unterschied zu den Ebenen im Gebirge ist, daß die Vorfluter in dieser Höhenlage nicht tief eingeschnitten sind, weil die Serirflächen als Erosionsbasis in unmittelbarer Nähe nur wenig unter 600 m liegen. Das bedeutet, daß die Rinnen, in denen das Material abgeführt wird, fast im Niveau der Flächen, nur wenig abgestuft sind. Die Tiefenlinien heben sich z. T. nur dadurch von den Flächen selbst ab, daß in ihnen das Grobmaterial angesammelt, z. T. bis zu 30 cm mächtig auftritt. Die Sandschwemmebenen reichen bis unmittelbar an die Abflußlinien heran und schütten von allen Seiten das Grobmaterial in die Tiefenlinien ein. Wo eine sichtbare Eintiefung der Hauptentwässerungsadern fehlt, sind ganz flache Spülmulden entwickelt, in denen das Material abgeführt wird. Auch auf den Flächen selbst läßt sich Gefälle und Abflußrichtung oft nur an mit äolischem Material verfüllten kleinen Mulden erkennen. Diese bezeugen die Wechselwirkung zwischen fließendem Wasser und Windüberformung.

Die Hauptentwässerungsrinne wurde bis zur Endpfanne vor der Serir Tibesti verfolgt. Die Sandschwemmebenen sind Teil einer weiten, flächenhaften Ausraumzone im zentralen westlichen Teil des Djebel Eghei. Die Flächen im Gebirgsinnern stehen in direkter Verbindung mit den Rumpfflächen der Serir Tibesti; sie gehören zu dieser Rumpfflächengeneration, die in ältere, höher gelegene Rumpfflächen des Gebirgsinneren eingreift. Die die Sandschwemmebenen entwässernden Gerinne sammeln sich in einem breiten Trockenbett, das in nördlicher Richtung in einem kastenförmigen Tal eine Stufe in eozänen Sandsteinen, die von auflagernden Basaltdecken konserviert wird, durchbricht. Die obere Rumpffläche wird durch umlaufende Stufen begrenzt, die zum Niveau der Serir bzw. Sandschwemmebenen überleiten. Die Stufenhänge schließen die Basaltdecken und das unterlagernde Eozän auf. Die Sandsteine und die Basaltdecken sind seit Ablagerung der Vulkanite in großen Teilen vor allem durch das Eingreifen der unteren Fläche, aber auch durch Talbildung aufgezehrt worden. Hier kann nachgewiesen werden, daß Flächenbildung auch noch im mittleren und jüngeren Tertiär als herrschender morphodynamischer Vorgang wirksam gewesen sein muß. Die Materialführung im Flußbett ist äußerst gering, abgesehen von den gestaffelten Endpfannensedimenten (Tonpfannen), die das jeweilige Versiegen einer Flut markieren, ist das helle Transportmaterial nur in Sandbänken, vor allem in Gleithangbereichen des Wadis zu finden. Das Wadi selbst ist seiner Anlage nach ein Erosionsbett; es liegt teilweise bis zu 1,50 m eingetieft in braunen Lehmen, die, wahrscheinlich einen fossilen Boden repräsentierend, flächen- und talbodenbildend anstehen. Diese Lehme sind polygonal strukturiert (Trockenrisse) und sehr hart verbacken, so daß man mit dem Fahrzeug wie auf einer Rollbahn fährt. Auf den noch erhaltenen Flächen, auch an den Ufern des Wadis, liegt reiches neolithisches Fundgut in Form von Scherben, Pfeilspitzen, Straußeneiern und Knochenresten. Auch einige interessante Gräber konnten entdeckt werden. Die Dichte der Funde läßt auf eine intensive neolithische Besiedlung dieser Flächen über den Böden schließen, während dort, wo diese von Sedimenten der Sandschwemmebene überdeckt werden, kein neolithisches Material gefunden werden konnte. Dieser Befund weist auf das junge Alter der Sandschwemmebenen dieses Raumes hin.

Die neolithische Besiedlung auf den Flächen des Gebirgsraums, die nicht von Sandschwemmebenen eingenommen werden und das Vorhandensein von zahlreichen Relikten dieser Zeit (s. GABRIEL, 1972) auch auf den Serirflächen (Eluvialserir), dort ebenfalls konzentriert an den flachen Muldentälern, die diese gliedern, zeugt von der jungen Austrocknung dieses Rau-

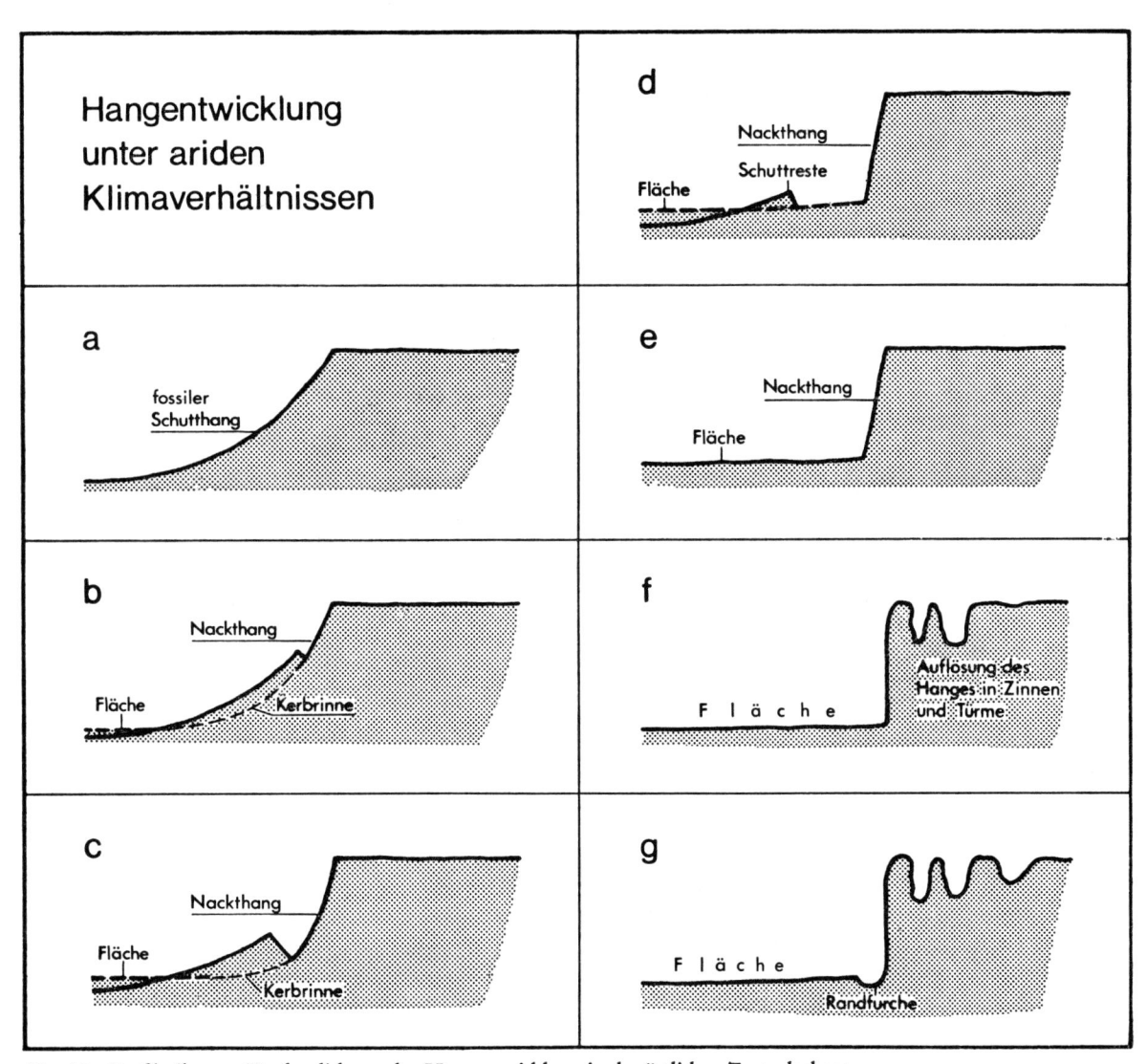

Fig. 10 Profilreihe zur Verdeutlichung der Hangentwicklung in der östlichen Zentralsahara.

mes, den MECKELEIN (1959) als Kernraum der angeblich seit dem Tertiär persistierenden Wüste gekennzeichnet hat. Morphologische Zeichen dieser jungen Austrocknung und der damit verbundenen anderen Formgestaltung sind in der Anlage der Sandschwemmebenen und vor allem auch in der Hangformung zu finden.

Als fossile Hangform ist in den Gebirgsbereichen Südlibyens der konkave Stufenhang mit weiter Schuttschleppe z. T. noch vollständig erhalten. Die sanft geschwungenen Hänge, die mit scharfer Oberkante zu den Hamadaflächen des nächst höheren Flächenniveaus überleiten, werden, wie in Kap. 3.2 c schon ausführlich beschrieben, von oben her durch Ausspülen des Feinmaterials zerstört (s. Abb. 9 ff.). Es sind alle Stadien dieser Schutthangaufzehrung zu beobachten. Da die Zerstörung von oben her gesteuert wird, wird bei nahezu ortsfestem oberen Hangknick unter dauernder Versteilung ein nacktfelsiger Steilhang herausmodelliert. Solange noch Schutt am Hang vorhanden ist, wird dieser durch Kerbrinnen zerschnitten; es entsteht zunächst ein nacktfelsiger Oberhang mit Dreiecksform, dessen Spitze zur Kerbe gerichtet ist. Die Dreiecksspitze am Hang herunter ist in stetiger Annäherung an die horizontal von der unteren Fläche her eingreifenden Dreiecksspitze der Sandschwemmebene begriffen. Sobald die beiden Spitzen aufeinandertreffen, ist an dieser Stelle der Schutthang restlos aufgezehrt. Die am Hang abstürzenden Wässer schneiden den Schutthangrest von hinten her an und trennen ihn von der Wand im Anstehenden. So ist oft ein Rest der fossilen Schutthangschleppe isoliert aus der Fläche aufragend anzutreffen (s. Abb. 8 und 10).

Diese Schuttkörper liegen dann als Widerstand im Stromgefüge der Fläche, sie werden lateralerosiv durch umfließende Unterschneidung abgetragen. Die junge Fläche stößt mit scharfem Hangknick an den nacktfelsigen Steilhang, wie weiter oben aus Bardai schon beschrieben wurde. Die morphologische Aktivität am Hang ist evident; sie wird gesteuert von den Vorgängen auf den Flächen des höheren Niveaus. Die fossilen Schutthänge werden durch Sandschwemmebenen ersetzt; die Flächenbildung auf dem unteren Stockwerk ist die Folge der Vorgänge im Hinterland und auf den Hängen. Die Lage der Sandschwemmebenen wird dadurch geklärt. Dieser Formungsmechanismus wird durch die Profilreihe (Fig. 10) veranschaulicht.

6. Zusammenfassung und Deutung der wichtigsten Befunde

Die unterschiedlich starke Zerstörung der fossilen Schutthänge konnte bei der Durchquerung Libyens beobachtet werden. Der Zerstörungsgrad nimmt mit zunehmender Höhenlage und zunehmender Breite nach Norden hin ab. Im gleichen Maße sind Sandschwemmebenen im Süden verbreiteter als im Norden. So sind weiter nördlich und in größerer Höhenlage im Djebel ben Gnema bei gleichen Voraussetzungen keine Sandschwemmebenen zu finden. Südlich Sebha konnten dagegen noch Sandschwemmebenen im Initialstadium angetroffen werden; sie liegen allerdings in der Höhenlage um 300 m, im Saumbereich der die Sandsee von Ubari südlich begrenzenden Stufe. Nördlich des 27. Breitengrades konnte die Form Sandschwemmebene nicht mehr aufgefunden werden.

Sandschwemmebenen sind sanft geneigte Ebenheiten, die unter den rezenten, hochariden Klimabedingungen im zentralsaharischen Raum aktiv gebildet werden; es sind Flächen, die im Zusammenwirken von Wasser- und Windformung im Saumbereich höher aufragenden Geländes entstehen. Die Sandschwemmebenen zeigen einen gesetzmäßigen, charakteristischen Sedimentaufbau: gröberes bis kiesgroßes Lockermaterial liegt angereichert an der Oberfläche; mit abruptem Fazieswandel folgt eine schaumbodenartige, durchschnittlich 2 cm mächtige Feinmaterialanreicherungsschicht, die Tonhaut, die zu einer unterschiedlich, jedoch meist nicht über 50 cm mächtigen, leicht verbackenen, etwas gröberen Feinmaterialschicht überleitet, die die Unebenheiten des Untergrundes ausgleicht.

Die Ebenen sind auf das rezente Entwässerungssystem eingestellt; je nach Lage des Vorfluters zum Hinterland (Nähe) sind sie bis zu 3 % geneigt. Das Grobmaterial wird, falls ein Vorfluter vorhanden ist, zu diesem abgeführt, fehlt ein solcher, so wird das Material gleichmäßig auf der Fläche verteilt. Auch bei tief eingeschnittenen Vorflutern erfolgt ein flächenhafter Transport des Grobmaterials. Bei eingeschnittenen Vorflutern wird meist flächenhaft denudativ abgetragen durch Tieferlegung der gesamten Fläche, während bei fehlendem Vorfluter das Niveau der Fläche praktisch erhalten bleibt.

Die Sandschwemmebenen entstehen heute z. T. durch die Auflösung fossilen, wahrscheinlich jungquartären Hangschuttmaterials. Der Formungsmechanismus wird von oben her gesteuert. Die auf dem höheren Stockwerk gesammelten Wässer spülen das lockere Hangmaterial aus, so daß die Hangschuttdecken von der Hangoberkante her aufgezehrt werden. Mit zunehmender Zerstörung dehnen sich die Sandschwemmebenen auf dem unteren Stockwerk aus und ersetzen die Hangschuttschleppen und die Unterhänge durch eine Fläche. Bei vollständiger Auflösung der Schuttdecken stoßen die Sandschwemmebenen in ganzer Breite an einen scharfen unteren Hangknick, der zu einem nacktfelsigen Steilhang überleitet. Die Hänge werden nicht zurückverlegt, sie verharren weitgehend ortsfest. Bei anhaltender Formungstendenz werden die Hänge in situ aufgelöst; es können sich Randfurchen durch die auskolkende Kraft der am Hang abfließenden Wässer entwickeln. Die Ebenen werden dann vom Hang getrennt.

Die Sandschwemmebenen sind abhängig von der Materialnachlieferung vom Hang oder vom Hinterland her; ist diese nicht mehr gewährleistet (z. B. durch die Auflösung des Hangschutts; frisches Schuttmaterial wird nicht nachproduziert), so wird die Weiterbildung der Sandschwemmebenen unterbrochen. Ist ein genügend tief eingeschnittener Vorfluter vorhanden, so werden sie durch Zerschneidungsprozesse zerstört; fehlt ein Vorfluter oder liegt er im annähernd gleichen Niveau, so stellt sich die Ebene auf diese ein, so daß die Fläche erhalten bleibt.

Sandschwemmebenen finden sich nur da, wo ein flächenhaftes Ausgangsrelief entwickelt war und wo eine meist ebenso fossile Verwitterungsart Korngrößen im Kies-, Sand- und Schluffbereich zum Abtransport zur Verfügung stellt. In der zentralen Sahara sind es die bis auf den Grundhöckersockel abgetragenen Rumpfflächenreste, auf denen sich Sandschwemmebenen als rezente Folgefläche entwickelt haben; sie sind somit das aride Erbe einer tertiären Rumpfflächenbildung, die sich bis in die Gegenwart morphologisch durchpausen konnte, wie schon BÜDEL (1952) postulierte.

Die Abtragung der Zersatzdecke und die fluviatile Zerschneidung der Rumpfflächen sind Ausdruck der quartären Formungsgeschichte eines Raumes, in dem heute nur an den Hängen eine größere Formungsaktivität beobachtet werden kann, wenn man von der akkumulativen und erosiven Windwirkung in den unteren und der fluviatilen Erosionswirkung in den höheren Reliefbereichen absieht.

Verbreitung und Aufbau der Sandschwemmebenen stimmt mit der von MECKELEIN (1959) beschriebenen Alluvialserir überein. Serire und Sandschwemmebenen sind unter den gleichen Formungsmechanismen entstanden, jedoch ist das Alter derselben verschieden. Während die Alluvialserir bzw. die Sandschwemmebenen Ausdruck der rezenten Formungsaktivität sind, hat die Eluvialserir ein größeres Alter.

Der folgende Teil der Arbeit widmet sich den Prozessen, die sich auf den Ebenen abspielen. Durch die Kenntnis des Materials können Fragen zum Flächenbildungsprozeß besser beantwortet werden. Der zweite Hauptteil der Arbeit befaßt sich daher zunächst mit der Auswertung der Materialanalysen und mit Beregnungsversuchen, um in einem Schlußteil zu genaueren Aussagen zur Bildung von Sandschwemmebenen zu kommen.

7. Das Material: Bearbeitung und Methoden

Sandschwemmebenen sind ein weitverbreiteter Formtyp der ariden Zonen Nordafrikas. In den vorangegangenen Kapiteln wurden die naturräumlichen Gegebenheiten charakterisiert, deren zeitliche Stellung so eng wie möglich fixiert und die Genese der Sandschwemmebenen herausgearbeitet. Damit ist noch nichts zum Formungsprozeß, dem eigentlichen, flächenbildenden Vorgang ausgesagt. Das vermittelnde Glied zwischen Prozeß und Form ist das Material. Durch die Untersuchung des Materials können also Erkenntnisse über den Prozeß, der die Form bestimmt hat, gewonnen werden.

Das Material an sich und dessen charakteristische Verteilung ist Ergebnis der schon bekannten Klimabedingungen: episodische Starkregen und andauernde Windwirkung (s. Kap. 4.0 und 4.1). Diese beiden Klimafaktoren führen zu den beiden im Folgenden zu beantwortenden wichtigsten Fragen:

a) Wie kommt die charakteristische Verteilung des Materials zustande,
und
b) wodurch wirkt diese flächenbildend?

Bevor näher auf die Ergebnisse der Probenanalyse eingegangen wird, muß die Methode der Untersuchung begründet und beschrieben werden. Da es sich um die geographische Fragestellung „Flächenbildung" handelt, muß das Problem entsprechend angegangen werden.

Es ist die Auffassung des Verfassers, daß nicht eine sedimentpetrographisch möglichst genaue Analyse einzelner Proben zu den besten Ergebnissen führt, sondern die ausreichend genaue Analyse möglichst vieler (auf den Flächen verteilt entnommener) und vor allem auch in genügender Menge gesammelter Proben dem Ziel näher kommt. Für die gegebene Fragestellung ist nicht der exakte Wert einzelner minutiös erarbeiteter Ergebnisse aussagekräftig, sondern die Herausarbeitung wesentlicher Merkmale, des Charakteristischen, weit Verbreiteten dieser Typform. Der Bearbeiter muß im Sinne der Ökonomie des Arbeitsaufwandes also Proben eines möglichst breiten Spektrums auf die Gemeinsamkeiten ihres Erscheinungsbildes hin untersuchen; er muß die Methode dieser Aufgabe anpassen.

Daher wurden möglichst viele Proben des jeweils schichtgleichen Materials mit einem Gewicht zwischen 500 und 2000 g gesammelt. Die Proben wurden der Korngrößenfraktionierung durch einen siebenteiligen Siebsatz unterworfen. Die Maschenweite der einzelnen Siebe betrug in mm: über 2/1/0,5/0,25/0,125/0,063 und kleiner als 0,063 mm. Nach dem Rütteln wurden die Gewichtsanteile in den einzelnen Sieben gewogen und in die Gewichtsprozente zum Ausgangsgewicht umgerechnet. Die Ergebnisse werden sowohl nach der Verteilung als auch in Form von Summenkurven dargestellt.

Da es sich meist um Lockersedimente, die z. T. nur leicht verbacken sind, handelt, wurde durchgehend trocken gesiebt. Dabei wird zwar der an den größten Partikeln klebende Feinmaterialanteil nicht berücksichtigt, der Gewichtsanteil dieses haftenden Staubes ist aber so gering, daß er vernachlässigt werden kann, wie im Folgenden gezeigt wird. Es wurden zunächst vier Proben trocken gesiebt und die Mengen in den einzelnen Fraktionsklassen gewogen. Die Ergebnisse waren wie folgt:

Ausgangsgewicht der Probe

FR.	I 620,2 g		II 957,0 g		III 1195,1 g		IV 1731 g	
	Gew.g	%	Gew.g	%	Gew.g	%	Gew.g	%
2 mm	67,5	10,9	34,2	3,59	463,5	38,8	408,8	23,5
1	17,7	2,8	134,7	14,1	172,5	14,5	120,3	7,0
0,5	67,7	10,9	235,0	24,5	101,9	8,5	174,6	10,0
0,25	33,7	5,5	196,0	20,5	102,4	8,6	301,1	17,5
0,125	171,1	27,9	155,1	16,2	106,0	8,9	488,6	28,1
0,63	161,1	24,4	142,6	14,9	206,7	17,3	186,7	10,8
kl.	109,7	17,7	58,6	6,1	42,8	3,6	48,2	2,8
Summe	618,5	100,1	956,2	99,89	1194,8	100,2	1730,3	99,7
Siebverlust:		1,7		0,8		0,3		0,8

Tab. 3 Ergebnisse der Trockensiebung der Proben I bis IV

Die Proben wurden dem Siebsatz zurückgegeben und durch Spülen unter Verlust der Korngröße kleiner als 0,063 naß gesiebt.

Der Gewichtsanteil dieser Korngröße wurde durch die Errechnung des Verlustes ermittelt: die getrockneten und gewogenen Anteile des restlichen Siebsatzes werden addiert und vom Ausgangsgewicht subtrahiert. Die Restsumme ergibt das Gewicht der fehlenden Korngröße. Dabei wird der Siebverlust nicht mit berücksichtigt; da er jedoch im Mittel unter 1 g liegt, ist dieser Anteil für die Prozentrechnung unwesentlich. Es ergaben sich folgende Werte:

2 mm	67,2	10,8	34,0	3,55	461,2	38,0	405,1	23,4
1	17,5	2,8	134,2	14,0	170,9	14,4	118,9	6,8
0,5	67,1	10,8	234,0	24,3	101,0	8,5	172,7	9,9
0,25	33,1	5,3	195,1	20,4	101,4	8,5	298,4	17,3
0,125	170,5	27,5	153,8	16,0	104,3	8,7	484,7	28,0
0,063	149,4	24,0	140,7	14,7	203,1	17,1	183,9	10,6
	504,8		891,8		1141,9		1663,7	
Verl.	113,7	18,4	64,4	6,8	52,9	4,45	66,6	3,9
Su:.	618,5	99,67	956,2	99,75	1194,8	100,25	1730,3	99,65

Tab. 4 Ergebnisse der Naßsiebung der Proben I bis IV

Die Tabellen zeigen, daß der Anteil des klebenden Staubes in der prozentualen Verteilung zum Ausgangsgewicht nicht viel mehr als 1 % erreicht; ein Fehler, der in der Beurteilung der Korngrößenverteilung nicht auffällt. Der Vorteil der großen Zeitersparnis durch das Trockensieben ist unvergleichlich größer als der Nachteil dieser Ungenauigkeit; es wurde daher ausschließlich trocken gesiebt.

Das Material auf den Sandschwemmebenen stammt aus dem vergrusten und durch Spülung transportierten Zerfallsprodukten des Anstehenden. Es wird daher der Versuch unternommen, ausgehend von der Korngrößenzusammensetzung des Anstehenden, die Verteilung des Gruses, also Transport- und Sedimentation des Ausgangsmaterials zu rekonstruieren.

Zu diesem Zweck werden die Ergebnisse der Verteilung der Korngrößen im Anstehenden vorangestellt und anschließend erst die Materialien auf der Fläche charakterisiert. Die Verteilung ergibt sich aus dem Vergleich der Proben untereinander.

Die Transport- und Sedimentationsvorgänge wurden durch Beregnungsversuche im Experiment nachvollzogen; die Ergebnisse werden in einem gesonderten Kapitel abgehandelt, wie auch Bodentemperatur- und Feuchtmessungen, sowie eine Reihe von Tonmineralanalysen, die zum besseren Verständnis beigefügt werden.

Die Sandschwemmebenen von Bardai wurden durch Probeentnahme im Anstehenden und auf der Fläche (Quer- und Längsprofile) am gründlichsten untersucht. Die Ergebnisse der Probeanalysen werden daher zusammengefaßt als Beispiel vorangestellt, während die übrigen Werte im Vergleich kommentiert werden.

7.1 Das Ausgangsmaterial (s. Diagr. 5 bis 16)

Die Ebene bei Bardai liegt im sog. *quatres roches Sandstein* (ROLAND, 1971), der eine konglomeratische Fazies aufweist, in der sandige mit groben Kiesschichten wechsellagern. Um eine mittlere Korngrößenverteilung zu erreichen, wurden aus dem Anstehenden acht, sowohl möglichst grobe als auch feine Handstücke ausgebrochen mit einem Gesamtgewicht von 4678,3 g. Dazu wurden drei große Proben noch im vollständigen Gesteinsverband erhaltener Stücke angegrusten Sandsteins gesammelt, die ein Gewicht von 4132,6 g hatten.

Die angegrusten Stücke konnten leicht durch Anschlagen mit dem Hammer zerkleinert und anschließend im Mörser durch vorsichtiges Zerreiben vollständig in die einzelnen Korngrößen zerlegt werden. Die mikroskopische Betrachtung ergab, daß bei dieser Methode die einzelnen Körner nicht zerstört werden; damit ist eine ausreichende Genauigkeit der Ergebnisse bei der Fraktionierung gewährleistet.

Weitaus schwieriger gestaltete sich die Zerlegung der Proben aus dem festen Anstehenden. Es wurden abgeschlagene Teilstücke in 10 %iger Salzsäure aufgekocht und anschließend noch für 14 Tage in der Lösung belassen. Einzelne Körner lösten sich zwar, der Gesteinsverband blieb aber unverändert hart erhalten. Bei einem zweiten Versuch wurden einzelne Gesteinsstücke mit Wasser getränkt und im Kühlschrank mehr-

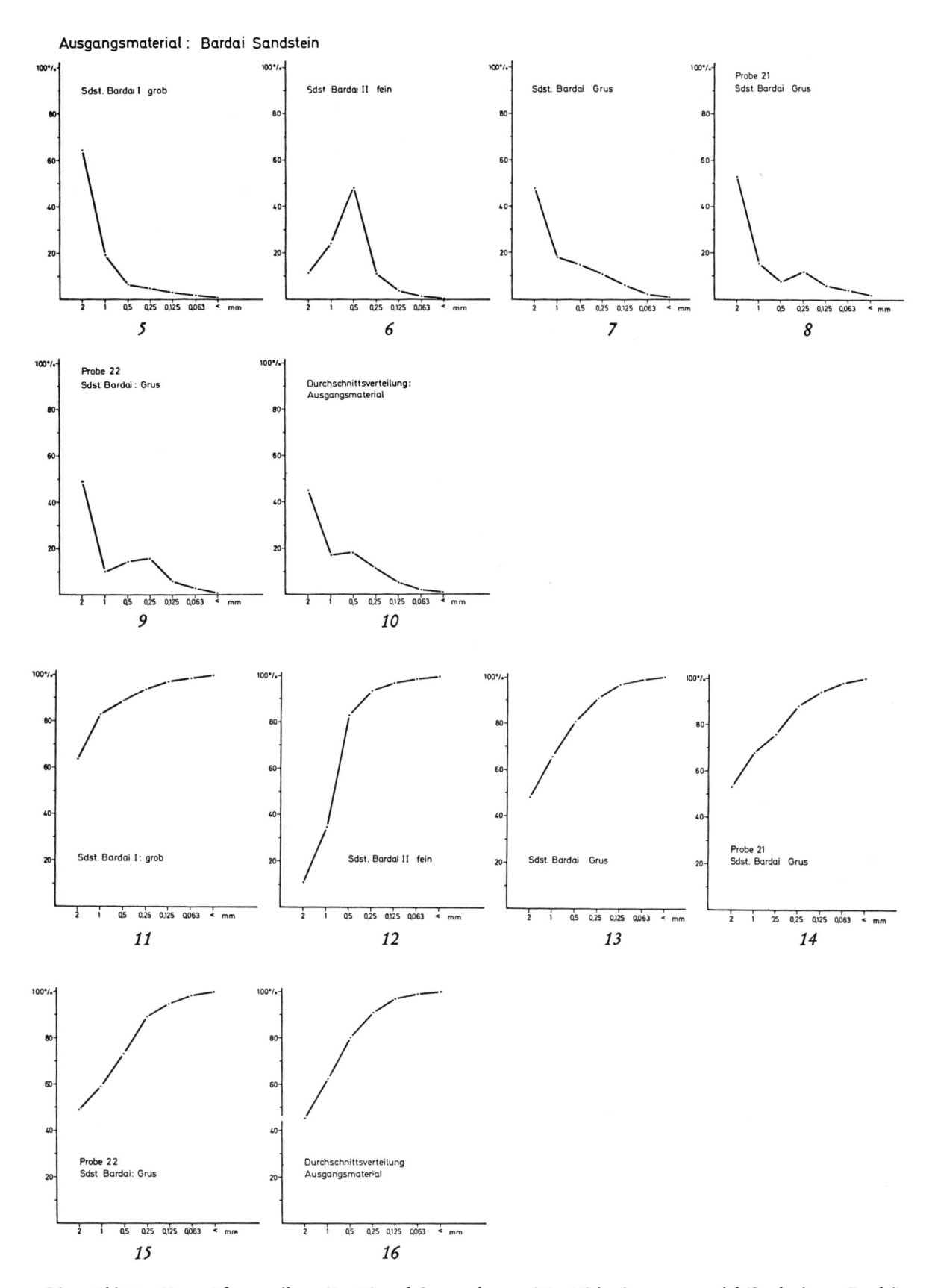

Diagr. 5 bis 16 Korngrößenverteilung (5—10) und Summenkurven (11—16) im Ausgangsmaterial (Sandstein von Bardai).

fach gefroren und wiederaufgetaut: das Gestein zerfiel nicht, es waren selbst nach 10fachem Gefrieren und Wiederauftauen keine Spuren von Verwitterung festzustellen.

Es blieb daher nichts anderes übrig, als die Felsstücke mechanisch zu zerkleinern; sie wurden im Schraubstock zerdrückt. Die Stücke wurden eingespannt und die Spannung langsam erhöht. Bei stetiger Druckzunahme wird so der Punkt erreicht, wo plötzlich der Sandstein en bloc zerfällt. Der Detritus wurde gesammelt und im Mörser vorsichtig weiter gerieben bis auch die kleinen noch zusammenklebenden Teilchen in Körner zerlegt waren. Wie bei den Grusproben, so zeigte sich auch hier, daß durch diese Behandlung die Körner selbst nicht zerstört werden; es ist daher ein ausreichend gutes Resultat durch die Fraktionierung zu erwarten.

Betrachten wir die Diagrammreihe 5 bis 16, die Durchschnittsverteilung der Korngrößen sowie die dazu gehörenden Summenkurven, so ergibt sich, daß wir es mit einem recht groben Sandstein weitgehend psephitischer Struktur zu tun haben, dessen Korngrößenmaximum in der Fraktion über 2 mm liegt. Diese Korngröße wurde nicht weiter unterteilt. Es handelt sich überwiegend um gut gerundete Quarze im Feinkiesbereich mit Korndurchmesser um 1 cm, nur einzelne Gerölle erreichen bis zu 2 cm Durchmesser. Die gesammelten Proben aus den besonders feinkörnigen Schichten zeigen ein Maximum in der Fraktion zwischen 0,5 und 1 mm Korndurchmesser. Diese Schichten dienen als Lieferhorizont der 0,5 mm Korngröße, die, wie sich weiter unten zeigen wird, eine besonders wichtige Größe darstellt.

Die mittlere Verteilung der Korngrößen aus dem Anstehenden (Ausgangsmaterial, Diagr. 10) ist repräsentativ für die Korngrößen, die dem Transport und der Sedimentation zur Verfügung stehen. Diese Kornverteilungskurve hat als Bezugspunkt zu den folgenden Materialien besondere Bedeutung, sie ist die Basis des Vergleichs mit den Materialien auf den Flächen. Der Vergleich dieser mit der Verteilung der Korngrößen z. B. in den rezenten Sedimenten der Sandschwemmebene zeigt, in welchen Schichten die einzelnen Korngrößen durch die Vorgänge der Sedimentation und des Transports untergebracht werden.

7.2 Das transportierte Grob- oder Lockermaterial
   (Diagr. 17 bis 26)

Dieses Material liegt auf der Oberfläche der Sandschwemmebenen in den Vertiefungen des Saumbereichs in der Nähe der Steilstufe und ist flächenhaft verbreitet im zentralen Teil der Ebene.

Es wird am unteren Rand der Fläche über einen Gefälleknick auf das nächst tiefere Niveau, entweder auf das Oasenniveau oder das rezente Gerinne selbst, abgeführt; es ist das Material, das auf der Fläche transportiert und dem Vorfluter zugeführt wird.

Die durchschnittliche Verteilung der Korngrößen ist in Diagr. 22 aufgezeichnet: der Anteil der Korngrößen unter 0,25 mm Durchmesser ist äußerst gering, das Maximum liegt im Grobsandbereich bei 1 bis 2 mm Durchmesser. Während Diagr. 22 die durchschnittliche Verteilung aller Proben darstellt, zeigt Diagr. 18 die Probe mit dem feinsten Material dieser Schicht. Dieses lockere Gemisch aus Korngrößen über 0,125 mm Durchmesser ist das gröbste Sediment unter den Materialien, die die Sandschwemmebene aufbauen. Diagr. 25 zeigt ein Beispiel mit besonders hohem Anteil an äolischem Material (0,5 mm).

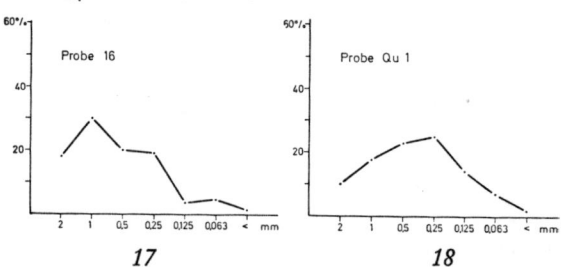

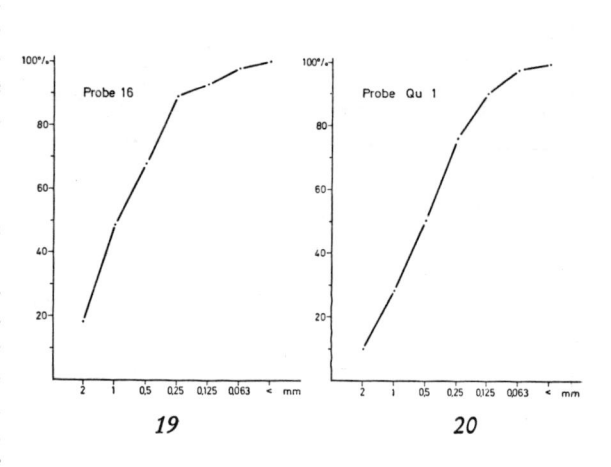

Diagr. 17 bis 20 Korngrößenverteilung und Summenkurven des transportierten Lockermaterials.

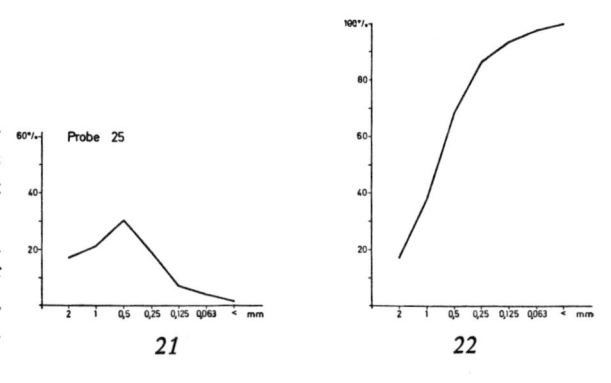

Diagr. 21, 22 Korngrößenverteilung und Summenkurven des transportierten Lockermaterials.

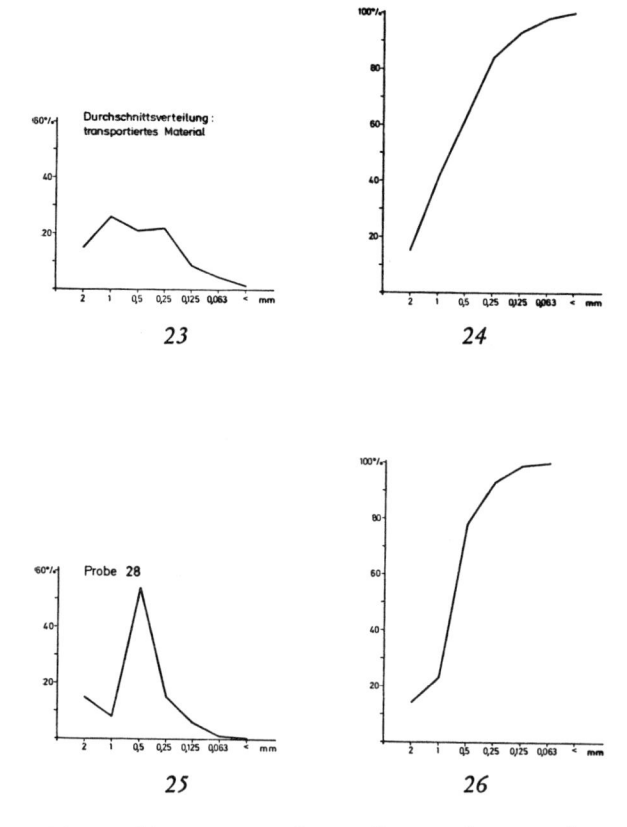

Diagr. 23 bis 26 Korngrößenverteilung und Summenkurven des transportierten Lockermaterials.

7.3 Die Feinmaterialanreicherungsschicht
(Diagr. 27 bis 42)

Die Diagrammreihe 27 bis 42 zeigt die charakteristische Verteilung der Korngrößen der Schicht, die sowohl an der Oberfläche die erhabenen Teile der Sandschwemmebene wie eine Haut (Tonhaut) überzieht als auch unter Grobmaterial- und Flugsandbedeckung lückenlos auftritt. Auf den ausbeißenden Sandstein- und Oberterrassenresten ist sie nur als höchstens 2 cm mächtige Schicht entwickelt, während sie unter den äolischen Sedimenten und dem Grobmaterial als durchschnittlich 25 cm, maximal 50 cm mächtige „Anreicherungsschicht" entwickelt ist; sie ist in den oberen 2 cm im trockenen Zustand polygonal strukturiert und weist dort den größten Anteil an Feinmaterial auf (s. Abb. 21). Dieser Horizont bricht bröckelig, er ist mit zahlreichen Hohlräumen durchsetzt, während die darunter liegende Schicht bei etwas gröberem Materialinhalt lediglich leicht verbacken ist.

Dieser Anreicherung von Feinmaterial kommt besondere Bedeutung in zweierlei Hinsicht zu, wie in den nächsten Kapiteln bewiesen wird. Einmal dient sie durch ihre Quellfähigkeit, sowie Wasserhalte- und Speicherfähigkeit der Verwitterung der unterlagernden Schichten und zum anderen als wasserstauende Schicht, die den Abtransport des Grobmaterials ermöglicht und die Abspülung der herausgewitterten gröberen Schutt-Teile auf den erhabenen Formen der Sandschwemmebene beschleunigt.

Mit einem Maximum bei 0,25 mm weist diese Schicht aber noch besonders große Prozentanteile im feineren Bereich auf, wie sie in keinem anderen Sediment auf der Fläche zu finden sind.

Die Proben beinhalten vereinzelt kleinere Bruchstücke fossiler Eisen-Mangankrusten, die durch ihre besondere Schwere nach dem Transport in die Feinmaterialschicht eingelagert werden. Die Diagr. 27, 28, 30 wurden zunächst mit den Krustenstücken gesiebt und gewogen und anschließend ohne diesen Fremdkörper. Kurve 1 gibt jeweils die Anteile mit, Kurve 2 die ohne Krustenschutt an.

Es wurden zur besseren Verdeutlichung Einzelergebnisse der Fraktionierung aus den verschiedenen Bereichen der Ebene neben die Kurve der durchschnittlichen Verteilung der Korngrößen gestellt. Diagr. 28 zeigt die typische Zusammensetzung des Materials inmitten der Sandschwemmebene unter dem Grobmaterial, Diagr. 31 die auf dem Grobschottersediment der Oberterrasse. Obwohl auf einem völlig anderen Substrat, nämlich einem Gemisch grober und gröbster Gerölle aus überwiegend Basalten, ist die Korngrößenverteilung der Tonhaut nahezu identisch.

Aus diesem Rahmen fallen die Proben heraus, die aus der Tonhaut in der Nähe der Sandsteinsteilstufe entnommen wurden, die stark verwitterten Sandsteinschutt überziehen. Der Saumbereich der Steilstufe wird intensiver als die übrige Sandschwemmebene denudativ überarbeitet, der Schutt wird durch Spülung abgetragen.

Die Proben sind daher unmittelbar aus diesem unterlagernden Material hervorgegangen, auf das weiter unten näher eingegangen wird. Während das Diagr. 27 noch große Ähnlichkeit mit den übrigen Kurven aufweist, ist bei Diagr. 30 kaum noch Vergleichbarkeit gegeben. Die Verteilung zeigt, obwohl auch hier der charakteristische hohe Anteil an Feinmaterial gegeben ist, daß je nach der zufälligen Zusammensetzung des verwitterten Detritus im Untergrund, die Korngrößenverteilung zum Gröberen verschoben wird.

Die in den Diagr. 33 und 34 dargestellten Proben Qu II und Qu III wurden aus 40 und 50 cm Tiefe auf der Sandschwemmebene entnommen. Da sie eine schwach rötliche Farbtönung aufwiesen im Unterschied zu den hellgrauen Sedimenten der Feinmaterialschicht, konnte ihre Zugehörigkeit nicht gleich eindeutig festgestellt werden. Im Vergleich jedoch mit dem in den Diagrammen eingezeichneten Korngrößenspektrum der Probe 18, die in gleicher Höhe aus einer Tiefe von 20 cm entnommen wurde, zeigt sich eine große Ähnlichkeit mit diesem Material. Die Proben wurden daher als der Feinmaterialschicht zugehörig betrachtet.

47

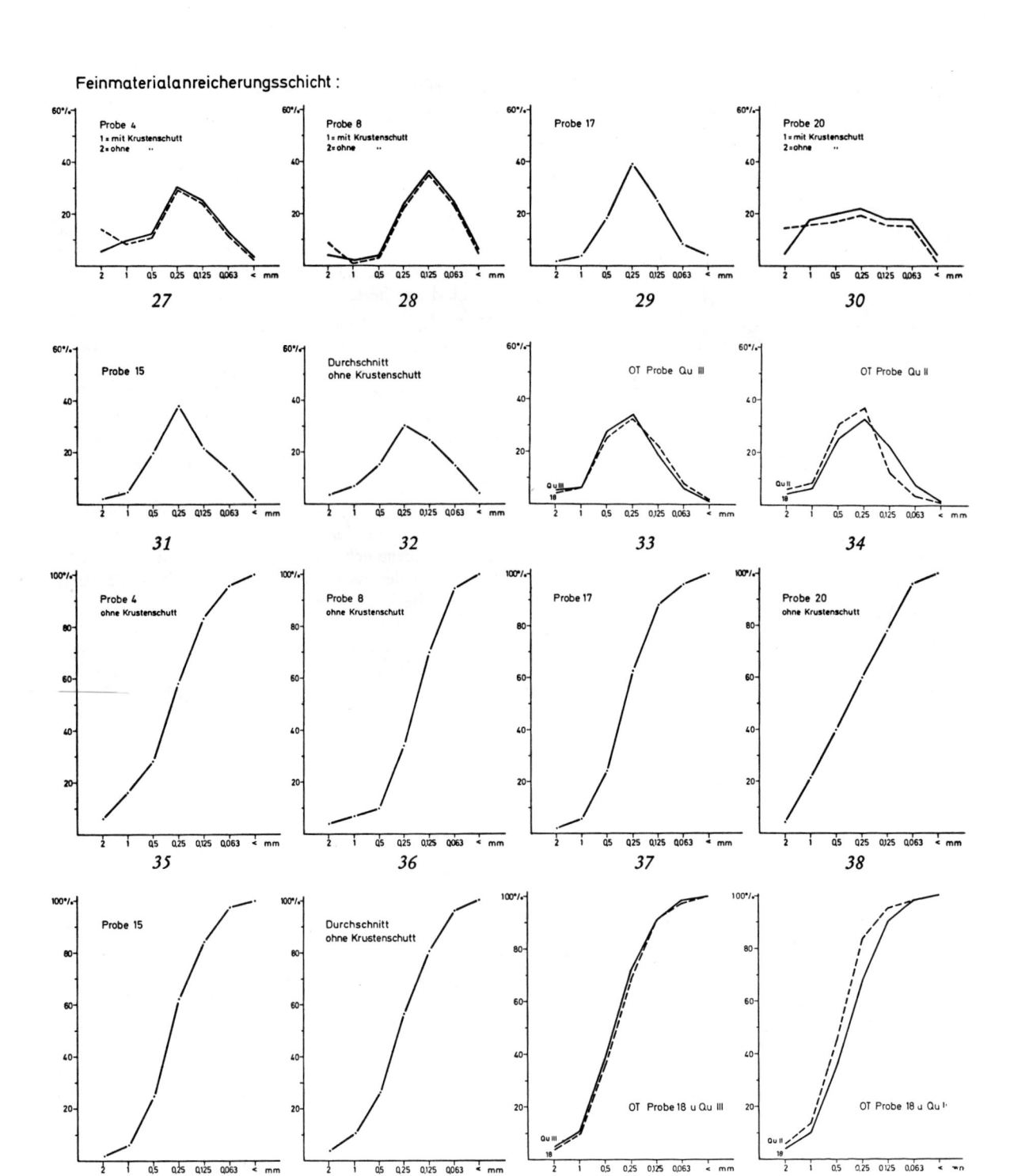

Diagr. 27 bis 42   Korngrößenverteilung und Summenkurven der Feinmaterialanreicherungsschicht.

7.4 Das äolische Material (Diagr. 43 bis 54)

Das äolische Material ist leicht an seiner rötlichen Färbung zu erkennen. Es liegt in allen Hohlformen, meist nur als dünner Schleier, teilweise aber bis zu 0,5 m Mächtigkeit zu Kleindünen angeweht im unmittelbaren Bereich der Sandsteinsteilstufe. Es beinhaltet weder nennenswerte Grob- noch Feinstmaterialanteile, Körner über 2 mm Durchmesser sind in den Akkumulationen nicht zu finden; sie werden zwar am Boden bewegt, aber nicht in Dünen angeweht. Das ausgeprägte Maximum liegt beim Korngrößendurchmesser von 0,25 mm. Je nach Windexposition zeigt sich ein Zuschlag von gröberen Anteilen, wie besonders

äolisches Material:

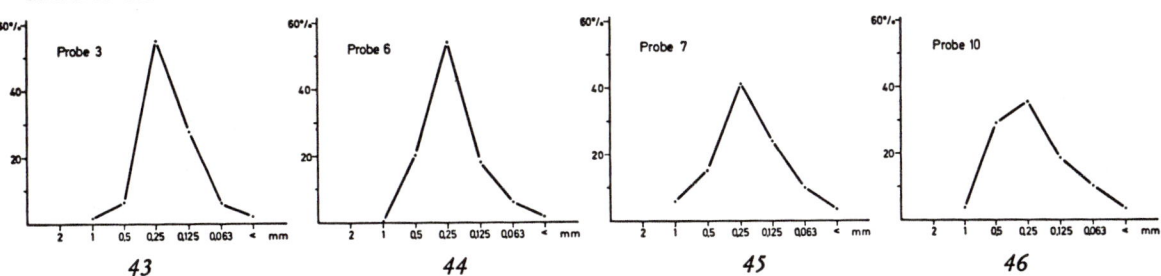

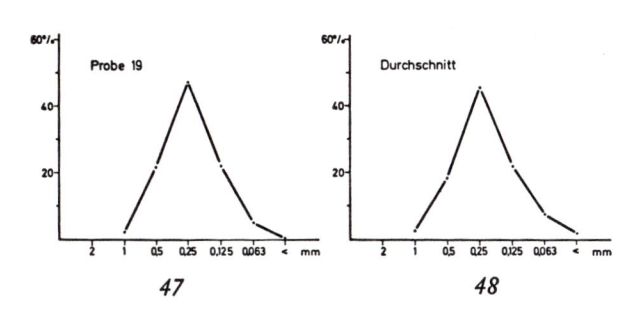

43 *44* *45* *46*

47 *48*

Diagr. 46 nachweist, das eine Probe beschreibt, die aus einer ausgesprochenen Kornfalle in einer Windgasse des stufennahen Bereichs stammt.

Das äolische Material wird dauernd auf der Fläche bewegt; es wirkt vor allem ausgleichend, indem es die schwach eingetieften Gerinne verfüllt, aber auch durch Korrasion der aus der Ebene herausragenden flachen Rücken und Sandsteintürme. Abb. 23 (und 24) zeigt einen nur ganz flach aus der Fläche herausragenden

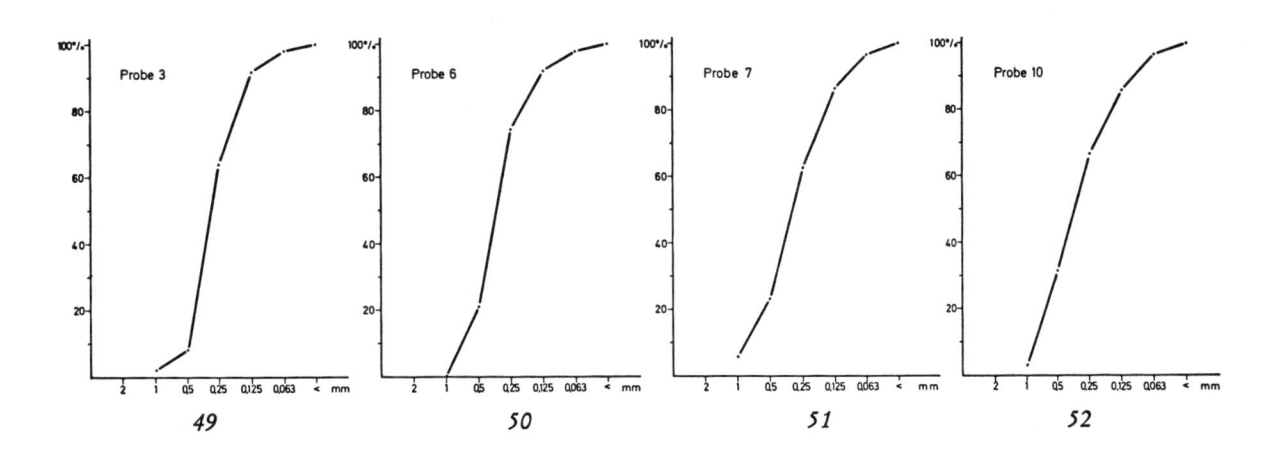

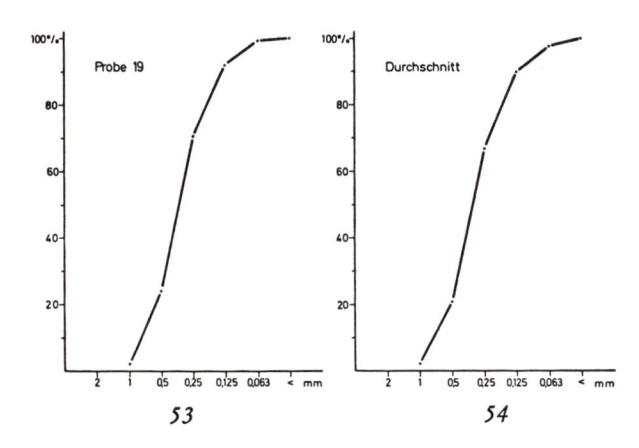

49 *50* *51* *52*

53 *54*

Oberterrassenrest, dessen Gerölle zu Windkantern geformt sind. Der häufige Sandtransport über der Fläche hat aber auch noch einen anderen Effekt, auf den weiter unten näher eingegangen wird, nämlich der Akkumulation, der Auffüllung des Grobmaterials mit äolischen Korngrößen.

Die bisher unter 7.2, 7.3 und 7.4 beschriebenen Sedimente bauen die Sandschwemmebene auf; sie sind Produkt des rezent-aktiven Formungsprozesses. Im Folgenden werden die fossilen Materialien vorgestellt; sie werden zwar durch die aktiven Vorgänge überformt und verändert, sie sind jedoch Produkte einer älteren feuchteren Zeit.

Diagr. 43 bis 54 Korngrößenverteilung und Summenkurven des äolischen Materials.

7.5 Das fossile Material

Im stufennahen Bereich sind auf der Ebene stark verwitterte Sandsteinschuttreste zu finden, die ganz auf das Niveau der Fläche eingeebnet sind. Da diese aus dem Anstehenden hervorgehen, werden sie zum besseren Vergleich vorab beschrieben.

Im mittleren Teil der Ebene liegen unter der Bedeckung durch die rezenten Sandschwemmebenensedimente dunkelbraune Lehme, die in einer Mächtigkeit bis zu 35 cm erschürft wurden.

Am unteren Saum der Fläche beißen stromlinienförmig stark verwitterte Oberterrassenschotter aus; dieses Material verfüllt aber auch die Rinnen, die offenbar in der großen Erosionsphase prä-oberterrassenzeitlich die Fläche zerschnitten haben. Die junge Zerschneidung der Fläche durch Schluchten im Westen und Osten hat zahlreiche verfüllte Kerben aufgeschlossen (s. Abb. 27). Durch Graben wurde im unteren Teil der Fläche dieses Oberterrassenmaterial immer wieder unter den rezenten Materialien nachgewiesen (s. Fig. 5 und 6).

7.5.1 Der Schuttkörper (Diagr. 55 bis 68)

Stark verwittertes Schuttmaterial liegt überall entweder unter den eigentlichen Sandschwemmebenensedimenten oder nur durch eine „Tonhaut" verschleiert, im steilstufennahen Bereich. Es handelt sich um Scherbenschutt, der in seinem Aufbau noch als solcher zu erkennen ist, jedoch so stark vergrust ist, daß er bei leichter Berührung in seine Einzelteile verfällt (Abb. 38).

Der gesamte Schutt ist rot gefärbt. Diese Rotfärbung ist vor allem auf die Zersetzung von Eisenkrusten zurückzuführen, die als besonders verwitterungsresistente Schuttstücke, teilweise noch in ihren Kernen erhalten, im Detritus schwimmen. Bei der Verwitterung verteilt sich das aufgelöste Eisen wie ein Hof um den Kern, die Intensität der Rotfärbung nimmt nach außen ab.

Dieses Phänomen macht einige Aspekte der Verwitterung deutlich. Es wurde weiter oben (s. Kap. 5.1) schon auf die erhöhte Verwitterungsintensität in der Nähe der Steilstufe hingewiesen. Die auf dem nackten Anstehenden im Hinterland herabstürzenden Wässer wirken nicht nur mit erhöhter flächenspülend abtragender Kraft im stufennahen Bereich, sondern sie durchfeuchten auch in besonderem Maße die gleich vor der Stufe liegenden Lockersedimente. Diese nehmen offenbar wie ein Schwamm die Wässer auf, die dadurch eine besonders starke chemische Verwitterung in diesem Bereich hervorrufen (Wärme + CO_2haltiges Wasser). Da die Wässer am Saum der Stufe noch überschüssige Energie aufweisen, sind sie in der Lage, die schützende Tonhaut bei Abkommen immer wieder kurzfristig zu zerstören, ganz im Gegensatz zu der Fläche selbst, wo dieses Feinmaterial als Wasserstauer wirkt und nicht zerstört wird.

Während so die Wässer am Stufensaum eindringen können, ist ihnen dies auf der Fläche verwehrt. Die Folge ist nicht nur die erhöhte Verwitterungsintensität, sondern auch die Erleichterung der Abtragung in diesem Bereich, ein wichtiger Faktor für die Formung der Fläche, die dadurch von oben her flach gehalten werden kann. Diese Formung entspricht teilweise den Prozessen, die BÜDEL (1957) in der Beschreibung der Spülpedimente zusammenfaßt. An dieser Stelle soll jedoch nicht weiter darauf eingegangen werden, um die Diskussion der Ergebnisse nicht vorwegzunehmen.

Die fossilen Eisenkrusten mit teilweise mehr als 5 cm Mächtigkeit werden aufgelöst. Es ist keine Neubildung von Krusten zu beobachten. Das Eisen wird dispers verteilt und abgeführt. Da die rezenten Sedimente keine Rotfärbung, sondern eine graue Farbtönung aufweisen, ist anzunehmen, daß das Eisen in eine andere chemische Form umgewandelt wird. Außerdem muß festgestellt werden, daß Krustenbildung unter den rezenten Bedingungen nicht stattfindet. Es ist ganz allgemein ein weitaus größerer Feuchtigkeitshaushalt notwendig. Damit die Lösungen wandern und sich an der Oberfläche anreichern können, muß eine dauernde wechselnde Durchfeuchtung und Austrocknung gegeben sein, die unter den heutigen Klimaverhältnissen nicht geboten wird. Die episodischen Starkniederschläge und die langen absolut trockenen Zeiten weisen einerseits zuwenig Wechsel in der Durchfeuchtung und zum anderen große Transport- und damit zerstörende Leistungen auf, als daß sich Krusten bilden könnten: es muß ein anderes Niederschlagsregime vorausgesetzt werden. Krusten sind unter feuchten Verhältnissen gebildet worden, ihre Relikte sind Zeugen einer solchen Vorzeit.

Die Verwitterung des fossilen Hangschutts hat ein Material hinterlassen, das im psammitischen Bereich liegt. Die Diagrammreihe zeigt ein besonders markant hervortretendes Maximum beim Korngrößendurchmesser von 0,25 mm (Feinsand). Die noch im Gesteinsverband erhaltenen Stücke wurden vor dem Sieben herausgenommen, damit die Verteilung der Korngrößen im Verwitterungsprodukt deutlicher wird. Bis auf das wenige gröbere Material gleichen die Kurven denen des äolischen Materials. Die Verteilung ist aber doch offensichtlich noch abhängig von der Zusammensetzung des Ausgangsmaterials, wie die jeweiligen Verschiebungen zum Feineren und Gröberen andeuten. Es ist anzunehmen, daß das äolische Material hier eine zusätzliche Lieferquelle hat (Rotfärbung!). Auch die Zusammensetzung des transportierten Grobmaterials wird durch die Lieferung feinerer Korngrößen aus dieser Schicht nachhaltig beeinflußt. Es kann leicht der Beweis erbracht werden, daß der Schutt abgetragen wird durch das Vorkommen von Krustenresten im transportierten Material.

7.5.2 Das Oberterrassenmaterial (Diagr. 69 bis 80)

Die Darstellung der Korngrößenzusammensetzung der Oberterrasse ist schwierig. Es handelt sich nämlich um ein Grobschotterkonglomerat mit Schottern von z. T. über 20 cm Durchmesser, das unterschiedlich stark verwittert ist. Allein die Probeentnahme macht schon des-

Schuttkörper, verwittert:

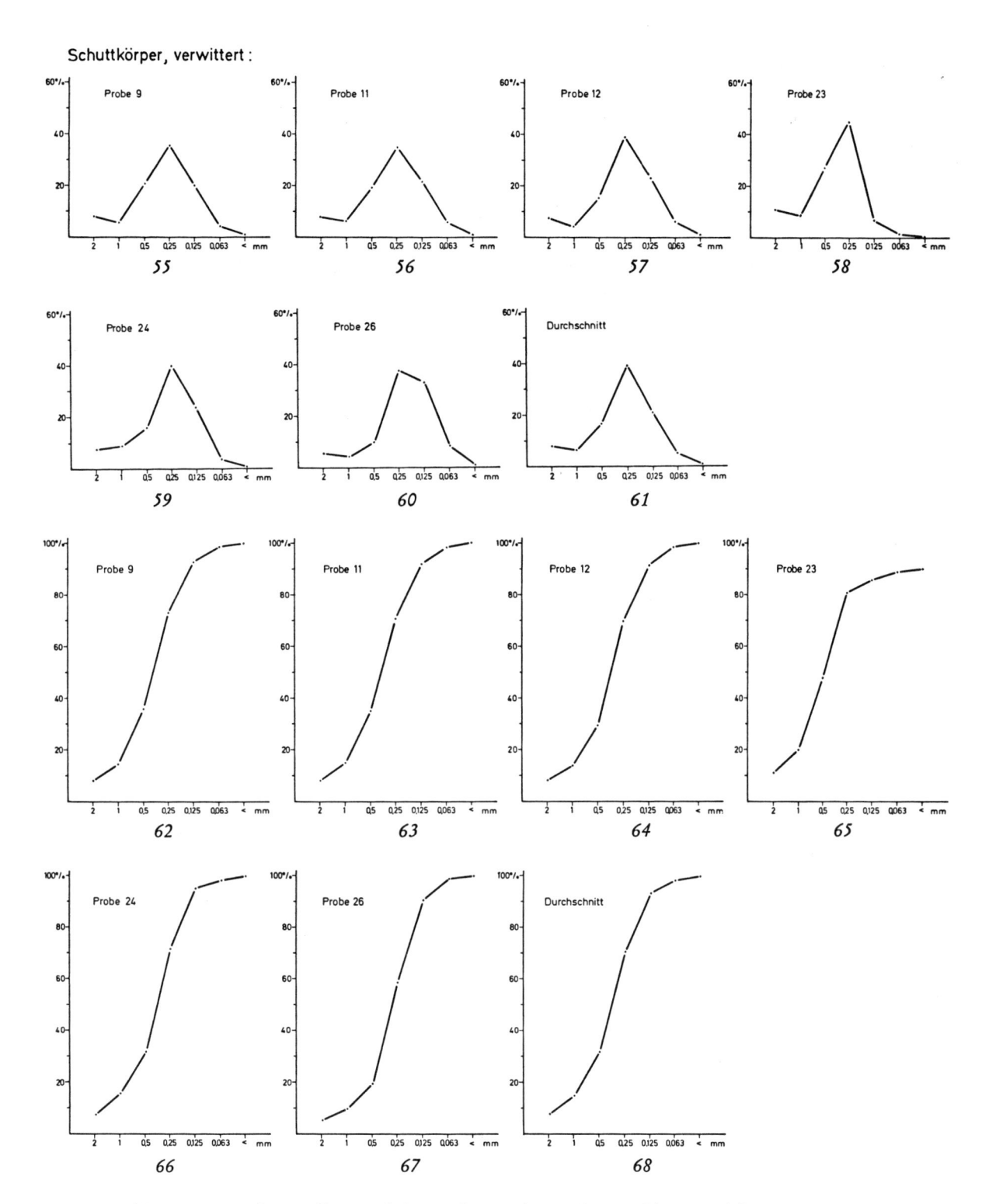

[Probe 9 — 55] [Probe 11 — 56] [Probe 12 — 57] [Probe 23 — 58]

[Probe 24 — 59] [Probe 26 — 60] [Durchschnitt — 61]

[Probe 9 — 62] [Probe 11 — 63] [Probe 12 — 64] [Probe 23 — 65]

[Probe 24 — 66] [Probe 26 — 67] [Durchschnitt — 68]

Diagr. 55 bis 68 Korngrößenverteilung und Summenkurven des verwitterten Schuttmaterials.

wegen Schwierigkeiten, weil ein Geröll mehr oder weniger das Ergebnis total verändert. Die Individualität der einzelnen Proben ist so groß, daß kein einheitliches charakteristisches Bild entstehen kann. Die Schotter liegen z. T. in einem braunen Verwitterungsmaterial, und zwar dann, wenn es sich um die Oberfläche der Terrasse handelt (siehe Abbildung 32). Diese Braunfärbung ist auf eine post-oberterrassenzeitliche Bodenbildung zurückzuführen (siehe Kapitel 5.1 und 5.3).

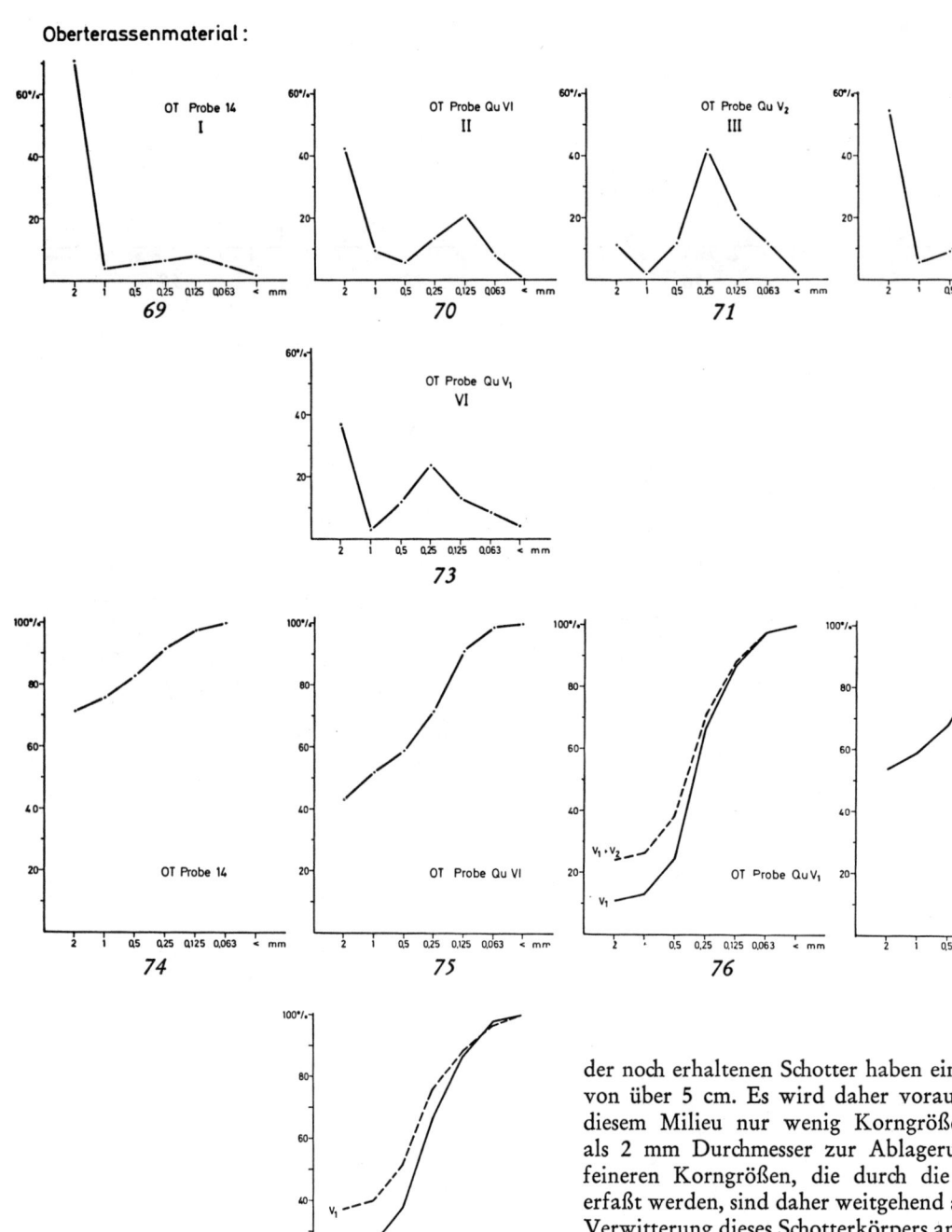

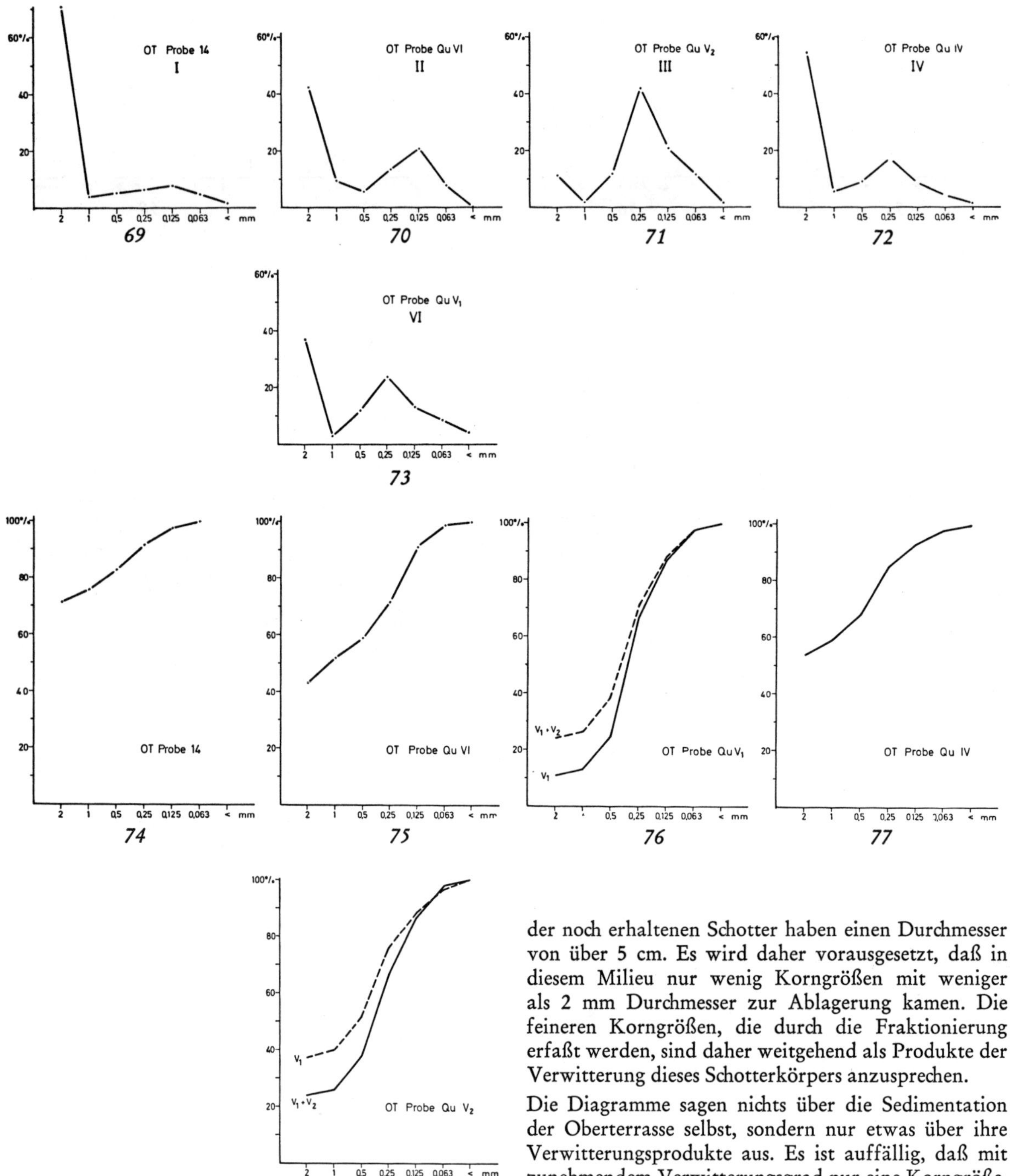

Diagr. 69 bis 78 Korngrößenverteilung und Summenkurven ausgewählter Proben der Oberterrasse von Bardai.

Alle in den Diagrammen erfaßten Anteile mit dem Korndurchmesser über 2 mm liegen im Schotterbereich mit mehr als 2 cm Durchmesser. Auch dies sind oft nur Bruchstücke von noch größeren Schottern; die meisten der noch erhaltenen Schotter haben einen Durchmesser von über 5 cm. Es wird daher vorausgesetzt, daß in diesem Milieu nur wenig Korngrößen mit weniger als 2 mm Durchmesser zur Ablagerung kamen. Die feineren Korngrößen, die durch die Fraktionierung erfaßt werden, sind daher weitgehend als Produkte der Verwitterung dieses Schotterkörpers anzusprechen.

Die Diagramme sagen nichts über die Sedimentation der Oberterrasse selbst, sondern nur etwas über ihre Verwitterungsprodukte aus. Es ist auffällig, daß mit zunehmendem Verwitterungsgrad nur eine Korngröße, nämlich die über 0,25 mm, anwächst, der Anteil der noch feineren Fraktionen bleibt in etwa gleich. Das ausgeprägte Maximum im Feinsandbereich beweist, daß diese Korngröße das bevorzugte Produkt der Verwitterung des Oberterrassenmaterials ist.

Die Schotter bestehen weitgehend aus vulkanischem Material, Basalten verschiedener Ausprägung und Ignimbriten, der Anteil der Sandsteingerölle ist geringer. Interessant ist die sehr unterschiedliche Verwitterungsart dieser Gesteine. Der Sandstein vergrust, die Ignimbrite sind meist als Gerölle nicht mehr zu erkennen, sie zerfallen zu Gesteinsmehl. Die blasigen Basalte sind besonders verwitterungsresistent und daher noch am besten erhalten. Sie verwittern schalig, die Schalen zerfallen in einzelne Stücke und bei weiterer Entwicklung gleich zu Feinmaterial. Mit besonderer Aufmerksamkeit wurde die seltsame Verwitterungsart einer sehr kompakten Basaltvarietät betrachtet, deren Gerölle regelrecht „aufgeschiefert" werden (s. Abb. 26, Fig. 7). Steckt das Geröll noch gänzlich im Terrassenkörper, so ist es meist in situ in einzelne Platten zerbrochen, die Form des Schotters ist aber noch vollständig erhalten.

Sobald ein Geröll an der Oberfläche liegt und aus der Tonhaut herausragt wird es weiter zerlegt, und zwar in viele parallel zueinander stehende Platten und Plättchen, die senkrecht im Untergrund stecken. Die Zwischenräume sind mit Feinmaterial, nämlich der Tonhaut, verfüllt. Gräbt man den Schotter vorsichtig auf, so zeigt sich, daß die Plättchen an der Oberfläche am weitesten auseinanderstehen, während sie im Terrassenkörper selbst nach unten zusammenlaufen, oft, wenn das Geröll groß genug ist, in das noch kompakte Gestein übergehen.

Es handelt sich offenbar um eine Verwitterung durch Volumensprengung: bei Wasseraufnahme quillt die Tonhaut und schiebt die einzelnen Platten auseinander, das Feinmaterial sackt dadurch tiefer ein und kann bei der nächsten Befeuchtung weiteren Raum gewinnen. Die herausragenden aufgefiederten Plättchen brechen ab und gelangen so auf die Oberfläche, wo sie durch Abspülung leicht transportiert werden können. Die Schotter werden also gekappt und von oben her aufgezehrt. Der Abtragungsmechanismus wird deutlich: der aus der Fläche herausragende Terrassenkörper wird von oben her langsam flächenhaft abgetragen. Im Kapitel Beregnungsversuche wird näher darauf eingegangen.

Die Abb. 26 und Fig. 7 zeigen die aus der Tonhaut herausragenden Schotter und die in dünner Streu an der Oberfläche angereicherten gröberen Verwitterungsprodukte. Es werden, und das ist interessant, auch hier nur Korngrößen im Kies- und Sandbereich zum Abtransport exponiert. In Gefällerichtung finden sich hinter den ausbeißenden Schottern Schuttfahnen aus Schottermaterial (s. Abb. 25), die anzeigen, daß das Exponat durch Spülung über die Tonhaut hinweg dem Grobmaterial auf der Fläche zugeführt wird.

Da, das sei hier vorweggenommen, durch die schützende Tonhaut das Niederschlagwasser nicht in den Terrassenkörper eindringen kann, ist nicht nur die Terrasse selbst, sondern auch die (Braun-)Verwitterung im Inneren als fossil anzusprechen; die tiefgründig-vorzeitliche Verwitterung liefert lediglich der rezenten Verwitterung an der Oberfläche schon vorzerlegtes Material. Die fluviatil abgelagerte Oberterrasse muß einer intensiven Verwitterung unterlegen haben, ein weiteres Indiz feuchterer Vorzeiten.

7.5.3 Die dunkelbraunen Böden (Diagr. 79, 80)

Dunkelbraune Lehme unterlagern das rezente Sandschwemmebenenmaterial im Mittelteil der Fläche; sie sind völlig homogen und erreichen an den Schürfpunkten bis zu 35 cm Mächtigkeit. Das trockene Material bricht bröcklig und ist verbacken, es läßt sich jedoch im Mörser leicht zerreiben. Das Material enthält nur wenige, etwas über 2 mm dicke Quarzkörner und hat ein Maximum in der Korngröße von 0,5 mm, sowie einen beträchtlichen Anteil feiner Bestandteile.

Das Erscheinungsbild dieses Materials unterscheidet sich durch die Farbe, durch die Homogenität und durch die Kornverteilung von den bisher beschriebenen; es ist auch weder eine Schichtung noch irgendein anderer Hinweis für eine allochthone Sedimentation vorhanden. Ich interpretiere dieses Material, auch wegen seiner Verbreitung (nur im Saum zwischen den Schuttresten und dem Oberterrassenmaterial anzutreffen), als einen fossilen Boden, der wahrscheinlich zu der Bodenbildungsphase gehört, deren Relikte in weiter Verbreitung aufgefunden wurde (s. a. Kap. 5.1, 5.2, 5.3). Diese Böden stehen einmal in Verbindung mit den weiten Schuttschleppen, wo sie noch erhalten sind, und andererseits mit dem Oberterrassenmaterial, das selbst auch diese „Braunverwitterung" aufweist. Die zeitliche Stellung dieser Relikte konnte bisher jedoch nicht genauer umrissen werden; sie sind den Indizien nach als postoberterrassenzeitliche Bildungen anzusprechen.

Der Lehm wirkt stark hygroskopisch durch Salzanreicherung, die man schon mit bloßem Auge erkennen kann. Es handelt sich des bitteren Geschmacks wegen wahrscheinlich um Magnesiumsalze, die sich an den Bruchflächen des polyedrisch zerbröckelnden Lehms niedergeschlagen haben. Der Boden ist mit salzhaltigen Lösungen in Verbindung gekommen, die bei wechselnder Durchfeuchtung und Wiederaustrocknung auskristallisieren und sich anreichern konnten. Diese dispers verteilte enorme Versalzung konnte bei keinem anderen Sediment auf der Fläche festgestellt werden.

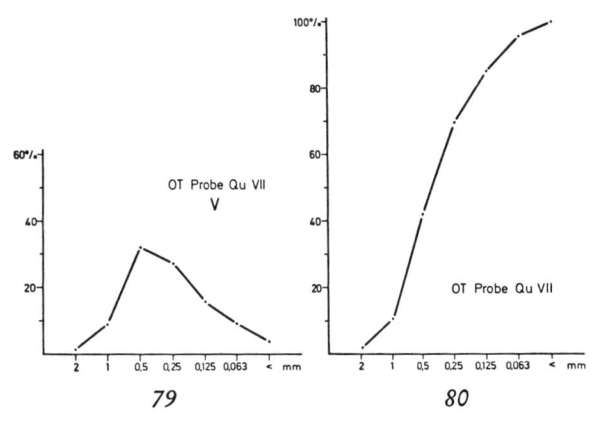

Diagr. 79, 80 Korngrößenverteilung und Summenkurve des dunkelbraunen Bodens auf der Sandschwemmebene bei Bardai.

8. Vergleiche der Korngrößen der Materialien

(Diagr. 81 bis 114)

Ein Vergleich der Korngrößenverteilungskurven untereinander und zum gegebenen Ausgangsmaterial macht deutlich, wie die Zerfallsprodukte durch die Transport- und Akkumulationsprozesse differenziert werden. Das Vergleichsverfahren erbringt daher wertvolle Aussagen zum Prozeßgefüge der Flächenbildung.

Zwei Kornverteilungskurven werden jeweils in einem Diagramm gegenübergestellt und erläutert. Der Verlauf der Kurven macht sichtbar und meßbar, in welcher Weise die Prozesse verteilend, akkumulierend und transportierend auf die Zerfallsprodukte wirken.

8.1 Ausgangsmaterial und Sedimente der Sandschwemmebene

Da die gesamte Fläche bis auf die im unteren Teil zu findenden Reste der Oberterrassenschotter ausschließlich von Verwitterungsprodukten des Sandsteins bedeckt ist, soll das Ausgangsmaterial mit dem rezenten Material auf der Fläche verglichen werden.

In Diagr. I stellt Kurve 2 den Durchschnitt aller Proben sowohl des Feinmaterials als auch des äolischen und transportierten Grobmaterials dar. Kurve 1 dagegen die durchschnittliche Kornverteilung im anstehenden Sandstein. Die allgemeine Verkleinerung der Korngrößen wird deutlich. Während im Ausgangsmaterial noch nahezu die Hälfte aller Kornanteile über 2 mm Durchmesser haben, verringert sich dieser Anteil im rezenten Material der Sandschwemmebene um mehr als 30 % auf 11 %. Bei der Korngröße 1 mm ist ebenfalls noch ein erheblicher Schwund festzustellen, während die 0,5 mm Größe ihren Anteil genau beibehalten kann. Dagegen nimmt in Kurve 2 besonders der Anteil im Mittel- und Feinsandbereich zu, also die Korngrößen zwischen 0,5 und 0,063 mm. Der Anteil des schluffig-tonigen Materials unter 0,063 mm steigt nicht bedeutend, aber immerhin um das Doppelte auf 2 % an.

Der Schwund der groben Korngrößen und die Zunahme der feinen Sedimentanteile liegt — das wird weiter unten (s. Kap. 9.2) noch bewiesen — an dem auf der Fläche Absedimentieren der feinen Korngrößen unter 0,5 mm und am Abtransport der groben Bestandteile über 0,5 mm zum Vorfluter. Die allgemeine Verfeinerung des Materials auf der Fläche ist ein Produkt der Prozesse, die die groben Fraktionen abtransportieren und die feinen akkumulieren. Ein weiterer verstärkender Faktor ist zweifellos die Beimischung des stark verwitterten Schuttmaterials, das vor der Stufe flächenhaft abgetragen wird.

In Diagr. II, VI, VII, XII wird gezeigt, in welchem Maß die Korngrößen in den einzelnen Schichten im Vergleich zum Ausgangsmaterial angereichert werden. Kurve 1 stellt jeweils die Durchschnittsverteilung im Ausgangsmaterial, Kurve 2 das der spezifischen Schicht auf der Sandschwemmebene dar. Es zeigt sich schon hier, daß die Korngrößen in ganz charakteristischer Weise verteilt sind. Die gröberen Korngrößen liegen angereichert im transportierten, die feineren in der Feinmaterialschicht, während die Korngrößen um 0,25 mm im besonderen Maße im äolischen Material angereichert werden.

Diagr. XII stellt den Vergleich zwischen Ausgangs- und Verwitterungsschuttmaterial am Stufensaum dar. Die Verwitterung produziert ganz überwiegend Korngrößen im Mittelsandbereich um 0,25 mm; kleinere Korngrößen werden kaum ausgebildet und die tonig-schluffige Fraktion erreicht schon keine größeren Anteile mehr als im Ausgangsmaterial.

8.2 Vergleiche der Sedimente auf der Sandschwemmebene

Die Differentiation der Materialien wird an Hand der Vergleiche der Proben untereinander und zur Durchschnittsverteilung der Korngrößen im gesamten rezenten Material auf der Sandschwemmebene noch deutlicher.

In den Diagrammen III, IV, VIII, XI werden die einzelnen Materialien dem Durchschnitt der Korngrößen des gesamten rezenten Materials gegenübergestellt. Das sog. transportierte Material (Diagr. III) setzt sich aus den im Schwemmvorgang transportierten Korngrößen über 2 und 1 mm und einem erheblichen Anteil äolisch eingewehter Korngrößen zusammen, wie weiter unten in Kap. 9.2 bewiesen wird. Trotz der Beimischung feinerer Korngrößen durch die Flugsande zeigt die Gegenüberstellung der Kurven, daß das transportierte Material eine weitaus gröbere Zusammensetzung aufweist als der Durchschnitt aller Materialien; es ist das absolut gröbste Sediment auf der Fläche.

Diagr. IV stellt den Durchschnitt im Vergleich mit der Feinmaterialschicht dar. Charakteristisch ist die kontinuierlich abnehmende Kurve des Feinmaterials ab 0,25 mm aufwärts. Die in diesem Bereich fehlenden Korngrößen werden nahezu gleichmäßig den Korngrößenklassen 0,125 und 0,063 mm zugeschlagen, während der kleinsten Korngröße nur 2 % zufallen. Durch die Gegenüberstellung der Kurven erweist sich dieses Sediment als das absolut feinste auf der Fläche.

Im Vergleich mit dem äolischen Material (Diagr. VIII) wird deutlich, daß die Windtätigkeit die Korngrößen im Mittelsandbereich selektiv herauspräpariert: die Prozentanteile der Korngrößen über 0,5 mm sind mit 2 % nicht nennenswert, wie auch die Größen unter 0,125 mm, die noch unter dem Durchschnitt der Normalverteilung liegen. Die Korngrößenklasse 0,25 mm nimmt mit 46 % den weit überragenden Platz ein.

Vergleiche der Korngrößenverteilung:

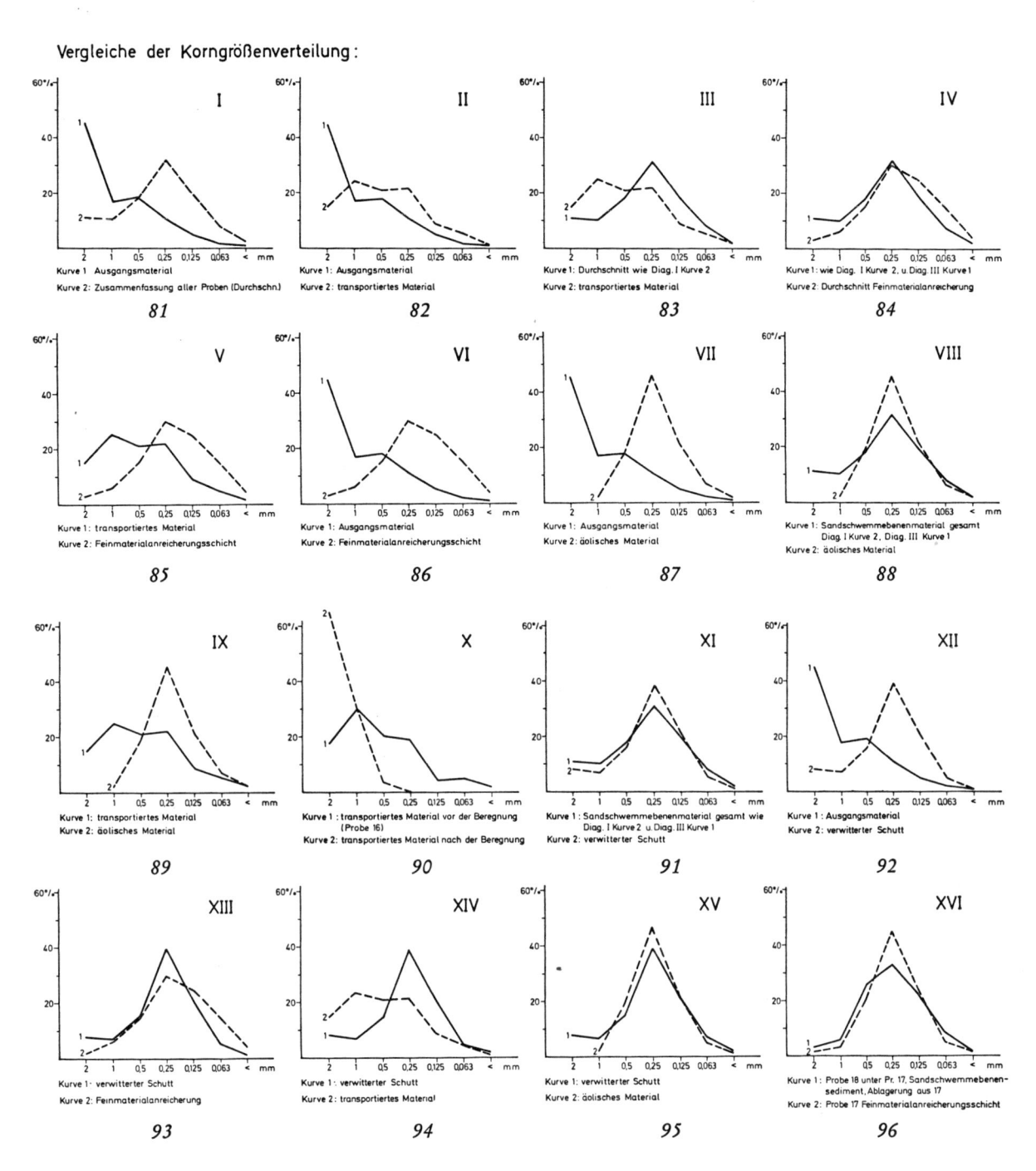

Diagr. 81 bis 96 Vergleiche der Korngrößenverteilungen der Sedimente auf der Sandschwemmebene von Bardai.

Das stark verwitterte Schuttmaterial (Diagr. XI) zeigt einen sehr ähnlichen Kurvenverlauf wie der des allgemeinen Durchschnitts. Der Schutt beinhaltet lediglich weniger grobe Bestandteile über 0,5 mm und etwas weniger feinere Korngrößen unter 0,125 mm Durchmesser. Dadurch erhält die Fraktion 0,25 mm einen besonderen Zuschlag, der über der Normalverteilung liegt. Die Verwitterung vermag also sowohl den Scherbenschutt zu zerlegen, als auch erheblich im Vergleich zum Ausgangsmaterial (Diagr. XII) zu zerkleinern. Der Vergleich der Kurven macht außerdem deutlich, daß die Verwitterungsprodukte des Scherbenschutts insgesamt schon feinkörniger ausfallen als die rezenten flächenbedeckenden Sedimente.

Der Schutt kann also nicht Lieferhorizont für diese Sedimente sein; das Material kann nur aus dem Hinterland stammen. Die Sedimente der Sandschwemmebene gehen aus dem anstehenden Sandstein und seiner nur

55

Vergleiche der Summenkurven:

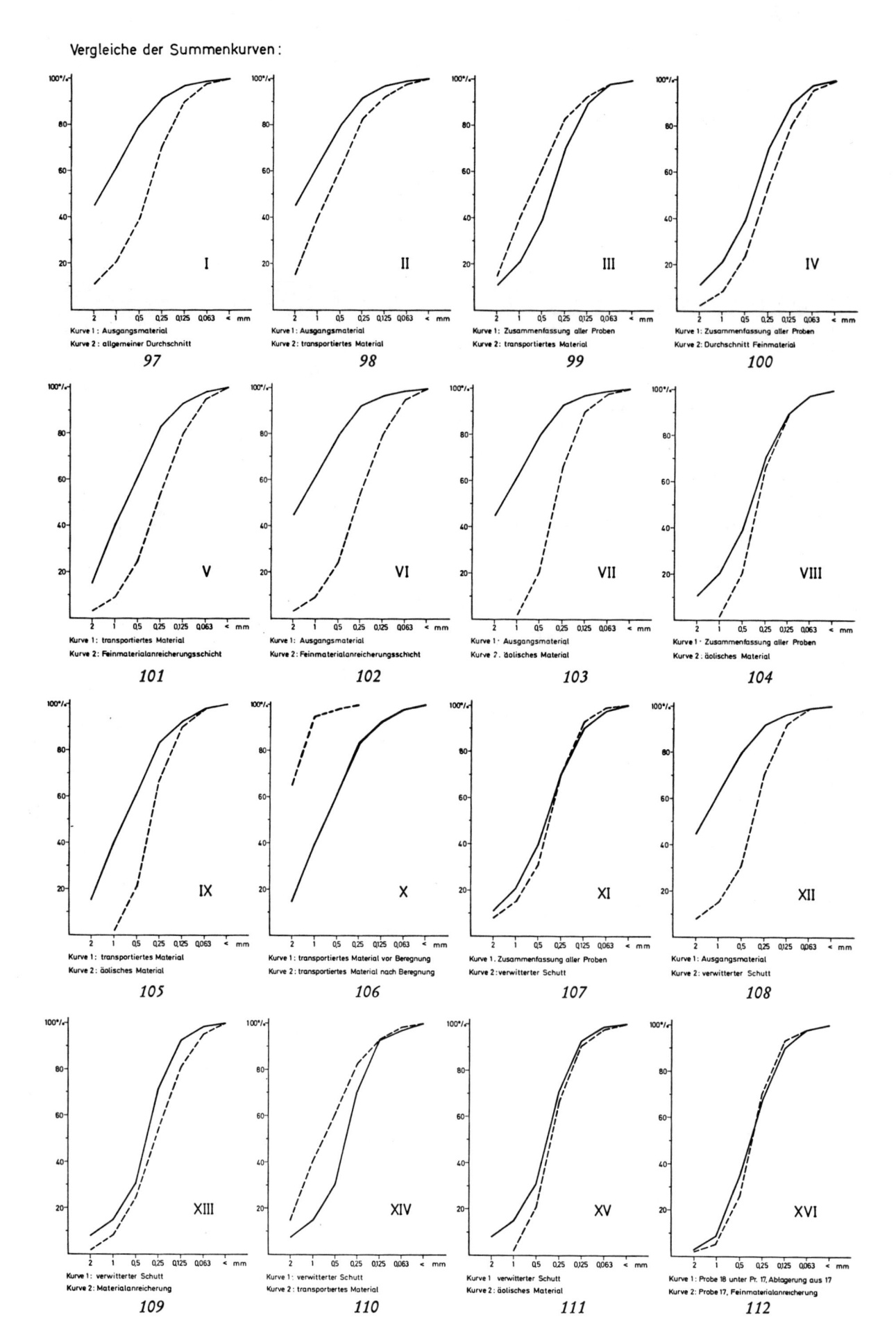

I	II	III	IV
Kurve 1: Ausgangsmaterial	Kurve 1: Ausgangsmaterial	Kurve 1: Zusammenfassung aller Proben	Kurve 1: Zusammenfassung aller Proben
Kurve 2: allgemeiner Durchschnitt	Kurve 2: transportiertes Material	Kurve 2: transportiertes Material	Kurve 2: Durchschnitt Feinmaterial
97	98	99	100
V	VI	VII	VIII
Kurve 1: transportiertes Material	Kurve 1: Ausgangsmaterial	Kurve 1: Ausgangsmaterial	Kurve 1: Zusammenfassung aller Proben
Kurve 2: Feinmaterialanreicherungsschicht	Kurve 2: Feinmaterialanreicherungsschicht	Kurve 2: äolisches Material	Kurve 2: äolisches Material
101	102	103	104
IX	X	XI	XII
Kurve 1: transportiertes Material	Kurve 1: transportiertes Material vor Beregnung	Kurve 1: Zusammenfassung aller Proben	Kurve 1: Ausgangsmaterial
Kurve 2: äolisches Material	Kurve 2: transportiertes Material nach Beregnung	Kurve 2: verwitterter Schutt	Kurve 2: verwitterter Schutt
105	106	107	108
XIII	XIV	XV	XVI
Kurve 1: verwitterter Schutt	Kurve 1: verwitterter Schutt	Kurve 1: verwitterter Schutt	Kurve 1: Probe 18 unter Pr. 17, Ablagerung aus 17
Kurve 2: Materialanreicherung	Kurve 2: transportiertes Material	Kurve 2: äolisches Material	Kurve 2: Probe 17, Feinmaterialanreicherung
109	110	111	112

Diagr. 97 bis 112   Vergleiche der Summenkurven der Korngrößen der Sedimente auf der Sandschwemmebene von Bardai.

angewitterten Schuttreste auf der nächst höheren Fläche über der Stufe hervor. Daher wurden die weiter oben in der Diagrammreihe (5 bis 16) zusammengefaßten Sandsteine und deren Grusvarietäten als Bezugspunkt „Ausgangsmaterial" für die Vergleiche bestimmt.
Die Diagr. V, IX, XIII bis XV zeigen die Beziehungen der Materialien untereinander. Die charakteristische selektive Unterbringung des Ausgangsmaterials in die verschiedenen Schichten wird deutlich. In Diagr. V und IX wird das transportierte Material einmal mit dem darunter liegenden Feinmaterial und zum anderen mit dem äolischen Material verglichen. Die Korngrößen über 0,5 mm werden oberflächlich angereichert, die feineren im Untergrund und die mittleren in den äolischen Akkumulationen.
In den Diagr. XIII bis XV wird jeweils der Verwitterungsschutt den verschiedenen an der Oberfläche liegenden Sedimenten gegenübergestellt. Die Feinmaterialschicht zeichnet sich besonders durch höhere Werte im Korngrößenbereich unter 0,25 mm aus, während das transportierte Material bis auf die kleinste Korngröße sehr viel gröber ausfällt. Das äolische Material zeigt insgesamt einen ähnlichen Verlauf wie der Verwitterungsschutt, es fehlen ihm lediglich die groben Komponenten über 0,5 mm, dafür weist es einen geringfügig höheren Anteil an feinen Korngrößen unter 0,125 mm auf. Die Korngrößen aus dem Schuttmaterial verteilen sich auf der Ebene, sie machen sich aber nur bei der allgemeinen Verkleinerung der Korngrößen auf der Fläche bemerkbar, vor allem durch den hohen Lieferanteil der 0,25 mm Größe. Die Beeinflussung ist aber so gering, daß sie nicht meßbar hervortritt.
Stellt man die durchschnittliche Verteilung der Korngrößen der Sandschwemmebenenmaterialien in einem Diagramm (113, 114) zusammen, so wird die Differenzierung noch einmal verdeutlicht. Die allgemeine Verkleinerung und vor allem die charakteristische Verteilung der Korngrößen in den verschiedenen Sedimenten kann besonders gut an der Zusammenstellung der Summenkurven abgelesen werden. Die Korngrößenklasse zwischen 1 und 0,5 mm Durchmesser erweist sich als die konstanteste Korngröße, sie bleibt mit nahezu gleichmäßigem Anteil sowohl im Ausgangsmaterial als auch in allen anderen Sedimenten erhalten. Sie nimmt an allen Prozessen gleichmäßig teil und ist somit in allen Vorgängen die stabilste Korngröße. Die gröberen Fraktionen werden durch die Prozesse an der Oberfläche angereichert und fluviatil abtransportiert. Die kleineren Korngrößen werden durch Niederschläge episodisch akkumuliert und z. T. in den langen Trockenzeiten durch den Wind auf der Fläche bewegt.

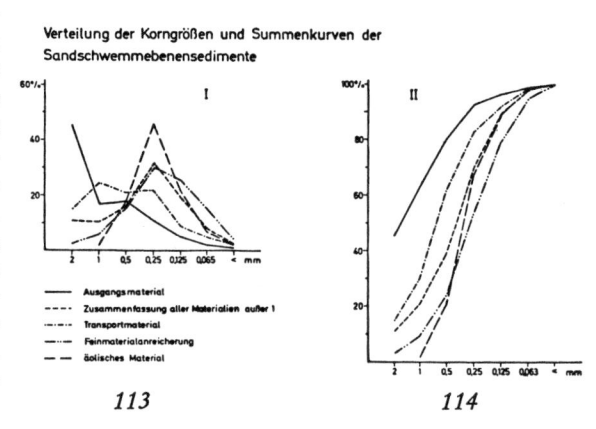

Diagr. 113, 114 Korngrößenverteilung (Durchschnitt) und Summenkurven des Ausgangsmaterials und der Sedimente auf der Sandschwemmebene von Bardai.

9. Die Beregnungsversuche und ihre Ereignisse

Wie wir im vorangegangenen Kapitel festgestellt haben, muß der Niederschlag in ganz bestimmter Weise differenzierend auf die Korngrößen, ihre Akkumulation und ihren Transport wirken. Da diese Prozesse in der Natur nur sehr selten beobachtet werden können, wurde auf der Sandschwemmebene von Bardai eine 14tägige Untersuchungsreihe mit Beregnungsversuchen durchgeführt.
Zu diesem Zweck wurden an der Station jeweils zwei 200-Liter-Fässer mit Wasser gefüllt und auf die Ebene transportiert. Mit einer feinstrahligen Gießkanne wurden abgeteilte Quadratmeter auf der Fläche mit genau eingeteilten Wassermengen in bestimmten Zeiteinheiten möglichst gleichmäßig beregnet. Es wurde beobachtet, wie sich der Untergrund bei Niederschlagsaufnahme verhält und es wurden folgende Messungen durchgeführt:

a) Die Menge der Wasseraufnahme, die notwendig ist, das Oberflächenmaterial fließfähig zu machen,

b) das Korngrößenspektrum des transportierten Materials vor und nach der Beregnung,

c) die Durchfeuchtungstiefe bei bestimmten Regenmengen,

d) der Temperaturgang im „Boden" vor und nach der Beregnung,

e) die Dauer der Durchfeuchtung des „Bodens" bei bestimmten Regenmengen.

Zur Klärung der Punkte d) und e) wurden Bodenthermometer in verschiedene Tiefen versenkt und die Temperaturen sowohl vor als auch nach den Beregnungen in verschiedenen Zeitabständen gemessen.

9.1 Die Beregnung der herausragenden Teile der Ebene und ihre Folgen (s. Abb. 7)

Die aus der Fläche herausragenden flachen stromlinienartigen Körper sind einheitlich mit einer „Tonhaut" überzogen, die punktuell vom stark verwitterten unterlagernden Material durchstoßen wird (Abb. 24). Wenn diese Flächen beregnet werden, so fließt das Wasser sofort ab. Die Oberfläche ist mit Trockenstaub durch die äolische Aufrauhung der Tonhaut bedeckt. Die ersten auftreffenden Tropfen nehmen diesen Staub wie eine Haut auf und rollen dann in Gefällerichtung ab. Das Niederschlagswasser reagiert also wie auf einer frisch gewachsten und polierten Fläche: es läuft ab, der Untergrund nimmt erst langsam in den obersten Millimetern Feuchtigkeit an.

Mit zunehmender Durchfeuchtung der Tonhaut verfestigt sich das Material; die im trockenen Zustand leicht verbackene, bröckelig zerbrechende Schicht wird sehr fest und dicht. Sie bricht nicht mehr, sondern wird zäh, so daß sich größere Platten ohne weiteres vom Untergrund ablösen lassen. Auch bei längerer Beregnung verbleibt das Material in diesem Zustand; das gesamte Wasser fließt nach wie vor ab und spült die durch die Verwitterung an der Oberfläche angesammelten gröberen Partikel zur Fläche hin ab.

Nur nach mehrfacher Wiederholung des Beregnungsvorgangs auf die feuchte Feinmaterialschicht gelang es, sie so durchzufeuchten, daß sie langsam Wasser an den Untergrund abgab. Es ist eine kriechende Anlagerung von Wasserpartikeln, keine Durchtränkung des Materials. Die Tonhaut wirkt wie ein dichter Filter, der das Eindringen des Niederschlags verhindert. Bei andauernder Wasserzufuhr werden die obersten Millimeter der Tonhaut so aufgeschwemmt, daß sie nach und nach abgespült werden. Dazu ist allerdings eine andauernde intensive oder dauernd wiederholte intensive Schüttung notwendig, wie sie in der Natur nicht vorkommt.

Der Versuch, die nur 2 cm mächtige Schicht gänzlich aufzulösen, zeigte, daß dazu ein solches Maß an Feuchtigkeit notwendig ist, wie sie auch die Sturzniederschläge in diesem Raum nicht erbringen. Es wurde mit einer Intensität von 10, 20 und 30 mm/30 min. beregnet, ohne daß eine wesentliche Abschwemmung der Tonhaut stattgefunden hätte. Die dünne Feinmaterialschicht kann nur durch andauernde Feuchtigkeit im Boden und zusätzlicher Niederschlagstätigkeit zerstört werden, so, wie es in unseren Breiten gegeben wäre; sie ist unter ariden Verhältnissen stabil und wirkt daher als formerhaltendes Element.

Die Feinmaterialschicht nimmt nur sehr langsam Feuchtigkeit auf, sie zwingt als Stauschicht die Niederschläge zum Ablaufen. Die Ursachen des Staueffekts liegen einmal in der geradezu wasserabstoßenden Wirkung des trockenen lufterfüllten (Schaumboden) Sediments und zum zweiten in der Quellfähigkeit des Materials: die Schicht nimmt nur im Maße des Quellens der feinen Bestandteile Wasser auf, sie wird dadurch dichter und fester, erhält also die wasserabweisende Wirkung. Die Dichtigkeit des Materials bedingt auch einen fest klebenden Zusammenhalt der einzelnen Partikel, so daß die Niederschläge nicht in der Lage sind, das Material rasch aufzulösen und abzuschwemmen.

Durch die Dichte des Sediments wird ebenfalls die nur sehr zögernde Abgabe von Feuchtigkeit an den Untergrund hervorgerufen. Dieser Effekt steht im direkten Gegensatz zur Niederschlagsart. Die Fähigkeit zur Aufnahme von Wasser ist durch das dichte Medium a) nur gering und erlaubt b) nur bei größerer Niederschlagsdauer ein langsames Eindringen der Feuchte. Beides steht im direkten Gegensatz zu den meist sehr heftigen, kurzzeitig abkommenden Niederschlägen. Daher steht die Regenmenge nahezu vollständig zum oberflächlichen Abfluß zur Verfügung; das Wasser wirkt spülend über der Stauschicht, weil in kurzen Zeiteinheiten genügend ergiebige Mengen zur Verfügung stehen. Die Spülung und die damit verbundene Abtragung des herausgewitterten Materials ist Produkt der Reaktion der trockenen Feinmaterialschicht auf Sturzniederschläge. Die Rücken werden langsam ohne Veränderung der Form zu sich selbst durch Abspülen des herausgewitterten Materials und Nachsacken der Feinmaterialschicht tiefergelegt, bis sie sich dem Niveau der Fläche angepaßt haben.

Die im trockenen Zustand auftretenden Kleinpolygone der Feinmaterialschicht wirken nicht etwa erosionsfördernd durch die Zwischenräume, die das abkommende Wasser vorfindet, sondern eher erosionshemmend. Die zuerst abrollenden Wässer werden mit ihrer Staubladung im Netz der „Kontraktionsklüfte" aufgefangen und immer wieder abgelenkt, d. h. das Fließen wird unterbrochen, der Vorgang wird gehemmt. Die Schicht ist daher auch schon kurz nach der Beregnung durch Auffüllen der Klüfte und Quellen des Materials einheitlich geschlossen, die Wässer können nicht mehr eindringen.

9.2 Die Beregnung der flächenbedeckenden Sedimente

Auf der mit einem lockeren Gemisch gröberer Korngrößen bedeckten Fläche kommt das Niederschlagswasser bei Beregnung nicht gleich ab, sondern es wird vom Material schwammartig aufgenommen. Die Wässer sickern in den Hohlraum zwischen den einzelnen Körnern ein und verteilen sich zunächst im Material, ohne daß ein Abkommen beobachtet werden kann. Dabei sackt das Material merklich zusammen.

Bei fortlaufender Beregnung setzt plötzlich ein ruckartiger Bewegungsvorgang des Grobmaterials ein. Es ist kein kontinuierliches Fließen, sondern ein partielles Hangabwärtsschwemmen eines Teils der Schicht, und zwar nur um wenige Zentimeter. Je nach Mächtigkeit der Schicht nimmt das Grobmaterial eine gewisse Menge Wasser auf, bis es plötzlich in den Transportvorgang einbezogen wird; je nach Dauer und Intensität der Beregnung wiederholt sich dieser Transportvorgang.

Beregnet man vorsichtig mit geringer Wassermenge, so sickert das Wasser im Hohlraum zwischen den Körnern hangab und staut sich erst langsam zu der Menge auf, die das Material dann plötzlich transportbereit macht. Beregnet man dagegen heftig mit großer Wassermenge, so tritt der Schwemmvorgang nahezu gleichzeitig mit der Beregnung ein.

Der Vorgang kann genau beobachtet werden: bei Beginn der Beregnung sickert das Wasser in die Schicht ein, verteilt sich im Material und fließt dann in der Schicht der Gefällerichtung nach weiter. Das Fließen wird durch den Widerstand der Körner stark behindert, so daß es nicht zu einem echten Fließen, sondern eher zu einem Durchsickern kommt. Wird andauernd Wasser zugeführt, so wird es im Sediment gespeichert. Sobald die Grenze der Aufnahmefähigkeit in einem Teil der Schicht erreicht ist, setzt sie sich ein paar Zentimeter in Bewegung und wird gleich wieder abgelagert.

Bei noch größerer Wasserzufuhr wird soviel Feuchtigkeit gestaut, daß der Wasserstand die Mächtigkeit der Schicht übertrifft, so daß es zu plötzlichen Schwemmvorgängen an der Oberfläche kommt. Zunächst werden die zahlreichen Spuren im Grobmaterial, die durch Begehung und Befahrung hervorgerufen wurden, durch Schüttung ausgeglichen. Erst allmählich setzt sich ein Schwemmvorgang durch, der die obersten Schichten durch den Fließvorgang des überlaufenden Wassers schneller bewegt als das unterlagernde Material. Tritt das Wasser in Form eines Films auf der ganzen Fläche über dem Grobmaterial auf, so ist die ganze Ebene in dauernder Bewegung. Das Wasser läuft schneller ab als der Materialtransport folgt, so daß nach wie vor kein kontinuierlicher, sondern ein schubweiser Abtransport dort geschieht, wo gerade genügend Wasser vorhanden ist.

Wir können also zwei Transportvorgänge unterscheiden:

a) Das bei geringeren Wassermengen durch Stau hervorgerufene Versetzen des Materials, und

b) die zusätzliche und schnellere Bewegung der oberflächennahen Schichten bei großen Wassermengen, die durch ein filmhaftes Überfließen der Fläche hervorgerufen wird.

Beide Bewegungen sind nur dadurch möglich, daß der Niederschlag gestaut wird. Der Stauvorgang wird wie auf den herausragenden Teilen der Fläche durch die unterlagernde Feinmaterialschicht hervorgerufen. Sobald die nötige Wassermenge durch den Staueffekt angereichert ist, kann das Material bewegt werden.

Der unter a) beschriebene Schwemmvorgang wird mehr durch den Auftrieb der gestauten Wässer hervorgerufen, während der Transportvorgang unter b) durch das Fließen der Stauwässer in Gefällerichtung bedingt ist.

In einer Versuchsreihe gelang es, die Menge Wasser zu errechnen, die notwendig ist, das Grobmaterial schwemmfähig zu machen. Ein abgestecktes Versuchsfeld wurde ausgewählt, das eine durchschnittlich 10 cm mächtige Bedeckung von Grobmaterial und ein Gefälle von 2,3 % aufwies. Die Fläche wurde mit 15facher Wiederholung beregnet und jeweils kurz vor und während des Schwemmvorgangs Proben entnommen. Die Proben wurden im feuchten Zustand und nach gründlicher Austrocknung gewogen. Der Gewichtsverlust gibt dann die Wassermenge an, die die Probe enthalten hat. Es ergab sich im Durchschnitt eine Wasseraufnahme von 90 g/1000 g Material bei den Proben, die während des Schwemmvorgangs entnommen wurden; bei 65 g/1000 g blieb das Material ortsfest. Der Transportvorgang setzt also bei einer Schicht mit den gegebenen Korngrößen (s. Diagr. 17), der genannten Neigung und einer Mächtigkeit von 10 cm zwischen diesen beiden Grenzwerten ein.

Um daraus die notwendige Niederschlagsmenge zu errechnen, die den Transport verursacht, muß das spez. Gewicht des Schwemmaterials bekannt sein. Da das Grobmaterial ein lockeres Gemisch aus Quarzkörnern darstellt, wurde ein spez. Gewicht von 2 angenommen. Bei den gegebenen Faktoren (Korngröße, Mächtigkeit, Gefälle) ergibt sich nach folgender Rechnung der Niederschlagswert, der ohne Wasserzufuhr aus dem Hinterland notwendig wäre, um das Material zu bewegen: bei 10 cm Mächtigkeit wiegt ein Ausschnitt von 100 cm^2 bei einem spez. Gewicht von 2—2000 g. Da ein Kilogramm des Materials bei 90 g Wasseraufnahme transportiert wird, sind bei 2 kg/100 cm^2 180 g Wasserzufuhr notwendig. Ein Niederschlag von 1 mm erbringt 1 Liter Wasser/m^2. Es ist also ein Niederschlag von 18 mm notwendig, um das Material zu transportieren. Bei einer Wassermenge von 13 mm Niederschlag bleibt das Material ortsfest.

Die Sandschwemmebene hat ein zusätzliches Einzugsgebiet für Niederschlagswasser von etwa 0,6 km^2. Wird dieser Wasserzuschuß mitverrechnet, so ergibt sich bei einem Niederschlag von 10 mm, 6 Mio. Liter Wasser, das der Sandschwemmebene zugeführt wird. Diese Menge ist etwa 8 mm Niederschlag auf der Fläche äquivalent, so daß wir eine Gesamtwassermenge von 18 mm Niederschlag summieren können, die der Ebene zur Verfügung steht. Nimmt man einen Niederschlag von etwa 7 mm/h an, der häufig beobachtet wurde (s. Kap. 4.1), so würde der Ebene insgesamt eine Wassermenge von etwa 12,5 mm Niederschlag zur Verfügung stehen, der nach den Beobachtungen GAVRILOVICs für ein flächenhaftes Abkommen ausreicht.

Offenbar ist es die Flutwelle der gesammelten Wässer aus dem Hinterland, die das plötzliche Überfließen der Fläche hervorruft. Die zusätzlichen Wässer werden der Fläche nicht kontinuierlich zugeführt, wie in der Rechnung angenommen, sondern nach der Zeit der Sammlung in den Schluchten des Stufenbereichs mit einer plötzlichen Flutwelle, die mit erheblicher Energie aus den Schluchten auf die Fläche schießt. Diese plötzlich erhöhte Zufuhr aus dem Hinterland erlaubt es, in kurzer Zeit die notwendigen Wassermengen aufzustauen, die ein Überfließen gewährleisten. Das Grobmaterial würde ohne Wasserzufuhr aus dem Hinterland auch bei den heftigen Niederschlägen von 7 mm/h nicht verschwemmt werden, wenn nicht Zulieferung aus einem aufragenden Einzugsgebiet stattfinden würde.

Die Rechnung hat die Verluste der Niederschläge, die z. B. durch Haft- und Sickerwässer hervorgerufen werden, nicht berücksichtigt. Da diese Faktoren nicht sehr gewichtig sein werden, weil es sich um das nahezu nackte Anstehende handelt, genügt ein Niederschlag von 7 mm/h für den Abfluß. Die Bedeutung des hoch aufragenden Hinterlandes für die Schwemmvorgänge in Stufennähe wird deutlich; die charakteristische Lage der Sandschwemmebenen im Saumbereich der Stufen wird geklärt.

Die in den Schluchten des Stufenbereichs abschießenden Wässer (die Schluchtböden sind ausgekolkt, es fehlt jede Lockermaterialbedeckung) halten die Ebenen flach, da sie mit überschüssiger Energie in den steilen Schluchten zusammengefaßt die Stufe erreichen, also bis zu dieser Stelle erosive Arbeit leisten können. Diese überschüssige Energie wird beim Auftreffen auf die Fläche durch die dort lagernden Lockermaterialien verbraucht.

Diese fangen das Wasser auf und verteilen es durch Stau flächenhaft. Die Lockermaterialien selbst können sich aber nicht anhäufen, sie werden durch den Stau- und Schwemmvorgang der kombinierten Wässer, die auf der Fläche angesammelt und durch das Hinterland vermehrt wurden, hangabwärts transportiert.

Je nach Kraft der abkommenden Wässer, die durch die Größe des Einzugsgebiets der Schluchten bestimmt wird, kann durch stufenparallele Ablenkung eine Randfurche entstehen oder gar die Schluchtzerschneidung der Ebene, wie die Schluchten, die die Fläche zerschneiden, beweisen. Die Gerinne im Osten und Westen der Ebene haben einen Einzugsbereich von nur 1 km², sind aber in der Lage, die Fläche zu durchteufen, während die Schluchten mit 0,6 km² Einzugsbereich ohne Einschneidung auf die Fläche entwässern. Die Labilität der Form Sandschwemmebene wird hier deutlich. Das vorgegebene Relief in Verbindung mit dem Faktor Niederschlag erlaubt die Anlage von Sandschwemmebenen in dieser Höhenstufe des Gebirges nur auf den zerschnittenen Altflächen, die nicht von Gerinnen mit mehr als 1 km² Einzugsbereich berührt werden; es wird klar, daß die Ebenen Typformen des Gebirgsrandbereichs sind, wo eingeschnittene Vorfluter fehlen und die Gerinne im Niveau der Altflächen liegen.

Die enorme Erosionsleistung selbst kleinster Gerinne beweist andererseits, daß die Niederschläge konzentriert fallen müssen. Die Steilheit des stufennahen Reliefs wird durch die Kraft der spülenden und erodierenden Wässer der Sturzregen hervorgerufen. Außerdem fallen die Regen auf einen wasserabweisenden Untergrund, so daß die Gesamtregenmenge zum Abfluß bereitgestellt wird, ein weiterer verstärkender Faktor für die Spülung.

Die Siebanalyse von Proben des Grobmaterials, die an gleicher Stelle, sowohl im trockenen Zustand als auch nach der Beregnung entnommen wurden, erbrachte einige morphologisch wichtige Ergebnisse. In Diagr. 90 und 106 zeigt Kurve 1 die Korngrößenverteilung im Grobmaterial vor der Beregnung: ein ausgeprägtes Maximum in den Fraktionen über 1 mm Durchmesser, die Korngrößen über 2, 0,5 und 0,25 mm weisen in etwa die gleichen Werte auf, während die noch feineren Fraktionen nur geringe Gewichtsanteile verbuchen können.

Kurve 2 stellt die Verteilung der Korngrößen nach der Beregnung dar. Die Probe wurde ortsgleich und wie bei Kurve 1 durch Abheben der oberen 5 cm des flächenbedeckenden Grobmaterials entnommen. Das frisch beregnete Substrat enthält mit 95 % am Gesamtgewicht der Probe Körner mit über 1 mm Durchmesser, allein die Fraktion über 2 mm erreicht ein Maximum mit 65 %, wobei es sich ausschließlich um Körner im Feinkiesbereich handelt. Nur ein noch kaum meßbarer Anteil fällt den Korngrößen unter 0,5 mm Durchmesser zu.

Die Beregnung verursacht also eine extreme Anreicherung der Fraktionen Grobsand und Feinkies in den oberen Zentimetern des Sediments; die feineren Korngrößen werden gleichzeitig in die unteren Zentimeter der Grobmaterialschicht verfrachtet und dort akkumuliert. Schon bei der Beobachtung des Beregnungsvorgangs zeigt sich, daß die kleineren Korngrößen bei der Versickerung des Regenwassers durch den Hohlraum des Lockersedimentes nach unten transportiert werden. Wird die Schicht gleich nach der Beregnung aufgegraben, so ist mit bloßem Auge zu erkennen, daß die feinsten Korngrößen am weitesten nach unten verfrachtet und daher der so benannten „Feinmaterialanreicherungsschicht" angelagert wurden, während nach oben zu die Korngrößen gröber werden bis zu der in Diagr. 90 und 106 Kurve 2 dargestellten Verteilung, die das absolut grobkörnigste Sediment repräsentiert. Das Sediment verdichtet sich durch die Beregnung und die dadurch hervorgerufene Vertikalbewegung der feineren Korngrößen von oben nach unten. Die Feinmaterialschicht wächst auf der ganzen Fläche durch Anreicherung der Korngrößen unter 0,5 mm an. Die Feuchtigkeitsaufnahme bewirkt bei dem durch Feinmaterialzuschuß verdichteten Sediment eine Verklebung der einzelnen Körner und damit eine Verbackung. Während der Austrocknung verhärtet sich die Feinmaterialschicht und bildet einen schaumbodenartigen Horizont, der bei der nächstfolgenden Beregnung eine wasserabweisende stauende Schicht hervorruft.

Dieser Vorgang ist Produkt der kurzen Schauer, die nicht von abflußbringender Stärke sind. Da nach der Beobachtung die Mehrzahl der Niederschläge nicht die Mengen Wasser einbringen, die zum Abfluß führen, ist dieser Vorgang von besonderer Bedeutung. Die episodischen Schauer sind weit häufiger als die Starkregen, die die zum Transport notwendigen Wassermengen liefern. Die Folge ist ein flächenhafter Sedimentationsvorgang der feineren Korngrößen, der die Anlage der Feinmaterialschicht verursacht, die ihrerseits den notwendigen Staueffekt erzeugt, der bei entsprechender Niederschlagsmenge den Transport möglich macht.

Wir haben also außer dem seltenen Vorgang der Bewegung des Grobmaterials in Gefällerichtung einen weitaus häufigeren Prozeß vertikaler Richtung, der die feineren Korngrößen der Feinmaterialanreicherungsschicht zuführt. Diese flächenhafte Sedimentation des Feinmaterials ist der z. Z. flächenerhaltende und z. T. -bildende Vorgang, während der Transport, wie die Befunde gezeigt haben, denudativ arbeitet, wobei die Form erhalten bleibt. Das durch die Niederschlagsart und -menge gesteuerte Gleichgewicht zwischen den beiden Vorgängen Sedimentation und Denudation ist Voraussetzung für die Existenz der Form Sandschwemmebene; die Niederschlagsart „Schauer" mit nicht abflußbringender Stärke ist der häufigere Faktor, der durch flächenhaftes Sedimentieren der feinen Korngrößen die Form erhält, die selteneren Niederschläge mit abflußbringender Menge sind nicht in der Lage, die Form zu zerstören; sie verhindern aber ein dauerhaftes Akkumulieren des Materials im Stufenrandbereich und halten durch Verteilen, Transportieren und Abführen des flächenbedeckenden Materials die Form flach. Die Sandschwemmebenen sind Ausdrucksformen der Niederschlagsart „Schauer" sowie des Wechselspiels zwischen überwiegend zum Abfluß zu niedriger und den seltenen, abflußhervorrufenden Regenmengen.

Dieses Wechselspiel wird durch die Nachlieferung von Material aus dem Hinterland und durch die Lage der Ebene zum Vorfluter und dessen Einschneidungstiefe modifiziert. Wird zuwenig Material nachgeliefert, so können durch die erosive Kraft des abschießenden Wassers am Stufenrand Furchen entstehen. Würde im Gegensatz dazu zuviel Material nachgeliefert werden, so müßten am Stufenrand Sedimente angehäuft werden und zumindest Schwemmfächer mit größerem Gefälle als das der Sandschwemmebene entstehen. Da Formen dieser Art nicht beobachtet werden können, dagegen aber häufig die Ausbildung von Randfurchen, kann als gesichert angenommen werden (s. Kap. 5.3), daß die Nachlieferung von Material so gering ist, daß die Flächen gerade noch erhalten bleiben. Andererseits kann nur durch die Schluchtzerschneidung des höher aufragenden Geländes die Ebene sozusagen von oben her flach gehalten werden. Sandschwemmebenen sind daher Formen im Grenzbereich zwischen Flächenbildung und fluviatiler Zerschneidung; ihr außerordentlich geringes Gefälle ist Ausdruck dieser Grenzsituation.

Die Niederschläge von nicht abflußbringender Stärke bewirken eine flächenhafte Akkumulation des Feinmaterialinhalts in der obersten Schicht; die Folge ist eine Anreicherung der Fraktionen Grobsand und Feinkies an der Oberfläche. Bei diesem Vorgang werden dem Grobmaterial in den oberen Zentimetern etwa 45 % der Anteile durch Sedimentation entzogen; die gleiche Menge an Feinmaterial muß dem Sediment wieder zugeführt werden. Eine solche Auffüllung kann nur durch das äolische Material erfolgen. In den großen zeitlichen Abständen zwischen den episodischen Niederschlägen wirkt der Wind mit stetiger Kraft. Das häufig zu beobachtende Sandfegen verursacht, wie die vielen Windkanter (Abb. 24) beweisen, einen flächenhaften Transport des äolischen Materials. Das grobe Lockermaterial an der Oberfläche wirkt durch seinen Hohlraum als Kornfalle, die die feineren Fraktionen auffängt.

Diagr. 89 (s. o. S. 55) zeigt im Vergleich die Kurven des beregneten Grobmaterials und die durchschnittliche Verteilung der Korngrößen im äolischen Material. Es wird deutlich, daß vor allem die gröberen (0,5 mm) und feineren (0,063 und kleiner) Korngrößen aus dem äolischen Spektrum aufgefüllt werden, während die Fraktion 0,25 mm nur zum Teil zur Ablagerung kommt. Die Korngrößenverteilung in den Dünensanden (s. Diagr. 43 bis 54) zeigt, daß gerade die Größe 0,25 mm dort in besonderem Maße angereichert wird. Eine einfache Beobachtung klärt den Sachverhalt: es sind die beim Sandfegen, also bei starkem Wind, gleich über dem Boden transportierten größten, daher schwersten Körner (0,5 mm), die im Hohlraum des Grobsediments aufgefangen werden und der Staubniederschlag, der sich nach jeder Windtätigkeit langsam absetzt. Die mittleren Korngrößen im äolischen Spektrum werden vom Wind besonders gut aufgenommen und transportiert, sie werden daher zum großen Teil erst dort abgelagert, wo aus topographischen Gründen die Windgeschwindigkeit herabgesetzt wird.

Der Wind verursacht also ein flächenhaftes Akkumulieren vor allem der gröbsten und feinsten Korngrößen der äolischen Fracht; er ist damit gleichzeitig Lieferant der Fraktionen, die durch den oben beschriebenen Sedimentationsvorgang bei Niederschlägen von nicht abflußbringender Stärke in der Feinmaterialanreicherungsschicht abgelagert werden. Diese Nachlieferung an Material macht erst das niederschlagsbedingte Sedimentieren möglich. Der sich in großen Zeiteinheiten häufig wiederholende Vorgang der Windakkumulation und das vom episodischen Niederschlag abhängige und daher seltene, zeitlich eng begrenzte Sedimentieren durch Regen sind die beiden flächenaufbauenden Prozesse. Wind und Regen bedingen den Aufbau einer flächenbedeckenden Feinmaterialschicht, die morphologisch einen stabilen Charakter aufweist. Die Feinmaterialschicht ermöglicht durch den Staueffekt bei größeren Niederschlagsmengen den Transport des oberflächenbedeckenden Materials. Der Transportvorgang hat für die Flächenbildung aber nur modifizierenden Charakter; er vermag denudativ abzutragen, jedoch nicht formzerstörend wirken. Er hat keine verursachende Bedeutung für die Anlage der Flächen, sondern ist lediglich abhängiges, mitformendes Glied bei der Bildung von Sandschwemmebenen.

9.3 Die Bodentemperaturen bei trockenem und beregnetem Material

Zur Messung des Temperaturgangs im Boden wurden vor der Beregnung Bodenthermometer in der Oberfläche und jeweils in 5, 10, 15 und 20 cm Tiefe installiert. Es wurden die Ausgangstemperaturen im Boden und des Beregnungswassers gemessen und nach der Beregnung die Veränderung der Temperaturen in gewissen Zeitabständen aufgenommen.

Die Meßwerte der Bodentemperaturen in Bardai (in einem sandig-anlehmigen Material) zeigen in der obersten Schicht eine noch weitaus größere Tagesschwankung als die der Lufttemperatur (Maxima über 50° C sind häufig). Die Bodentemperaturen werden also wie die der Luft vom täglichen Strahlungsgang geprägt. Mit zunehmender Tiefe nimmt die Schwankung jedoch schnell ab, so daß sie in 20 cm Tiefe nur noch 1 bis 2° C und in 30 cm Tiefe knapp 0,7° C beträgt. Der trockene Boden hat nur eine sehr geringe Wärmeleitkapazität, so daß die an der Oberfläche entstehende Hitze nur zum geringen Teil und mit größter Verzögerung zur Tiefe hin abgegeben wird (s. a. HECKENDORFF, 1972, S. 129). Die Tab. 5 zeigt die an der Station gemessenen Monatsmittel der Bodentemperaturen in 0 und 30 cm Tiefe. Das Isoplethendiagramm Fig. 11 zeigt den täglichen Gang der Bodentemperaturen in Bardai (Station).

0 cm	21,1	23,7	29,2	33,4	35,3	37,4	37,1	38,2	36,3	32,1	26,6	22,8
30 cm	19,9	19,8	25,8	29,6	31,7	33,8	34,4	34,9	34,5	31,3	26,1	22,5

Tab. 5 Monatsmittel der Bodentemperaturen (in ° C) in Bardai.   nach HECKENDORFF (1972)

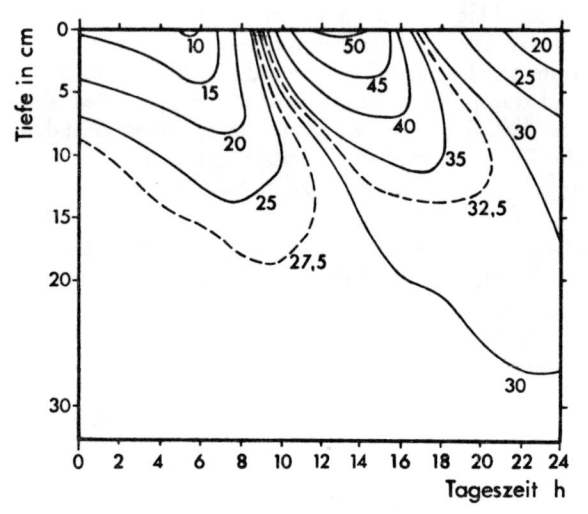

Fig. 11 Isoplethen der Bodentemperaturen von Bardai. Aufgenommen am 30. 10. 1966 (stündliche Messungen) nach HECKENDORFF (1972)

Nach der Beregnung (1 Min.) setzt sich dort, wo das meiste Wasser, nämlich an der Oberfläche, gestaut wird, die Temperatur des Gießwassers durch, mit zunehmender Tiefe und Zeit assimiliert sich Boden- und Wassertemperatur. Nach einer Minute hat das Wasser offenbar erst die obersten 5 cm des Bodens, die vom oben beschriebenen Lockermaterial gebildet werden, durchtränkt. Auch nach 20 Minuten macht sich die Temperaturveränderung unterhalb von 5 cm kaum bemerkbar. Die Feuchtigkeit dringt nur sehr langsam in die dort plötzlich einsetzende Feinmaterialschicht ein.

Ende April wurden im Material der Sandschwemmebene bei Bardai in den Morgenstunden zwischen 9.00 und 11.30 Uhr folgende Ausgangstemperaturen gemessen (s. Fig. 13): an der Oberfläche werden die höchsten Temperaturen zwischen 45° und 50° C erreicht. In 5 cm Tiefe beträgt die Temperatur schon nur noch 35° C und kühlt sich kontinuierlich bis auf 28° C in 20 cm Tiefe ab.

Bei der Beregnung mit 29° C warmem Wasser werden zunächst die obersten Schichten stark abgekühlt, aber schon nach 5 Minuten macht sich eine Ausgleichsbewegung bemerkbar, die sich mit zunehmender Zeit durchsetzt und ein ausgeglichenes Temperaturgefälle schafft (Oberfläche etwa 35° C, 20 cm Tiefe 28° C). Nach 90 Minuten ist das Maximum des Temperaturausgleichs erreicht (s. Fig. 12, 13).

Die Sickergeschwindigkeit des Wassers im Boden ist am Verlauf der Temperaturkurven gut zu beobachten.

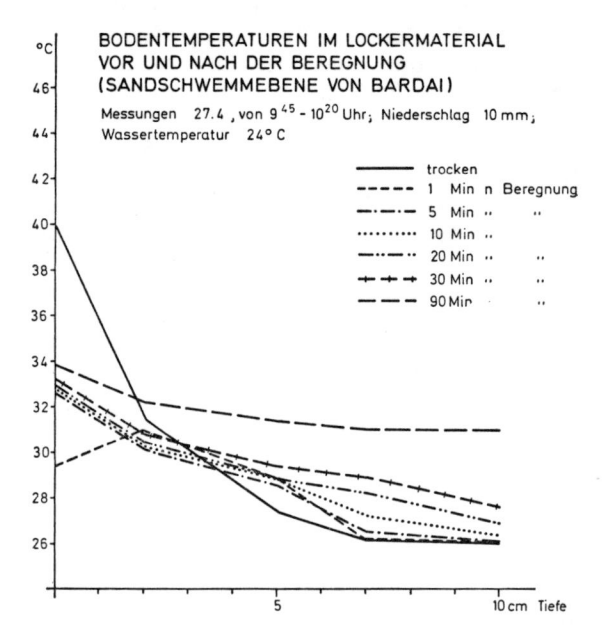

Fig. 12 Ergebnisse der Bodentemperaturmessungen auf der Sandschwemmebene bei Bardai (Lockermaterial).

Um den Vorgang der Temperaturveränderung bei Beregnung in den Sedimenten der Sandschwemmebene genauer beobachten zu können, wurden sowohl im Lockermaterial auf der Fläche in 0, 2, 5, 7 und 10 cm

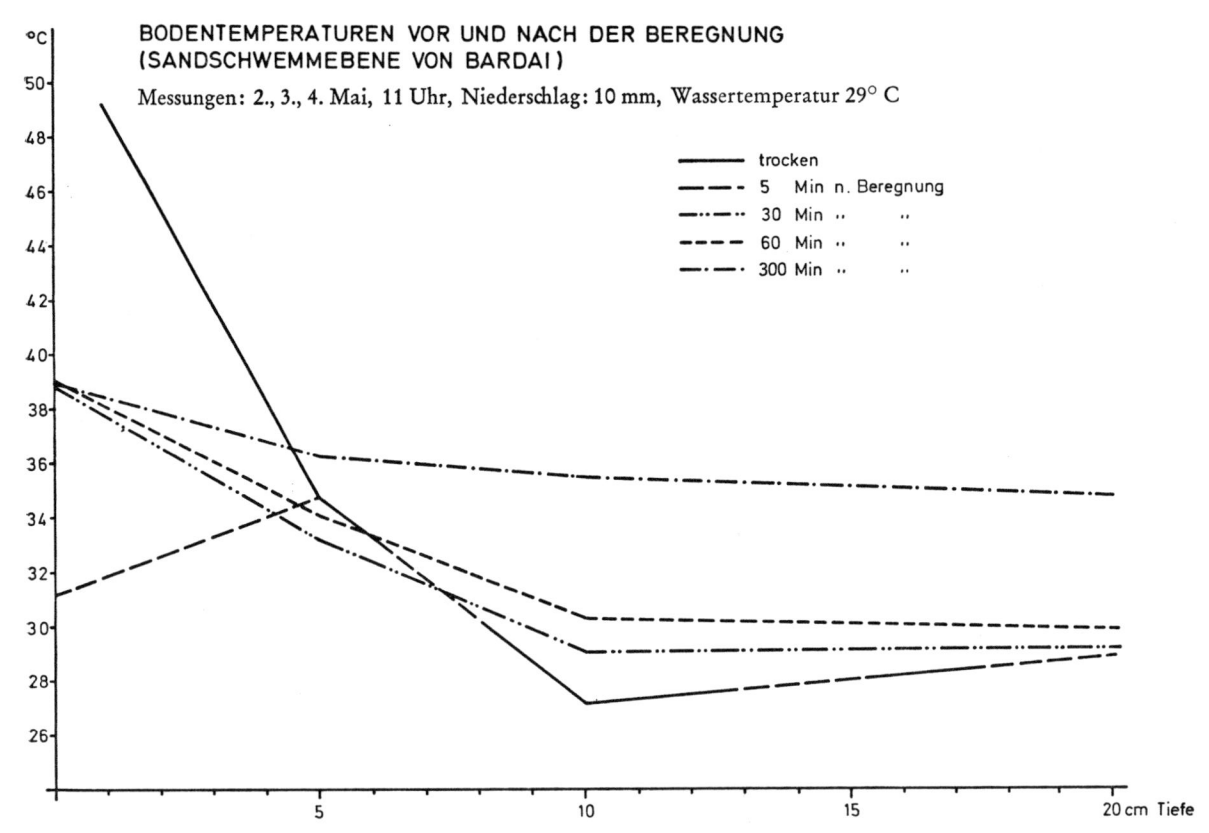

Fig. 13 Ergebnisse der Bodentemperaturmessungen auf der Sandschwemmebene von Bardai (Zentrum der Fläche, Lockermaterial 5 cm, darunter Feinmaterial).

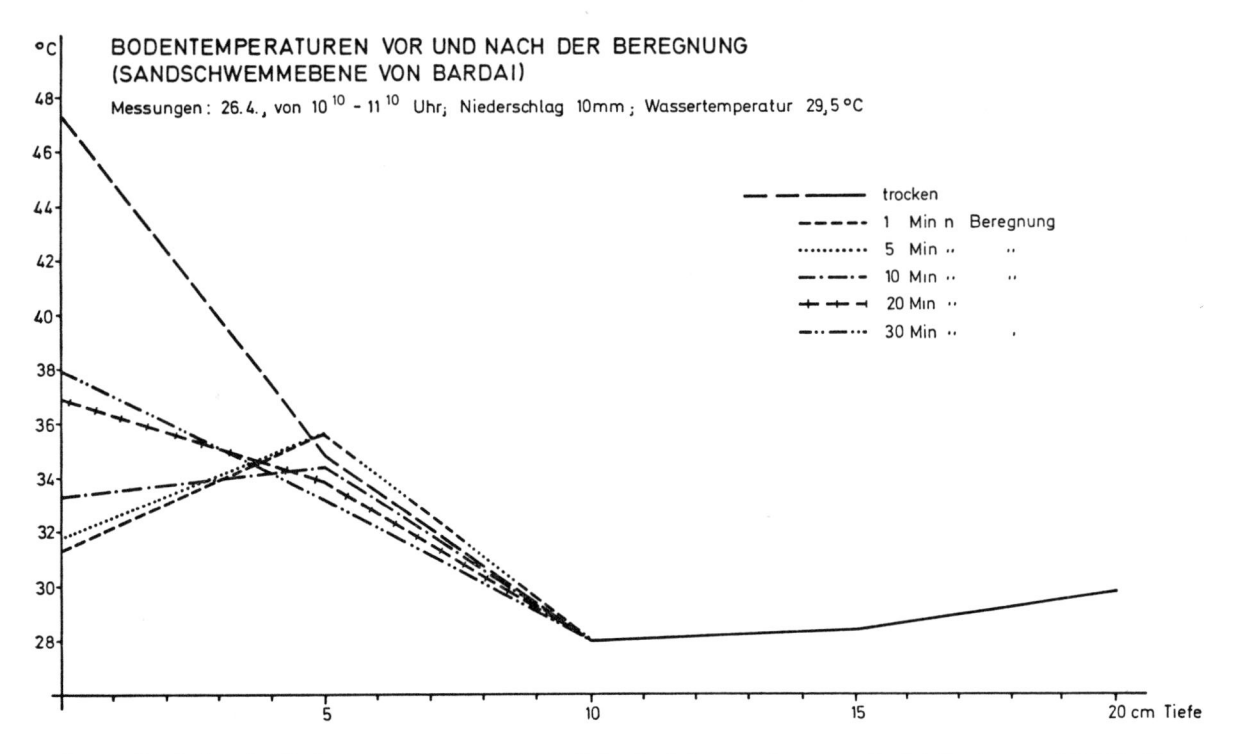

Fig. 14 Ergebnisse der Bodentemperaturmessungen auf der Sandschwemmebene von Bardai (Lockermaterial 0 bis 10 cm, Feinmaterial 10 bis 20 cm Tiefe).

Tiefe als auch in der Feinmaterialschicht in 0, 2, 5 und 7 cm Tiefe Bodenthermometer versenkt und die Temperaturen vor und nach der Beregnung gemessen. In Fig. 12 wird das Temperaturverhalten im Lockermaterial und in Fig. 15 dasselbe in der Feinmaterialschicht dargestellt. Zwar verläuft die Ausgleichsbewegung des Temperaturgangs durch die Wasseraufnahme in den beiden unterschiedlichen Materialien ähnlich ab, jedoch kann durch die größere Wasseraufnahme im Lockermaterial die Wärme von der Oberfläche besser an die Gesamtschicht verteilt werden. Unterhalb von 5 cm Tiefe ist gleich nach der Beregnung schon eine Temperaturzunahme festzustellen, die mit zunehmender Zeit kontinuierlich ansteigt. Nach 90 Minuten ist in der gesamten Schicht bis auf die Oberfläche selbst eine Temperaturzunahme von über 5° C zu verzeichnen. Die größere Wasseraufnahme bedingt eine bessere Wärmeleitfähigkeit.

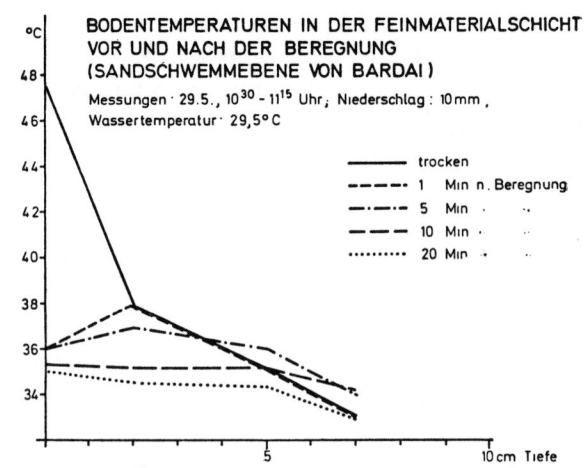

Fig. 15 Ergebnisse der Bodentemperaturmessungen auf der Sandschwemmebene von Bardai (Tonhaut und Feinmaterial).

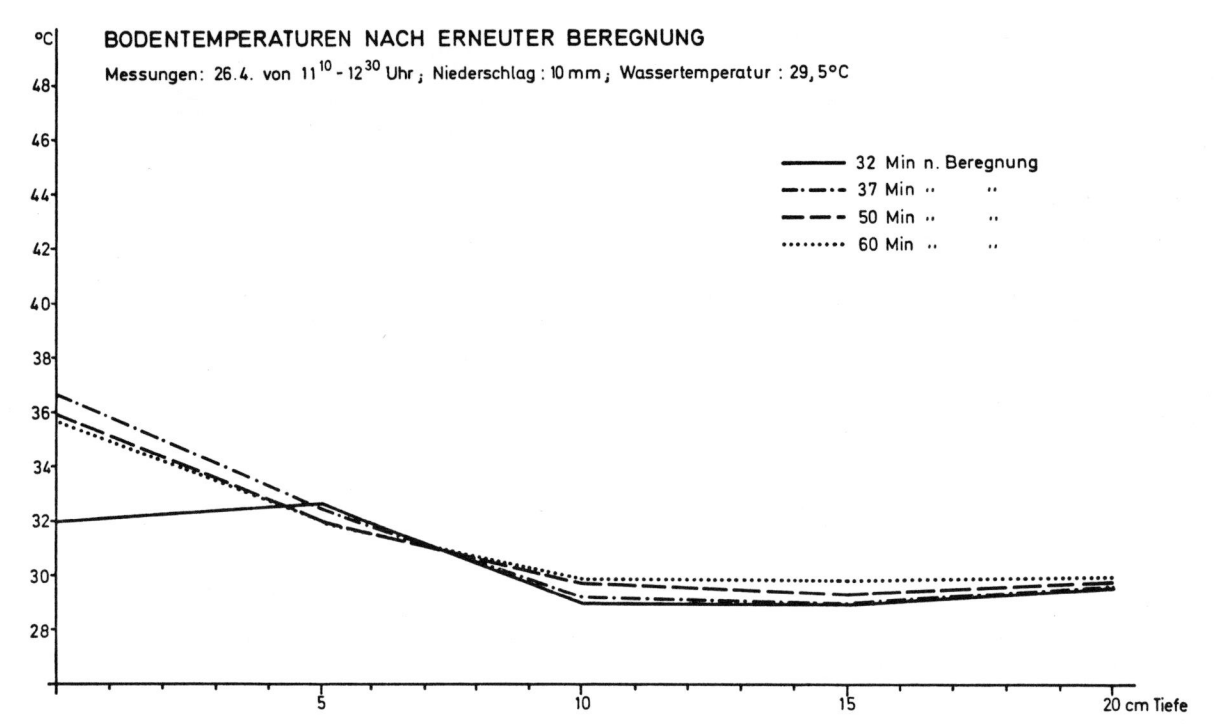

Fig. 16 Ergebnisse der Bodentemperaturmessungen auf der Sandschwemmebene von Bardai (nach erneuter Beregnung, siehe Fig. 14).

Die Feinmaterialschicht nimmt immer nur sehr wenig Wasser an und verteilt es langsam an den Untergrund; lediglich Quell- und Haftwasser werden festgehalten. Der Boden wird dadurch verdichtet. Die geringe Wasseraufnahme bedingt zwar einen Ausgleich der Temperaturen in den obersten Schichten, die Wärme von der Oberfläche wird aber nicht nach unten weitergeleitet; es erfolgt lediglich eine allgemeine Abkühlung des Materials.
Beregnungen des noch feuchten Bodens modifizieren den Temperaturgang nur noch geringfügig an der Oberfläche (Fig. 16), ansonsten bewahrt die Feuchtigkeit ein ausgeglichenes Temperaturgefälle. Erst mit Beginn der vollständigen Austrocknung des Bodens tritt die rückläufige Entwicklung zu größeren Temperaturschwankungen ein (s. Kap. 9.4). In 10 und 20 cm Tiefe, also in der Feinmaterialanreicherungsschicht, bleibt in der ganzen Zeit der Durchfeuchtung eine konstante Temperatur bei etwa 28° bis 30° C erhalten. Der Tagesgang der Temperatur, der im trockenen Material mit Verzögerung und Verringerung von der Oberfläche in die Tiefe verläuft, kann nach der Beregnung nicht mehr beobachtet werden; die Temperaturen hielten sich auch die Nacht über bei etwa 28° C.

9.4 Dauer und Tiefe der Durchfeuchtung der Sedimente

Die Dauer und Tiefe der Durchfeuchtung der Sedimente wurde durch Aufgraben der mit 10 bzw. 30 mm beregneten Flächen auf der Sandschwemmebene in verschiedenen Zeitabständen gemessen und in Fig. 17 dargestellt.

Das Wasser sickert schnell durch die Hohlräume im Lockermaterial, hat aber nach 30 Minuten erst den obersten Zentimeter der Tonhaut befeuchtet. Nach etwa 24 Stunden hat sich bei der Wasseraufnahme von 10 mm die Feuchtigkeit in der Feinmaterialschicht bis in eine Tiefe von 8 cm, bei der Beregnung mit 20 mm bis 18 cm Tiefe verteilt. Das Wasser dringt nicht weiter in den Untergrund vor; es kann also bei dem gegebenen Sedimentaufbau, der auch für die weiten Serirflächen der Innersahara charakteristisch ist, kein Grundwasser gespeichert werden, da die Niederschlagswässer nicht in den Untergrund gelangen. Nur in den Fließrinnen der Wadis kann im dort akkumulierten Lockermaterial Wasser gespeichert und ans Grundwasser abgegeben werden; die Flußläufe dienen der Vegetation als Leitlinien und dem Menschen als Lebensraum, während gleich daneben, scharf abgegrenzt, die vegetations- und siedlungslosen Räume der Flächen einsetzen.

Während sich schon nach drei Stunden die Austrocknung im Lockermaterial von oben nach unten durchsetzt und nach etwa 48 Stunden abgeschlossen ist, hält sich die Feuchtigkeit im Untergrund noch sichtbar über 5 Tage hinaus. Der durchfeuchtete Teil der Feinmaterialschicht trocknet nicht von oben nach unten aus, sondern fällt insgesamt langsam trocken; zunächst sind noch Flecken mit Feuchtigkeitskonzentration zu sehen bis endlich jedes Anzeichen von Wasser im Boden fehlt (etwa nach einer Woche bei den gegebenen Niederschlägen!).

Das Feinmaterial hat offenbar die Fähigkeit, das Wasser im Boden festzuhalten und gibt die Feuchtigkeit noch langsamer ab, als es sie aufnimmt trotz extrem hoher Verdunstungsraten, die sich aus den in gleichem Zeitraum gemessenen Mittelwerten der relativen Feuchte von etwa 23 % ergeben.

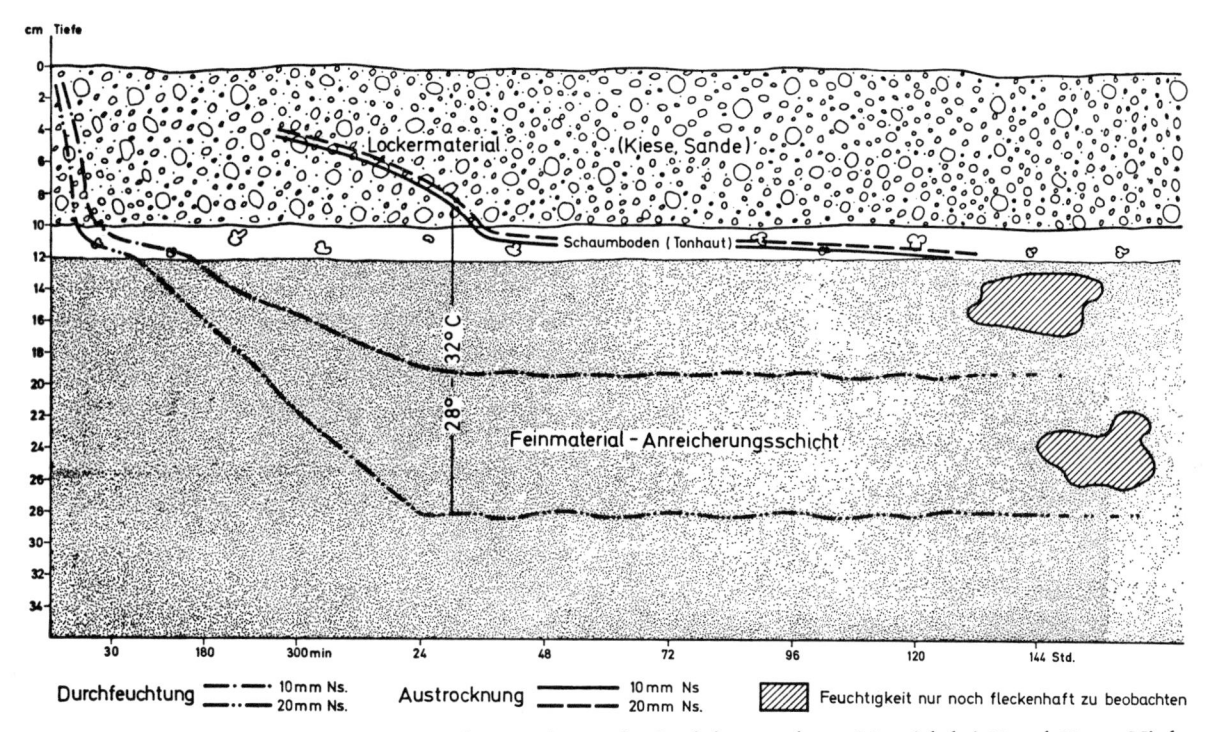

Fig. 17 Durchfeuchtungs-Tiefe, -Dauer und Austrocknung des Sandschwemmebenen-Materials bei 10 und 20 mm Niederschlag (Messung im Mai).

9.5 Die Tonmineralanalysen

Siebzig ausgewählte Proben wurden der Röntgenspektralanalyse unterworfen, um die Arten der Tonminerale in den Sedimenten der Sandschwemmebenen im Bereich von Bardai und in Südlibyen zu erfassen. Um Fragen der Herkunft der Minerale besser bestimmen zu können, wurden auch Proben aus dem Anstehenden nach ihrem Tonmineralgehalt untersucht.

Das Ergebnis war zunächst überraschend. Alle Proben aus dem rezenten Material weisen sowohl Zweischichttonminerale der Kaolinitgruppe als auch Dreischichttonminerale der Illitgruppe auf (s. Fig. 18). Die zu erwartende Montmorillonitgruppe als Typmineral des ariden Verwitterungsmilieus (siehe GANSSEN, 1968) konnte nicht festgestellt werden.

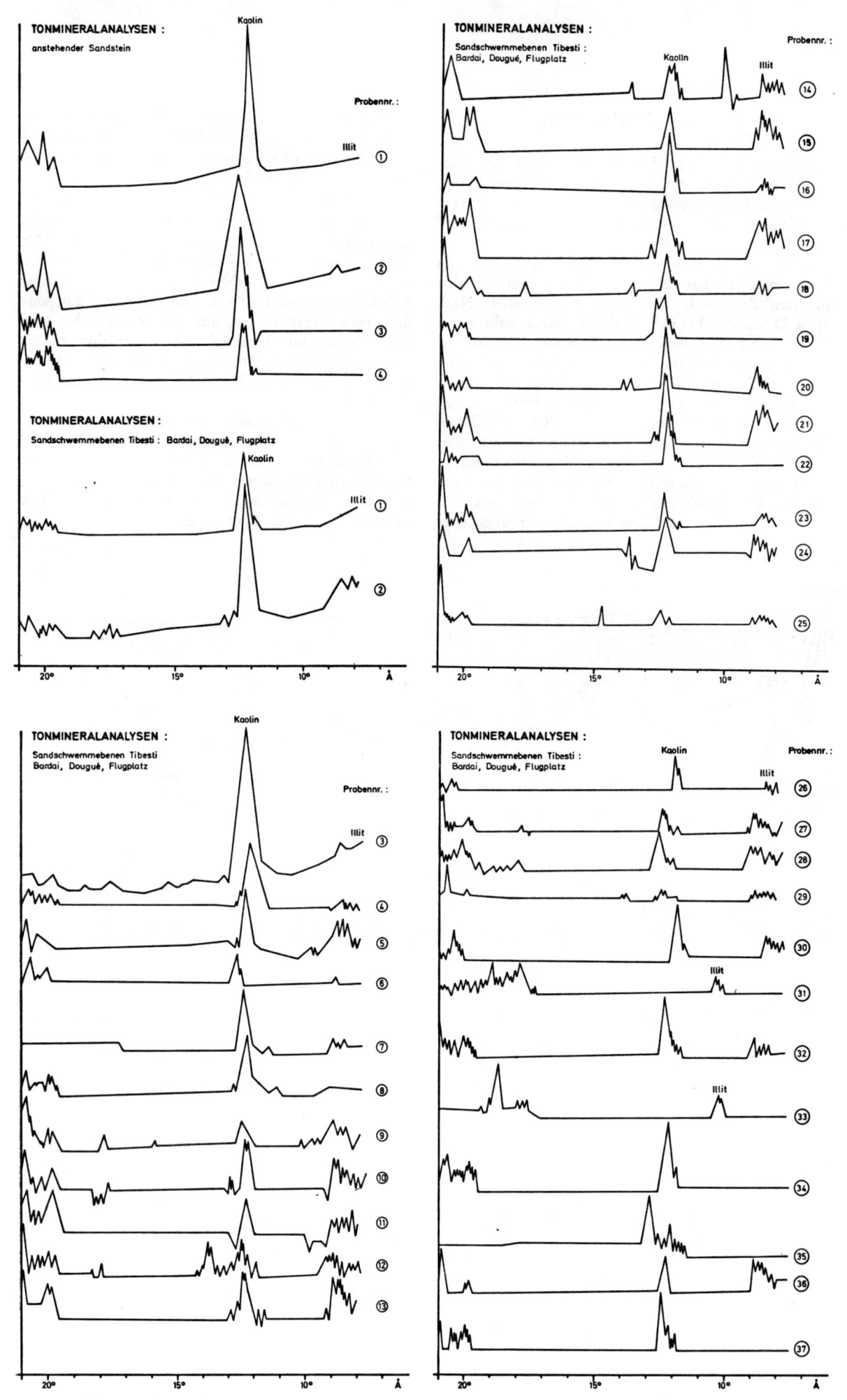

Fig. 18, Teil 1 Ergebnisse der Tonmineralanalysen der Proben aus dem Anstehenden und des rezenten Materials auf den Sandschwemmebenen von Bardai, Dougué und Flugplatz.

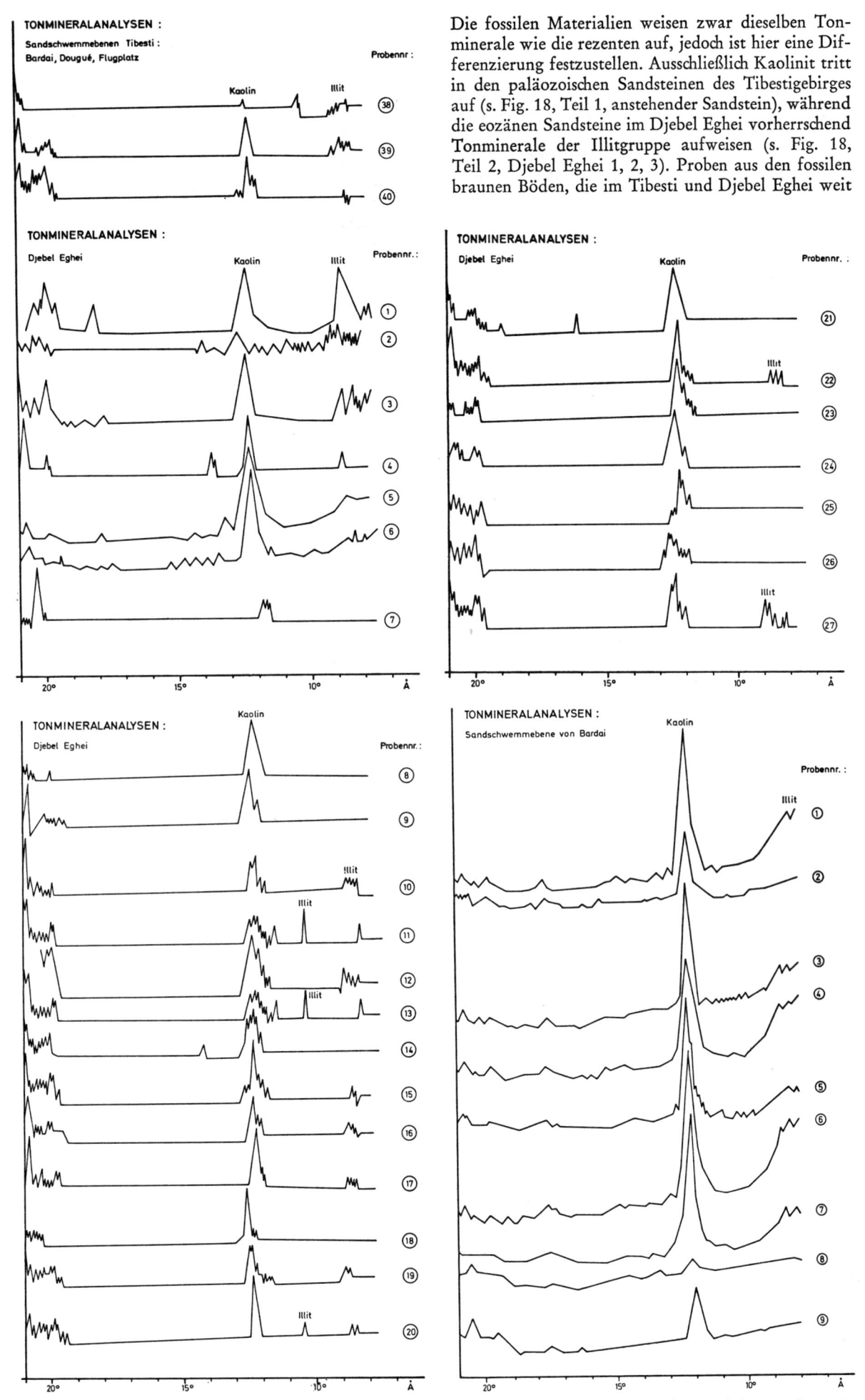

Die fossilen Materialien weisen zwar dieselben Tonminerale wie die rezenten auf, jedoch ist hier eine Differenzierung festzustellen. Ausschließlich Kaolinit tritt in den paläozoischen Sandsteinen des Tibestigebirges auf (s. Fig. 18, Teil 1, anstehender Sandstein), während die eozänen Sandsteine im Djebel Eghei vorherrschend Tonminerale der Illitgruppe aufweisen (s. Fig. 18, Teil 2, Djebel Eghei 1, 2, 3). Proben aus den fossilen braunen Böden, die im Tibesti und Djebel Eghei weit

Fig. 18, Teil 2 Ergebnisse der Tonmineralanalysen der Proben des rezenten Materials auf den Sandschwemmebenen im Djebel Eghei und ausgewählter Proben von der Sandschwemmebene bei Bardai.

verbreitet sind (s. Kap. 5.1, 5.2, 5.3, 5.4 und 7.5), beinhalten vorwiegend Tonminerale der Illitgruppe (s. Fig. 18, Nr. 14, 15, 27, 31, 33).

Eine Interpretation der Befunde ist schwierig. Unter der Voraussetzung, daß im extrem ariden Verwitterungsmilieu keine Neubildung von Tonmineralen stattfindet (s. GANSSEN, 1968), muß angenommen werden, daß die Tonminerale durch Umlagerung aus dem Anstehenden in die rezenten Sedimente gelangt sind. Somit wäre das Vorhandensein derselben, vor allem wegen des Vorherrschens von Kaolinit, feuchteren Verwitterungsperioden der Vorzeit zuzuschreiben. Die Kaolinisierung des Anstehenden ist weiter oben (s. Kap. 3.1) schon beschrieben worden. Sie wird als Relikt des Einflusses wechselfeucht-tropischer Klimabedingungen im Tertiär gedeutet. Der Illit — dafür spricht das Indiz der Proben aus den braunen Böden — könnte, wenn man schon die Tonmineralgruppen klimatisch interpretiert, aus kühleren, feuchteren Zeiten des Quartärs stammen.

Andererseits zeigen die vorangegangenen Kapitel, daß Feuchtigkeit im Feinmaterial der Flächen sehr lange und bei sehr hohen Bodentemperaturen festgehalten wird. Es ist daher auch unter den rezenten Bedingungen, wenn auch nur episodisch, mit einer sehr großen chemischen Verwitterungsintensität zu rechnen. Mit großer Wahrscheinlichkeit kann auch Neubildung von Tonmineralen angenommen werden.

Hier wird deutlich, daß das Vorhandensein von bestimmten Tonmineralen nicht eindeutig als Indiz für ein irgendwie geartetes Klima herangezogen werden kann. Wie die Probenanalysen zeigen, stammt ein gewisser, leider unbekannter Teil der Tonminerale mit Sicherheit aus den Vorzeiten, ist daher fossil. Durch die Abtragung, im ariden Bereich vor allem durch den Wind, wird der Tonstaub sehr weit verbreitet: fossile und rezente Tonminerale werden zumindest in den rezenten Ablagerungen immer gemischt auftreten. Ohne eine genaue Kenntnis der Herkunft der Minerale ist daher eine klimatische Aussage nicht möglich.

Die Tonmineralanalyse eignet sich nicht sehr gut, wie die vorgelegten Ergebnisse zeigen, zu einer Interpretation klimatischer Vor- und Jetztzeitbedingungen; ihr Aussagewert wird dem großen Arbeitsaufwand nicht gerecht. Wenn man die Ergebnisse kritisch betrachtet, bleiben im Endeffekt nur wenige, sehr vage Aussagen übrig.

10. Die Korngrößenverteilung in den Sedimenten der Sandschwemmebenen in Südlibyen

Im Frühjahr 1972 wurden zu weiteren Vergleichen Proben von den Sandschwemmebenen im Schiefer- sowie Sandstein-Basaltbereich des Djebel Eghei gesammelt und Stichproben entlang der Fahrtroute (s. Karte 1) entnommen, die im Labor der Korngrößenfraktionierung unterworfen wurden. Die Ergebnisse werden in den Diagrammreihen 116 ff. vorgestellt.

Die Diagr. 116 bis 119 zeigen die Verteilung der Korngrößen im Locker-Grobmaterial der Sandschwemmebenen im Schieferbereich. Die fast saiger stehenden Schichten beißen in zahlreichen Rücken aus, die die Sandschwemmebenen überragen. Die im Streichen der Schichten angeordneten Rücken (Schichtrippen) sind Liefergebiet der Sedimente, die auf den Flächen transportiert und akkumuliert werden. Es fehlt hier ein Hinterland als einheitliches Liefergebiet der Sedimente wie bei den bisher beschriebenen Stufen, dafür bilden die verstreut liegenden Ausbisse des Schiefers oder Granits örtlich eng begrenzte Quellen transportablen Materials.

Wie auf Abb. 37 zu sehen ist, zerfällt der Schiefer zunächst in Platten und Plättchen, die zu einem tonig-schluffigen Material verwittern. Der zerklüftete Schiefer fängt äolische Sande in größerer Menge auf, die die Klüfte z. T. gänzlich verfüllen. Die Abspülung bringt also den Detritus des Schiefers (Schluffe, kiesgroße Gesteinsbruchstücke) gemischt mit Flugsanden auf die Flächen.

Im Lockermaterial, das auch hier in loser Streu die Oberfläche bedeckt, werden die Korngrößen über 2 mm Durchmesser durch die Schieferplättchen gebildet, die restlichen Korngrößen, bis auf das wenige Feinmaterial, entstammen der äolischen Fracht. Im Vergleich mit dem Lockermaterial von den Sandschwemmebenen im Tibestigebirge (s. Diagr. 17 bis 26) fällt auf, daß in der Schieferregion insgesamt ein feinkörniges Material vorliegt, vor allem fehlen die Korngrößen im Grobsandbereich (1 mm). Dafür treten die Korngrößen um 0,25 und 0,125 mm stärker hervor. Es handelt sich ausschließlich um Sande der äolischen Beimischung, wie bei mikroskopischer Betrachtung leicht erkennbar ist.

In der Feinmaterialschicht (Diagr. 118, 119) ist vor allem das tonig-schluffige Material aus der Verwitterung des Schiefers und die feineren Sande der äolischen Fracht angesammelt. Das Material ist verbacken und beinhaltet relativ viel gröbere Bestandteile, nämlich Schieferplättchen, die einsedimentiert wurden. Das größere Angebot an Feinmaterial bedingt ein mächtigeres Sedimentieren, in das dementsprechend mehr Grobmaterial eingelagert ist. Bei größerem Feinmaterialangebot finden wir daher auch nur eine geringmächtige Grob- bzw. Lockermaterialschicht vor (in der Schieferregion wurden max. 5 cm gemessen).

Die Wichtigkeit der Windaktivität für den Aufbau der Sandschwemmebenen wird besonders in einem Bereich, in dem ausschließlich kies- und tonig-schluffige Korngrößen zum Transport zur Verfügung gestellt werden, deutlich. Der sandige Charakter der Flächen kann durch den Wind auch in Gebieten ohne sandiges Ausgangsgestein erhalten bleiben.

Schieferbereich : Djebel Eghei

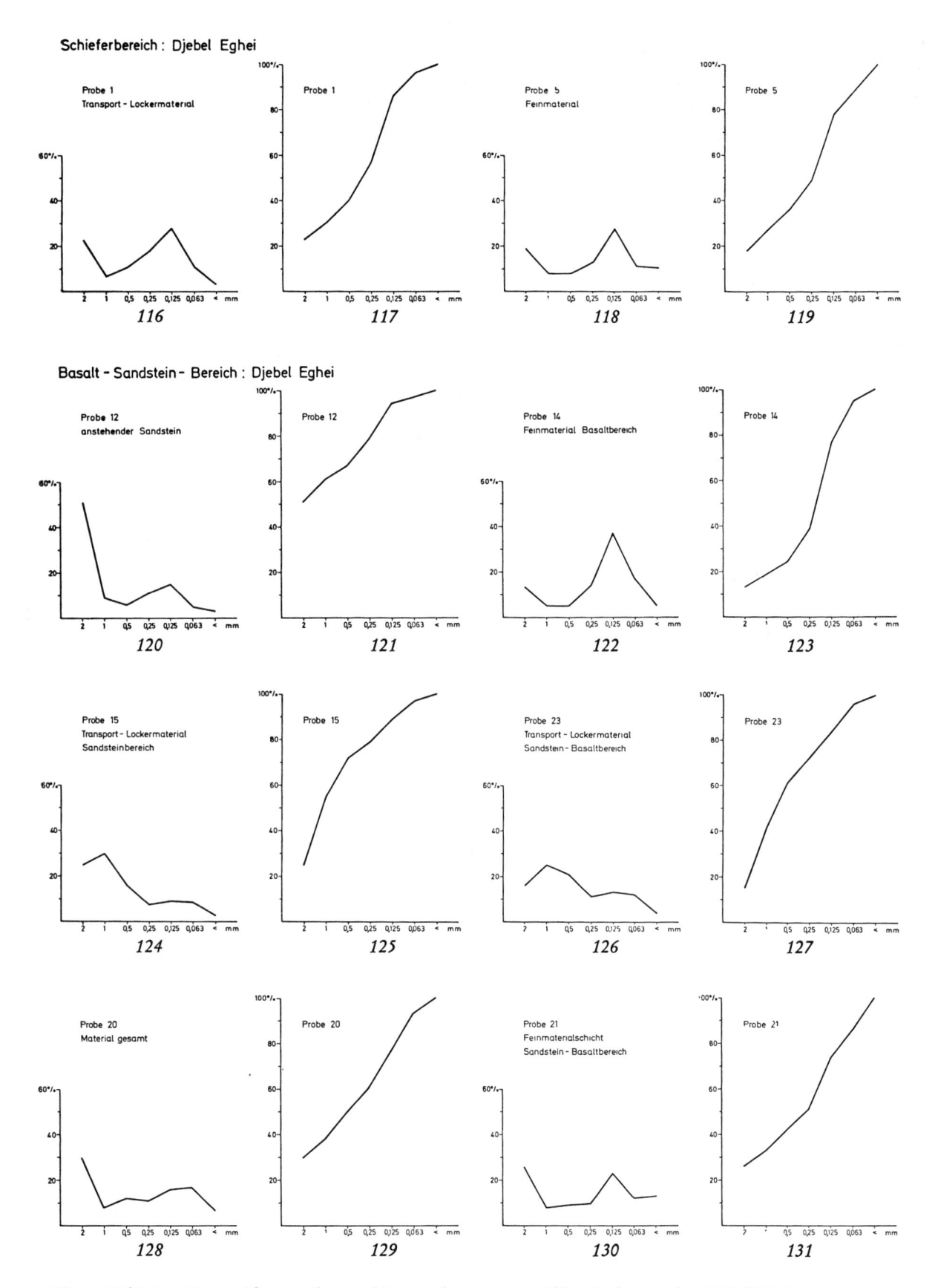

116 — Probe 1, Transport - Lockermaterial
117 — Probe 1
118 — Probe 5, Feinmaterial
119 — Probe 5

Basalt - Sandstein - Bereich : Djebel Eghei

120 — Probe 12, anstehender Sandstein
121 — Probe 12
122 — Probe 14, Feinmaterial Basaltbereich
123 — Probe 14
124 — Probe 15, Transport - Lockermaterial Sandsteinbereich
125 — Probe 15
126 — Probe 23, Transport - Lockermaterial Sandstein - Basaltbereich
127 — Probe 23
128 — Probe 20, Material gesamt
129 — Probe 20
130 — Probe 21, Feinmaterialschicht Sandstein - Basaltbereich
131 — Probe 21

Diagr. 116 bis 131 Korngrößenverteilung und Summenkurven ausgewählter Proben aus dem Djebel Eghei.

Betrachtet man die Diagrammreihe aus der Sandstein-Basaltregion des Djebel Eghei, so zeigen die Diagramme 120 bis 123 die Korngrößenverteilung im Ausgangsmaterial. Die gesammelten Proben aus dem anstehenden eozänen Sandstein (Probe 12) zeigen eine Korngrößenverteilung mit einem ausgeprägten Maximum im Kiesbereich (über 2 mm) und ein zweites Maximum im Feinsandbereich bei 0,125 mm. Die Probe 14 stammt aus dem Verwitterungsmantel des Basaltes, der die eozänen Sandsteine flächenhaft als Plateaubasalte abdeckt. Das Verwitterungsmaterial aus dem Basalt ist weitaus feinkörniger (max. bei 0,125 mm) als das des Sandsteins. Beide Verwitterungsprodukte bilden das Ausgangsmaterial, das durch die Ausspülung gemischt auf die Fläche gelangt.

Diagr. 124 gibt die gesammelten Proben aus einem Bereich wieder, in dem der Sandstein Hauptmateriallieferant ist; die Proben wurden der Grob- bzw. Lockermaterialschicht einer Sandschwemmebene entnommen, die im Saumbereich einer Stufe im Sandstein angelegt ist, der nur eine lückenhafte Basaltdecke trägt. Das Lockermaterial zeigt den starken Einfluß des Sandsteins, was sich besonders in den hohen Anteilen im Grobsandbereich bemerkbar macht. Das Diagr. 126 der Probe 23 zeigt die Ergebnisse aus einem Gebiet mit gemischter Zulieferung: die Korngrößenverteilung weist weitaus höhere Gewichtsanteile im feineren Bereich auf bei gleichem, charakteristischen Kurvenverlauf.

Die Diagramme der Proben 3, Diagr. 132, und 21, Diagr. 130, zeigen die Korngrößenverteilung in der Feinmaterialanreicherungsschicht; dabei zeigt die Probe 3 das Spektrum in der Feinmaterialschicht der vom Basalt beeinflußten und Probe 21 die mehr vom Sandstein belieferten Sandschwemmebene. Der sehr hohe Anteil an schluffig-tonigem Material (12, 13 %) in beiden Probenkomplexen weist darauf hin, daß das Feinmaterial durch die Windwirkung weiter transportiert wird, so daß auch auf der im Bereich der Sandsteinsteilstufe liegenden Sandschwemmebene Feinmaterial in dem Maße angereichert werden konnte.

Probe 17, Diagr. 134, stammt aus einer Düne im Sandstein-Basaltbereich; die Düne lagerte im Lee einer Stufe im Tal der Hauptentwässerungsader des Djebel Eghei. Das selektive Herausarbeiten einzelner Korngrößen durch den Wind ist auffällig (88 % in der 0,5 mm Korngröße). Der Wind selektioniert, das wird auch hier wieder deutlich, vor allem die Sande, hier in einer ausgeprägten Kornfalle die 0,5 mm, meist aber die 0,25 mm Fraktion (s. Diagr. 43 bis 54). Die gröberen Fraktionen werden zwar noch bewegt, jedoch nur in Bodennähe, während die feineren Bestandteile (unter 0,125 mm) als Staub in der Luft verteilt werden. Dieser Staubniederschlag kommt nach Beendigung der Windtätigkeit räumlich weit verteilt nieder, der prozentuale Anteil ist daher recht gleichmäßig und niedrig (1 bis 3 %) in den äolischen Sedimenten verteilt.

Die Diagr. 144 und 146 zeigen noch einmal ganz besonders deutlich die Verteilung der Korngrößen im Grob- bzw. Lockermaterial an der Oberfläche und im verbackenen Feinmaterial im Untergrund der Sandschwemmebenen. Die Proben stammen aus einer Sandschwemmebene im Stufenbereich paläozoischer Sandsteine südlich von Sebha. Es ist zu vermuten, daß ein Regen von nicht abflußbringender Stärke kurz vor Entnahme der Proben niedergegangen war.

Die restlichen Diagramme (Probe 7, 9, 10, 11, 16, 19) zeigen einige Beispiele der Korngrößenverteilung in den fossilen braunen Böden, die auch im Djebel Eghei und im Bereich der Serir Tibesti verbreitet sind. Sie scheinen der Lagerung nach derselben Bodenbildungsphase anzugehören, von der aus dem Tibesti im Zusammenhang mit der Oberterrasse und den zeitgleich entwickelten Schutthängen (s. Kap. 5.2 und 5.3) berichtet wurde. Es handelt sich meist um ein lehmiges Substrat, dessen Feinmaterialanteil je nach Lage des Entnahmestandortes stark schwankt.

Probe 7 wurde einem Bodenhorizont entnommen, der auf fossilen Terrassensedimenten der Hauptentwässerungsader des nördlichen Djebel Eghei entwickelt ist. Der äußerst hohe Gewichtsanteil der Fraktion über 2 mm entstammt den Zerfallsprodukten der Terrassenschotter. Probe 19 wurde aus dem gleichen Horizont geborgen, jedoch in größerer Entfernung vom rezenten Flußbett. Ein hoher Anteil der feinsandigen Fraktionen charakterisiert dieses Sediment, in dem keine Schotter zu finden waren.

Probe 7 entstammt einem Bodenprofil aus dem Schieferbereich, wo ein brauner Boden die grauen Sedimente der Sandschwemmebene unterlagert. Auffällig ist ein sehr hoher Anteil an Feinmaterial. Probe 9 entspricht einem Boden in gleicher Lagerung, der unter den Sedimenten einer Sandschwemmebene in der Sandstein-Basaltregion gefunden wurde. Das Diagramm von Probe 11 gehört zu einem Bodenprofil, das auf der Serir Tibesti aufgegraben wurde.

Insgesamt zeigen die Probenanalysen aus den verschiedenen Bereichen Südlibyens gute Übereinstimmung mit den Ergebnissen aus dem Tibestigebirge. Die Korngrößen, die durch die Verwitterung des Ausgangsmaterials bereitgestellt werden, bilden im Gemisch mit den vom Wind abgelagerten Fraktionen die Sedimente der Sandschwemmebenen. Je mehr Feinmaterial am Aufbau der Flächen beteiligt ist, umso geringmächtiger ist die auflagernde Schicht des Grob- bzw. Lockermaterials; z. T. bildet im Schieferbereich die verbackene Feinmaterialschicht bis auf eine nicht geschlossene hauchdünne Decke aus Flugsanden die Oberfläche. Mit der Abnahme der Mächtigkeit der Lockermaterialdecke verringert sich auch das Angebot an transportablem Material. So sind gerade im Bereich des anstehenden Schiefers die nur wenig eingetieften Gerinne oft als nackte Erosionsbetten im Feinmaterial ausgebildet, in denen bis auf ein paar eingewehte Kleindünen kein Transportmaterial zu finden ist.

Da das Feinmaterial nur sehr langsam Wasser aufnimmt (s. Kap. 9.1), fließen Wässer auf diesen Flächen gleich nach der Beregnung durch den Staueffekt ab. Die Wässer sind nur mit den wenigen Flugsanden und dem Schweb von der oberflächlich aufgelösten Feinmaterial-

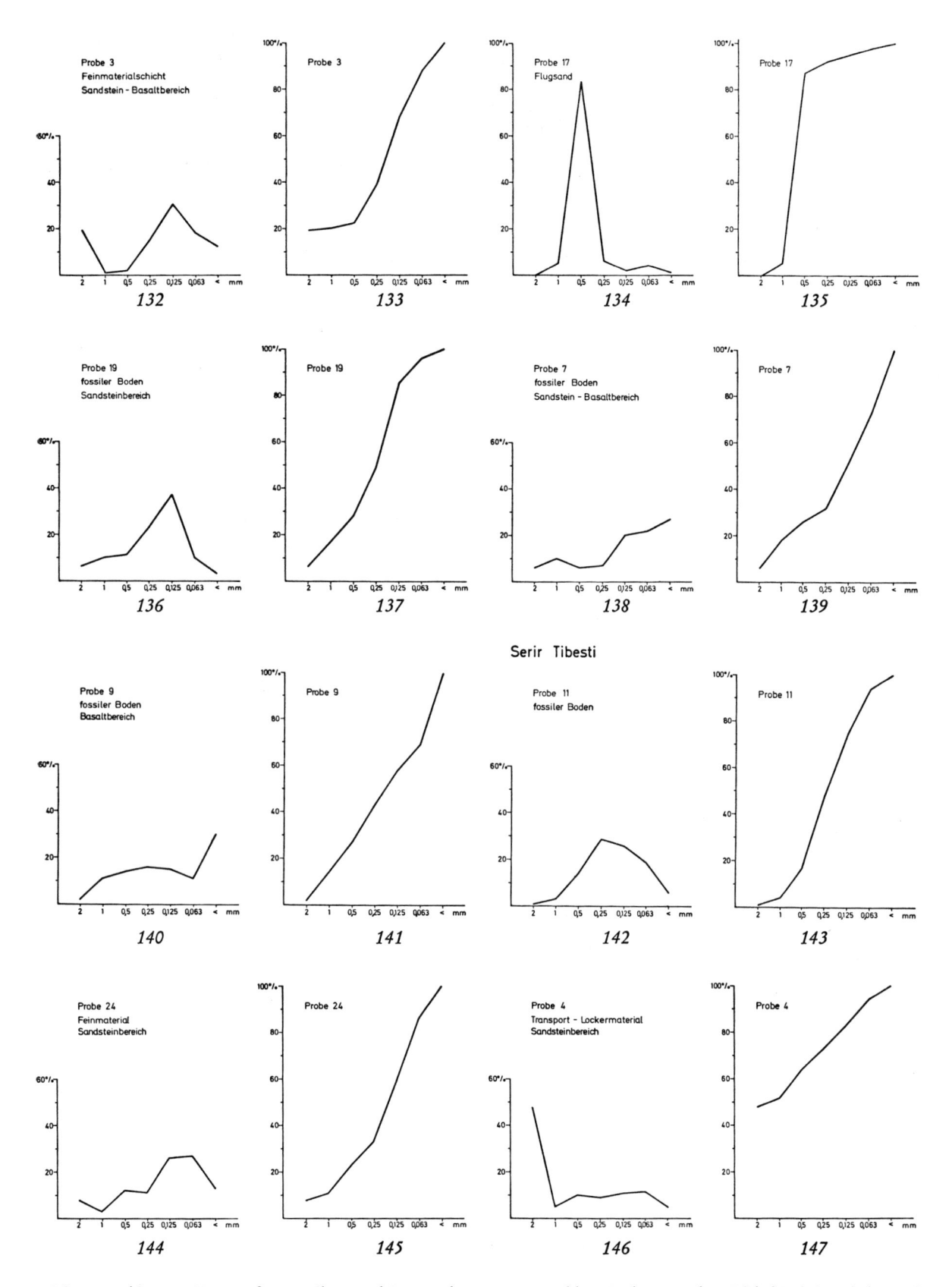

Diagr. 132 bis 147 Korngrößenverteilung und Summenkurven ausgewählter Proben aus dem Djebel Eghei und der Serir Tibesti.

schicht beladen und daher nur in geringem Maße erosiv wirksam. Auch größere Sammeladern sind nur wenig im Feinmaterial eingetieft (meist nicht mehr als 75 cm). Das Fließen des Wassers kann in den häufig scharfrandigen Wannen nur durch das z. T. girlandenartig angeschwemmte Treibholz nachgewiesen werden. So waren bis auf diese Holzreste in einer Hauptentwässerungsader des Schieferbereichs bis hin zur Endpfanne des letzten Abkommens nur polygonal aufgerissene Tonablagerungen in den Vertiefungen des Wadibettes als Akkumulationen zu finden. Das wenige transportierte Sandmaterial lag in dünner Streu unter den Tonplatten des Endpfannenbereichs. Die gesamte Fracht ist also bis zum Stillstand des Wassers abtransportiert worden. Die Wässer müssen eine erhebliche Fließgeschwindigkeit aufweisen, denn auch Stämme der vereinzelt im Wadibereich stehenden Akazienbäume sind bis zur Endpfanne hin abtransportiert worden. Es ist auf diesen Flächen eher mit schichtflutartigem Abkommen zu rechnen als auf der Sandschwemmebene mit mächtiger Lockermaterialbedeckung, da das Niederschlagswasser schnell aufgestaut wird und nur wenig Energie für den Transport größerer Materialmengen aufbringen muß.

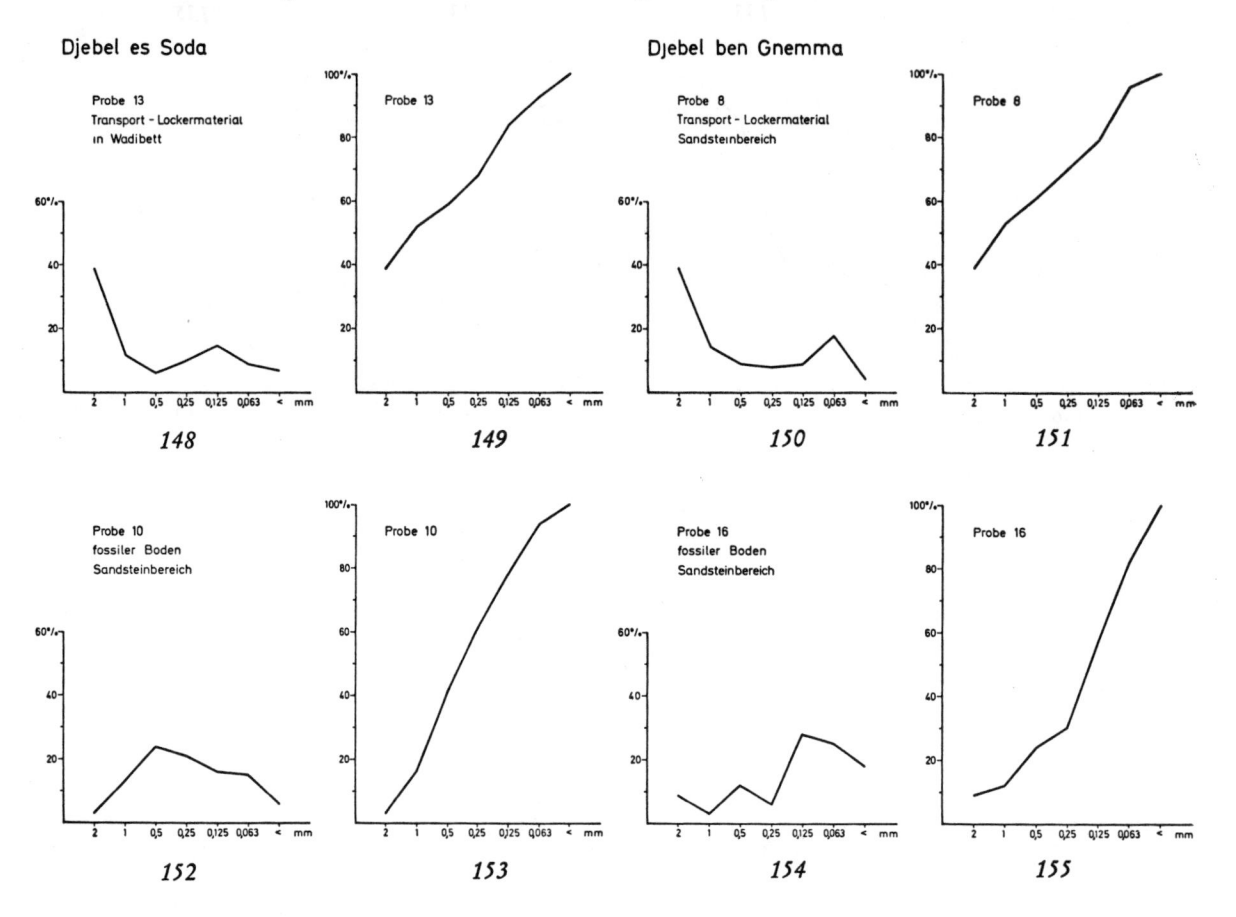

Diagr. 148 bis 155 Korngrößenverteilung und Summenkurven ausgewählter Proben aus dem Djebel Eghei, Djebel es Soda und Djebel ben Gramma.

11. Die flächenbildenden Prozesse

Im zweiten Hauptteil der Arbeit wurden die Analysen des Probenmaterials und die Auswertung von Beregnungsversuchen vorgestellt mit dem Ziel, den Prozeß, also den flächenbildenden Vorgang zu erklären, der zu der Form Sandschwemmebene führt. Abschließend werden nun die wichtigsten Ergebnisse zusammengefaßt:
Die von der Verwitterung zum Transport und zur Akkumulation bereitgestellten Korngrößen liegen überwiegend im psammitischen Bereich zwischen Grobsand (2 mm) und Feinsand (0,02 mm); das Ausgangsgestein modifiziert lediglich die Menge der Beimischung der Korngrößen im psephitischen bzw. pelitischen Bereich. Ist das Ausgangsgestein grobkristallin (Granit) oder grobklastisch (Sandstein), so wird das Lockermaterial durch einen wechselnd hohen Anteil von fein- und mittelkiesgroßen Körnern charakterisiert, während der Feinmaterialanteil meist nicht 1 bis 2 % überschreitet. Dagegen ist bei mikrokristallinen (Basalt) und fein-

klastischen (Sediment)-Gesteinen (Schiefer) die Beimischung an schluffig-tonigen Verwitterungsprodukten weitaus höher (z. T. über 10 %), während der Anteil an kiesgroßen Komponenten meist unter 20 % bleibt.

Dieses Korngrößenspektrum ist charakteristisch für aride Sedimente; gröbere Gerölle oder Schuttstücke werden nur unter besonderen Bedingungen mit in den Transport- und Akkumulationsvorgang eingebaut, und zwar nur dort, wo sie als fossile Materialien zur Verfügung stehen (Schotterterrassen oder Reste von Schuttdecken in unmittelbarem Bereich der Wadis).

Dieses weitgehend im psammitischen Bereich eingeengte Korngrößenspektrum ist nicht nur die Folge der Verwitterungsart (überwiegend Hydratation), sondern auch der auf den Flächen des Landes wirksamen, vom Wind gesteuerten Verteilung der entsprechenden Korngrößen: in jedem an der Oberfläche entnommenen Material stammt ein Anteil aus der äolisch eingelagerten Fracht, der zum sandigen Charakter des Materials wesentlich beiträgt. Erst durch die Akkumulation verschwemmten Materials in tieferliegende Schichten werden die Sedimente der Möglichkeit äolischer Verfrachtung entzogen und festgesetzt.

Die Sandschwemmebenen werden von einem lockeren Gemisch überwiegend gröberer Korngrößen (Feinkies, Grobsand, Sande) des Gesamtspektrums bedeckt, das einem verbackenen Horizont feinerer Korngrößen (Feinsande, Schluffe) aufliegt. Die vermischten Ausgangsmaterialien werden also durch die herrschenden Klimabedingungen entmischt. Dieser Prozeß der Entmischung ist die Folge vom Zusammenwirken dreier Klimaelemente:

1. Der zeitlich dauernd wirksamen Windaktivität,

2. der episodischen, zeitlich meist auf Minuten begrenzten Niederschläge geringer Ergiebigkeit,

3. der episodischen, zeitlich meist auf Minuten begrenzten Niederschläge großer Ergiebigkeit.

Die Windaktivität bewirkt vor allem bei größeren Stärken (Sandfegen, Sandsturm) eine flächenhafte Überarbeitung der Sandschwemmebenen. Dabei wird die ohnehin nur geringe Reliefierung der Ebenen ausgeglichen: Hohlformen werden zugesandet, Vollformen werden durch Windschliff (Deflation) erosiv überarbeitet (Windkanter). Der Wind bewegt am Boden, der Reibungsplatte, wenn auch nur rollend, selbst Körner über 2 cm Größe, wenn eine glatte Unterlage vorhanden ist; er vermag jedoch erst Korngrößen unter 1 mm Durchmesser aufzunehmen und äolisch zu transportieren. Dabei werden die gröberen Körner über den Boden bewegt, während die Körner unter 0,5 mm Durchmesser auch in höhere Luftschichten aufgenommen und weite Strecken transportiert werden können (Dünen). Die dazu notwendigen großen Windstärken sind weniger häufig gegeben, Windstärken aber, die vor allem die Korngrößen 0,25 und 0,125 dicht über dem Boden zu transportieren vermögen, treten relativ oft auf. Liegen die Körner nicht auf einer glatten Unterlage,

und die Oberfläche wird von grobkörnigem Material gebildet, wie bei den Sandschwemmebenen, so werden die durch das große Porenvolumen hervorgerufenen Hohlräume von äolischem Material aufgefüllt. Je mächtiger und grobkörniger die Oberflächenstruktur des Lockermaterials ist, umso mehr windtransportiertes Material kann aufgefangen werden. Hinzu kommt bei Abklingen der Windaktivität der langsam niedergehende Staubniederschlag. Diese Vorgänge wirken f l ä c h e n h a f t a k k u m u l a t i v (Akkumulation äolisch s. Fig. 19, 3). Es findet auf den Flächen der Sandschwemmebenen solange Windakkumulation statt bis die Grobmaterialschicht aufgefüllt ist.

Die kurzfristigen Niederschläge geringer Ergiebigkeit sind nicht von abflußbringender Stärke. Der Abfluß wird nicht nur durch die Menge des Niederschlags pro Zeiteinheit, sondern auch durch die Mächtigkeit des zu transportierenden Lockermaterials gesteuert. Je mächtiger die Lockermaterialdecke, umso größer muß die Niederschlagsmenge sein, die den Abfluß verursachen kann.

Falls solche Niederschläge gegeben sind (sie sind weit häufiger als die von abflußbringender Stärke), so wird das Feinmaterial unter 0,5 mm Korndurchmesser durch das einsickernde Wasser im Lockermaterial nach unten transportiert. Je feiner die Korngrößen, umso besser werden diese Sedimente nach unten verfrachtet. Mit zunehmender Tiefe wird daher das Material immer stärker verdichtet; die Feinsande, Schluffe und Tone bilden die unterste Schicht der meist nur 1 bis 2 cm mächtigen, schaumbodenartigen „Tonhaut", die sich der unterlagernden Schicht anlagert. Nach oben zu wird das Material immer lockerer, so daß nach der Beregnung an der Oberfläche nur die gröbsten Korngrößen übrigbleiben (über 1 mm). Es entsteht im Untergrund durch Verklebung der feinsten Korngrößen die Feinmaterialanreicherungsschicht. Dieser Vorgang bewirkt eine Sedimentation von Feinmaterial, die ebenfalls flächenhaft abläuft, da durch den Niederschlag hervorgerufen (Sedimentation, s. Abb. 53, 2).

Die äolische Akkumulation und die durch den Niederschlag hervorgerufene Sedimentation müssen an Hand der Befunde (Feinmaterialschicht bis zu 50 cm mächtig), der Materialanalyse und den Ergebnissen der Beregnungsversuche als echt flächenbildender Prozeß angesehen werden.

Die Eigenschaften der Feinmaterialschicht (verbacken, wasserabstoßend) bewirken im Zusammenhang mit den Niederschlägen genügender Intensität Wasserabfluß und Transport des auflagernden grobkörnigen Sediments (s. Fig. 19 [4]). Je geringer die Mächtigkeit der Grobmaterialdecke ist, umso eher kann der Transport des Materials stattfinden. Durch die geringe Wasseraufnahmefähigkeit des Feinmaterials, die mit der Verdichtung desselben Sediments einhergeht (Quellen der Tonminerale), werden die Niederschläge an der Oberfläche gestaut. Die nur sehr langsame Anlagerung von Haftwasser in den Feinsedimenten steht im direkten Gegensatz zur heftigen Natur der Niederschläge.

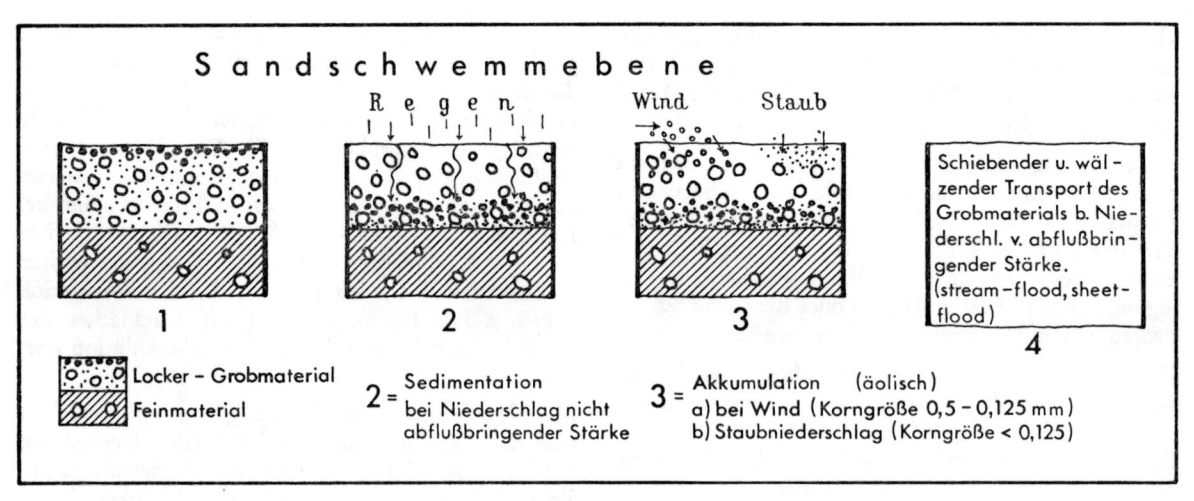

Fig. 19 Flächenbildung durch den kombinierten Prozeß Windakkumulation (3) — Sedimentation (2) — und Transport (4).

Die weiter oben errechnete Menge Wassers, die notwendig ist, um ein 10 cm mächtiges Lockermaterial der gegebenen Korngrößen bei einem Gefälle von 2,3 % zu transportieren, wird auch nicht von den bisher gemessenen Niederschlagsmengen pro Starkregen erreicht. Die beobachteten heftigen Schauer, die jeweils nur wenige Minuten andauerten, erbrachten durchschnittlich 8 bis 9 mm Niederschlag, ein Maß, das offenbar der Norm der saharischen Starkregen entspricht (s. DUBIEF, 1959, 1963, und HECKENDORFF, 1972). Die durch die Beregnungsversuche errechnete Menge Wassers, die notwendig wäre, das Lockermaterial in Bewegung zu setzen, liegt bei 15 bis 20 mm. Berücksichtigt man jedoch die Zufuhr von Niederschlagswasser aus dem Hinterland, so kann, vorsichtig geschätzt, mit der doppelten Menge Wasser auf der Ebene selbst gerechnet werden (s. Luftbild und Interpretation). Die im Hinterland abkommenden Niederschläge können nicht in das anstehende Gestein eindringen, so daß lediglich das Haftwasser zurückgehalten wird und der größte Teil der Niederschlagsmenge in Schluchten konzentriert auf die Sandschwemmebenen austritt.

Das Wasser gelangt nicht kontinuierlich auf die Fläche, sondern in einer Flutwelle, nachdem es sich in den Schluchten gesammelt hat. Diese plötzliche Wasserzufuhr ermöglicht durch die dem Wasser vermittelte Energie (wenig Transportbelastung) und durch die ruckhafte Verdoppelung des Wasserangebots den Transport des Lockermaterials. Der Energieüberschuß wird durch das Auftreten der Flutwelle auf die Fläche verbraucht; die Wassermenge verteilt sich im auflagernden Sediment und bedingt einen charakteristischen Transportvorgang, der auch bei für fluviatile Vorgänge enormem Gefälle (bis 3 %) flächenhaft abläuft.

Das große Porenvolumen des Grobmaterials läßt einen sickernden Durchfluß von Wasser zu: dort, wo gerade genügend Wasser aufgestaut wird, daß es oberflächlich austritt, kommt es zum Fließen in Gefällerichtung, das ein schubhaftes Versetzen der obersten Zentimeter Grobmaterial hervorruft. Das abgeführte wird durch nachrutschendes Material ersetzt. Bei genügendem Wasseraufkommen ist die gesamte Oberfläche in andauernder ruckhafter Bewegung, bei der in kleinsten ineinandergreifenden Schwemmfächern transportiert wird.

Erst bei vollständiger Überflutung der Ebene kommt dadurch ein kontinuierlicher Transport zustande, daß das Wasser wie ein Film flächenbedeckend abfließt. Es kommt dabei zu Wellenbewegungen, weil das über der Fläche abfließende Wasser schneller fließt als das durch die Reibung gehemmte Wasser im Grobmaterialbereich. Dieser Vorgang kann als Schichtflut bezeichnet werden. Turbulentes Fließen ist je nach Wasserangebot, Gefälle des Geländes und Mächtigkeit der Grobmaterialdecke möglich. Je geringmächtiger die auflagernde Lockermaterialschicht ist, umso eher kann schichtflutartiges Abkommen auftreten.

Der Transportvorgang läuft über der durch Wasseraufnahme verdichteten Feinmaterialschicht ab; er erfaßt also weitgehend nur die groben an der Oberfläche angereicherten Korngrößen. Dieselben liegen als korrelate Sedimente in den Wadis. Der Vorgang des Transports wirkt flächenhaft denudativ; er vermag, falls ein eingeschnittener Vorfluter vorhanden ist, die Sandschwemmebenen tiefer zu legen (s. Kap. 5.1 und Profil 1 und 3). Er ist wichtig für die Erhaltung der Form Sandschwemmebene. Durch den Transport wird immer wieder die Möglichkeit zum Neubeginn der beiden oben beschriebenen Vorgänge der Sedimentation und der Akkumulation geboten: Grobmaterial wird abgeführt und gleichzeitig umsortierte Schwemmsedimente aus dem Hinterland zur weiteren Überarbeitung herangebracht. Wo der Transportvorgang fehlt, wird die Fläche durch die Wind- und Niederschlagsakkumulation abgedichtet: Flächenbildung ist danach nicht mehr möglich.

Das fluviatile Herantransportieren von Lockermaterial aus dem Hinterland bedingt eine Verteilung der gemischten Korngrößen auf der Fläche. Dadurch wird das Ausblasen feinerer Korngrößen durch den Wind ermöglicht. Die durch den Transport frisch überarbeiteten Sandschwemmebenen sind Lieferflächen für die Windakkumulationen.

Mit Abklingen der Niederschlagstätigkeit setzt sehr rasch das Verschwemmen des Oberflächenmaterials aus. Die Restwässer sammeln sich in anastomosierenden Gerinnen, in denen der Transport solange noch weiterläuft, wie genügend Wasser nachgeliefert wird. Dadurch wird abschließend die Fläche noch fluviatil überprägt (s. GAVRILOVIC, 1970). Es entstehen wenig eingestufte Gerinne, die eine leichte Reliefierung der Sandschwemmebenen verursachen. Diese werden durch die Windaktivität mit äolischem Material verfüllt. Überwiegt die Windakkumulation, so finden wir nahezu gestaltose Flächen vor; der Formenschatz des fließenden Wassers wird bis zur Unkenntlichkeit verwischt. Überwiegt der Einfluß des fließenden Wassers, so sind die Sandschwemmebenen durch zahllose, nur leicht eingetiefte Gerinne reliefiert.

Die charakteristische Lage der Sandschwemmebenen (bzw. Alluvialserire) im Saumbereich höher aufragenden Geländes ist eine Folge vor allem der vom Hinterland gesteuerten Schwemmvorgänge. Da die Energie des zugeführten Wassers in Hangfußnähe am größten ist (mangelnde Bereitstellung transportablen Materials im Hinterland — nicht ausgelastetes Fließwasser), kann die Form flach gehalten werden, so daß nur selten Neigungen über 1° erreicht werden, selbst im unmittelbaren Bereich der Steilstufen.

Die Prozesse, die die Sandschwemmebenen hervorrufen, bewirken also eine charakteristische Entmischung der von der Verwitterung und vom Transport auf den Ebenen bereitgestellten Ausgangsmaterialien; das grobkörnige Material wird an der Oberfläche angereichert und transportiert, das feinkörnige dagegen auf den Flächen durch Akkumulation festgehalten. Die mittleren Korngrößen (vor allem Mittelsande) geraten z. T. mit in die Akkumulationsvorgänge, sie werden aber auch den Flächen durch Ausblasen entzogen, nachdem sie durch den Transport der Deflation ausgesetzt sind. Der äolische Abtransport eines Teils der Mittelsande verringert einseitig das zur Bearbeitung bereitgestellte Lockermaterial in diesem Korngrößenbereich und verstärkt dadurch den Entmischungsvorgang (Grob-Feinmaterial) auf den Sandschwemmebenen.

Materialentzug durch Windaktivität ist nur nach Niederschlägen mit abflußbringender Stärke möglich, die frisch durchmischte Korngrößen flächenhaft der Windüberarbeitung exponieren.

Die durch das fließende Wasser überformten Flächen sind wichtige Liefergebiete für die rezenten Dünenakkumulationen, vor allem deswegen, weil sich auf den ungeschützten Ebenen größere Windstärken gut entfalten können. Die Herkunft der Dünen ist eng verknüpft mit den Formungsprozessen auf den Sandschwemmebenen: solange immer wieder durch den Transportvorgang äolisch transportierbares Material flächenhaft aufgedeckt wird, kann der Wind diese Korngrößen den Lockersedimenten entziehen; sobald der Transport durch das fließende Wasser unterbunden wird, ist Deflation nicht mehr möglich.

12. Diskussion der Ergebnisse

Die bisher vorgelegten Ergebnisse beantworten Fragen der Genese und Morphodynamik des ariden Formenschatzes, insbesondere Fragen des rezenten Flächenbildungsmechanismus. Unter den gegebenen hochariden Klimabedingungen in der Zentralsahara findet a k - t i v e F l ä c h e n b i l d u n g nur in Verbindung mit der H a n g f o r m u n g statt. Die Formungsaktivität ist auf die Saumbereiche höher aufragenden Geländes beschränkt; Flächen bilden sich jeweils auf dem unteren Stockwerk, vornehmlich im Gebirgsvorland, vor Schichtstufen, in intramontanen Becken und im Bereich breit angelegter Talungen in Form von Sandschwemmebenen. Diese sind das jüngste noch aktive Glied in der Entwicklung meist schon tertiär angelegter Rumpfflächen und damit der Ausdruck rezenter Weiterbildung dieser Flachform (Folgeflächen i. S. BÜDELs).

Die morphodynamischen Prozesse werden vor allem durch das Klimaelement Starkregen gesteuert. Die heftigen Schauer sind verbunden mit der Sammlung des Niederschlagswassers auf dem höher gelegenen Gelände (meist Landterrassen der Schichtstufen), starken Aus- und Abspülvorgängen an den Hängen und Akkumulation, sowie Transport des ausgespülten Materials auf den unteren Flächen. Hinzu kommt die Windaktivität, die durch äolische Akkumulations- und Erosionstätigkeit z. T. eine erhebliche Überformung des Geländes hervorrufen kann.

Die Sandschwemmebenen kappen diskordant die drei jüngsten Terrassenakkumulationen im Tibestigebirge, von denen die sogenannte Niederterrasse mit Sicherheit dem mittleren Holozän zugeordnet werden kann; d. h. sie steht im Zusammenhang mit der neolithischen Feuchtphase. Die Anlage der Sandschwemmebenen muß jünger als diese sein.

Da die Niederterrasse noch einmal durch Schluchterosion zerschnitten worden ist, ist anzunehmen, daß die Bildung der Sandschwemmebenen mit dem Beginn der jüngsten Akkumulationstätigkeit in den Wadis gleichzusetzen ist, die sich bis heute durchsetzen konnte (s. JANNSEN, 1969, GAVRILOVIC, 1970, JÄKEL,

1971, BRIEM, 1976) und erhebliche Mächtigkeiten, vor allem im Gebirgsrandbereich erreichen kann (7 bis 9 m). Diese Annahme wird durch die oben beschriebenen Befunde untermauert: das Material der rezenten Akkumulationen in den Flußbetten entspricht dem des Grobmaterials auf den Sandschwemmebenen. Diese haben also subrezentes Alter; die Epoche dieser Ausbildung kann keinen größeren Zeitraum als —3000 b. p. umfassen.

Es ist davon auszugehen, daß mit zunehmender Austrocknung ein kontinuierlicher Gestaltungswandel von der Schluchterosion zur Akkumulation und Flächenbildung im Gebirge zu verzeichnen ist, der sich langsam mit Verzögerung von unten nach oben und von außen nach innen in die höheren Gebirgsregionen fortsetzt. Auf den weiten Flächen, die die Gebirgsstöcke umgeben, ist derselbe Vorgang zu beobachten: die Austrocknung setzt sich von den zentralen Flächenteilen zu den Randgebieten durch, jedoch früher als im Gebirge, das aus Gründen der Massenerhebung wahrscheinlich noch wesentlich länger ein größeres Feuchtigkeitsaufkommen verzeichnen konnte. Die Sandschwemmebenen im Randbereich der Serire haben daher vermutlich ein etwas höheres Alter als die im Gebirgsinnern.

Ausgehend von der Annahme, daß gleiche Klimabedingungen die gleichen Formungsprozesse, also auch die gleichen Formen hervorrufen, soll abschließend untersucht werden, ob und wo fossile Analogformen zu den Sandschwemmebenen verbreitet sind und welche klimagenetischen und morphodynamischen Voraussetzungen zu diesen Formen führen.

Im untersten Flächenstockwerk gehen die gebirgsparallelen Sandschwemmebenen mit zunehmender Entfernung von den Stufen ohne Begrenzung in die weiten Serirflächen über, von denen weiter oben geschrieben wurde (s. Kap. 3.2 d). Die zentralen Teile der tertiären Rumpfflächensysteme werden von der Serir, die peripheren von den Sandschwemmebenen eingenommen (s. Abb. 2).

Nicht nur die stockwerkgebundene Lage, sondern auch Form, Materialzusammensetzung und stratigraphischer Aufbau der beiden Flächentypen ist gleich: es handelt sich in beiden Fällen um nahezu gestaltlose Flächen mit Neigungen unter 1 %, um kiesig-sandiges Material, dessen gröbere Bestandteile an der Oberfläche und dessen feinere Korngrößen im Untergrund angereichert sind. Sie unterscheiden sich vor allem durch ihr Alter: während die Sandschwemmebenen unter den rezenten Klimabedingungen geformt werden, verharren die Serirflächen weitgehend in morphodynamischer Inaktivität, sie sind fossil.

MECKELEIN (1959, S. 52 ff.) kommt zu den gleichen Ergebnissen und betont diesen Unterschied durch die Bezeichnung „Alluvial- bzw. Eluvialserir": dabei entspricht die Alluvialserir den Sandschwemmebenen [17]. Beide Serirtypen sind morphodynamisch gleicher Entstehung, jedoch genetisch verschiedenen Alters: „Die alluviale Kieswüste wird heute gebildet, die Eluvial-Serire entstammen weitgehend dem Tertiär"; und weiter: „Stets ist Serir-Entstehung mit subtropischer Flächenspülung verknüpft, und bei beiden Serir-Typen müssen also die klimatischen Voraussetzungen die gleichen oder werden doch höchstens graduell abgestuft sein ... Die alluviale Kieswüste verdankt ihre Entstehung gelegentlichem, schichtflutartig abfließendem Wasser", während die Eluvialserir, heute unbewegt, nur noch der „mechanisch-chemischen Verwitterung und Abtragung" unterliegt.

Wenn auch die Frage des Alters der Eluvialserir durch die Ergebnisse neuerer Forschungen widerlegt werden konnte (s. Kap. 3.2 d), so bleibt doch MECKELEINs Postulat des verschiedenen Alters und gleicher morphodynamischer Prozesse für die beiden Flächenarten bestehen. Die flächenbildenden Prozesse spielen sich heute nur im Bereich höher aufragenden Geländes ab; die Vorgänge werden durch den Einfluß des Hinterlandes gesteuert, welches als Liefergebiet für das Lockermaterial dient, das auf den Sandschwemmebenen verteilt wird.

Der Einfluß reicht nur soweit, wie Flutwellen auf den unteren Flächen, das Oberflächenmaterial bewegend, ausgreifen können; meist wird nicht mehr als ein Saum von 2 bis 3 km Breite bearbeitet [18]. Wie aber sind die Serirflächen entstanden, die in mehr als 100 km Entfernung von der nächsten Stufe ausgehende Areale einnehmen (Serir Tibesti 50 000 km²!), wenn man die gleiche Morphodynamik voraussetzt, die heute die Sandschwemmebenen bildet? Woher stammt das Material? Wie konnte es so flächenhaft verteilt (bewegt) werden? Welche klimagenetischen Schlußfolgerungen sind daraus zu ziehen?

Das Material, das die Serirflächen überdeckt, stammt, wie schon weiter oben beschrieben wurde (s. Kap. 3.2 d), aus den Alluvionen, die in den Feuchtzeiten des Quartärs und Holozäns in weiten Schwemmfächern über den tertiären Rumpfflächen abgelagert wurden. Diese Schwemmfächer sind von den Formen her nicht mehr zu erkennen, jedoch ist an Hand der Materialanalyse leicht nachzuweisen, daß diese Akkumulationen aus den Gebirgsräumen herantransportiert worden sind. Die Flußläufe erreichen heute kaum den Gebirgsrand, meistens versiegen sie in Endpfannen, die noch gebirgseinwärts liegen. In den rezenten Wadis findet (s. o.) selbst noch in Höhen über 1000 m Akkumulation

---

[17] Der Ausdruck „Alluvialserir" ist unglücklich gewählt, weil a) Serir etwas statisches bezeichnet und b) jede Serir z. T. alluvialer Entstehung ist. Ich schlage daher vor, den Terminus Sandschwemmebene für die rezenten Flächen zu verwenden, der schon vom Wortlaut her das aktive Element betont und den Terminus „Serir" für die morphodynamisch inaktiven Flächen zu benutzen.

[18] KLITZSCH (1966) konnte bei außergewöhnlich starken Niederschlägen beobachten, daß mit Sand angefüllte Benzinfässer (Pistenmarkierungen) durch Schichtfluten auf der Serir el Gattusa bewegt wurden. Er nimmt an, daß solche Regen alle 30 bis 40 Jahre erfolgen. Die S. el G. ist kleinräumig und von Stufen umrahmt, Schichtfluten dürften daher dort jedoch häufiger als auf den größeren Serirflächen auftreten.

statt. Die Korngrößen der Sedimente liegen fast ausschließlich im Kiesbereich. Die fossilen Serire weisen dagegen oft handgroße Gerölle auf, die also weite Strecken aus dem Gebirgsinnern heraustransportiert werden konnten. MECKELEIN (1959) beschreibt, daß die Korngrößen zum Zentrum der Serir hin zunehmen. Es müssen also Flüsse existiert haben, die in der Lage waren, auch gröbere Gerölle bis weit nach Norden über die Serir Tibesti hinweg zu transportieren.

Diese setzen ein anderes Verwitterungs- und Transportmilieu voraus, als es heute gegeben ist, nämlich ein erheblich feuchteres, in dem sich auch Vegetation ausgebreitet haben dürfte; d. h. die Schwemmfächer sind mit Sicherheit im Maximum einer Feuchtzeit abgelagert worden. Dieser Behauptung liegen folgende Überlegungen zu Grunde: je feuchter das Klima, umso besser wird sich Vegetation entwickeln können, die sich im Gebirge aus Gründen der zusätzlichen Feuchtezufuhr dichter als auf den Flächen des Vorlandes ausbreiten konnte. Eine dichte Vegetationsbedeckung in Verbindung mit einem erhöhten Niederschlagsangebot hat eine Hemmung der flächenhaften Bodenversetzung und eine Förderung der linienhaften Erosion zur Folge. Mit abnehmender Dichte der Vegetation, also mit zunehmender Austrocknung nimmt die Möglichkeit flächenhafter Abtragung zu. Diese führt durch das Überangebot an Lockermaterial zur Akkumulation in den Gerinnen.

Die Akkumulationsterrassen im Gebirgsinnern sind daher als ein morphologisches Zeichen der Austrocknung anzusehen, während die Akkumulationen im Gebirgsvorland mit den Zeiten linienhafter Erosion im Gebirge gleichzusetzen sind, d. h. mit dem Feuchtemaximum. Die rumpfflächenbedeckenden Schwemmfächer, die das Ausgangsmaterial der Serirflächen bilden, sind also Zeugen der Zeiten des relativ größten Wasserangebots in der zentralen Sahara. MECKELEINs Feststellung, daß die Serirflächen im Zentrum das gröbste Material aufweisen, kann so erklärt werden: zur Zeit der stärksten Wasserführung gelangten die Flüsse am weitesten und mit der gröbsten Fracht auf die Flächen des Vorlandes hinaus. Mit zunehmender Austrocknung verlagerte sich die Akkumulationstätigkeit in Richtung Gebirgsinneres unter Zurücklassung immer feineren Materials (s. die gestaffelten Ton-Endpfannen der letzten Austrocknung!). In gleichem Maße wanderte auch die Vegetation mit der Austrocknung und verließ zunächst die zentralen, dann die peripheren Teile der Flächen, um sich auf die Tiefenlinien der Wadis zurückzuziehen, denen sie heute, wenn überhaupt, galeriewaldähnlich folgt. Die Flächen weisen heute eine völlige Vegetationslosigkeit auf. Dieser Ablauf der Formung in Abhängigkeit von der Feuchte wird in Anlehnung an das Schema CHAVAILLONs (1964) erweitert und auch für das Gebirgsvorland in einem Versuch dargestellt (s. Fig. 20).

Die polygenetische Anlage der Flächen erschwert eine genauere Altersdatierung der Schwemmfächer. Da bisher eine Untersuchung dieses Problems fehlt, können dazu auch nur wenige hypothetische Aussagen gemacht werden. Die gewaltige Ausdehnung der fluviatilen Akkumulationen setzt große Erosionsbeträge im Gebirge voraus.

Es ist nicht vorstellbar, daß zeitlich kurz befristete Klimaschwankungen, wie sie etwa im ausgehenden Würm und während des Holozäns nachgewiesen worden sind (s. Kap. 3.2 b), die maximal eine Phase erosiver Tätigkeit von 3000 Jahren hervorgerufen haben, eine Umlagerung von Material solchen Ausmaßes bewirkt haben können. Es ist daher anzunehmen, daß

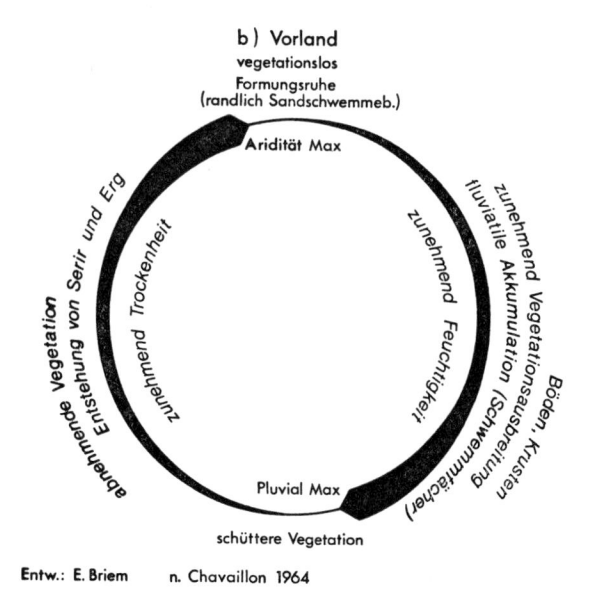

Fig. 20 Entwicklung von Verwitterung, Morphologie und Vegetation im Laufe des Klimazyklus Arid—Humid (Pluvial) im Gebirge a) und auf den Flächen des Vorlandes b).

echte Klimaveränderungen mit lang andauernder Erosionstätigkeit im Gebirge für diese Akkumulationen verantwortlich zu machen sind.

In erster Linie ist dabei an die Erosionsphase im Tibesti zu denken, die die mittelquartären Basalte der Serien SN3 und SN4 erfaßte und die das gesamte Gebirge durch Schluchten zertalen konnte. Die jüngeren Erosionsphasen haben mit Sicherheit den Bereich des Gebirgsvorlandes durch akkumulative Tätigkeit beeinflußt, der Hauptanteil der Sedimentmassen wird jedoch älter, zumindest würmzeitlich sein. Es muß also zumindest ein jungquartäres Alter des größten Teils der Schwemmfächer angenommen werden, aus denen sich die Serirflächen entwickelten. Die Ablagerungen sind durch fluviatile Akkumulation in den Zeiten des Feuchtemaximums echter, klimaverändernder Pluviale entstanden, die im Quartär nachgewiesen werden konnten (s. Kap. 3.2).

Die Schwemmfächer sind nach ihrer Ablagerung einer intensiven Umgestaltung unterworfen worden. Es haben sich aus diesen die Serirflächen entwickelt, die nahezu tischeben (0,4 %₀ Neigung) die tertiären Rumpfflächen überdecken. Unter der Annahme, daß die Serire fossile Sandschwemmebenen darstellen, weil sie der Form und dem stratigraphischen Aufbau nach den Sandschwemmebenen entsprechen, stellt sich die Frage, wann und wie sind die Serirflächen entstanden? Wann und unter welchen Voraussetzungen waren die flächenbildenden Prozesse formgestaltend wirksam, die unter den rezenten Klimabedingungen Sandschwemmebenen hervorrufen?

Die Einebnung der Schwemmfächer muß irgendwann zwischen Feuchtemaximum und -minimum eingetreten sein, wenn man die klimatischen Bedingungen der Jetztzeit als Minimum setzt, in der keine aktive Formung der Serire zu beobachten ist. Es muß eine Zeit gewesen sein, in der auch auf den vom Gebirge entferntesten Serirteilen flächenhaftes Verschwemmen des Materials möglich gewesen ist. Welche Voraussetzungen erfordert diese Feststellung?

Die Niederschläge müssen so intensiv gewesen sein, daß ein oberflächenhaftes, Unebenheiten verschwemmendes Versetzen des Lockermaterials möglich war. Die Niederschlagsmenge kann andererseits nicht so groß gewesen sein, daß sich eine dichtere Vegetation entwickeln konnte, die das Verschwemmen verhindert hätte. Diese Überlegungen führen zu dem Schluß, daß nur ein randtropisch-wechselfeuchtes Klima mit langer Trocken- und kurzer sommerlicher Regenzeit die Serirbildung hat hervorrufen können, wie im Folgenden näher erläutert werden soll.

In den Gebieten, die heute etwa diesen Klimatyp aufweisen wie der Sahel, setzt die kurze Regenzeit etwa im Juni–Juli mit außerordentlich heftigen, meist Gewitterschauern ein, die das Land kurzfristig unter Wasser setzen, da bekanntlich der Boden die herabstürzenden Niederschläge wegen seiner Trockenheit und Luftspeicherung nicht aufnehmen kann. Die Folge ist morphologisch ein häufiges Vorkommen von Schichtfluten, die auch auf den Flächen geringer Neigung Abspülvorgänge hervorrufen, die große Materialmengen auf den Flächen versetzen. Vor allem bei Beginn der Regenzeit, wenn die Vegetation des Vorjahres verdorrt ist, und das neue Grün noch nicht aufgekeimt ist, werden maximale Werte der Materialumlagerung erreicht. Die lückenhafte Vegetation der Trockensavanne bzw. der Dornstrauchsavanne ermöglicht dem auf der Landoberfläche einschlagenden Tropfen der Starkregen, das Material durch den Spritz- und Plauscheffekt aufzubereiten, aufzuschlemmen und dadurch transportabel zu machen. Es laufen dabei die gleichen Prozesse ab, die bei der Sandschwemmebenenbildung auftreten. Das grobe Material (hier: Sande) reichert sich an der Oberfläche an, während die feineren Korngrößen im Unterboden zusammenbackend festgehalten werden. Bei der Versickerung des Niederschlags werden die feinen im Wasser gelösten Bestandteile durch den aufliegenden Sand soweit nach unten verfrachtet bis die Dichte des Sediments ein weiteres Durchsickern verhindert.

Durch diese Feinmaterialanreicherung wird heute im Sahel eine Durchtränkung des Bodens mit Wasser praktisch ausgeschaltet, so daß die Niederschläge oberflächlich ablaufen und durch die hohe Verdunstungskapazität schnell aufgezehrt werden können. Das Feinmaterial verhindert auch die bei der Regenmenge mögliche Regeneration des Grundwassers.

In einer Studie über Abfluß, Erosion und Möglichkeiten einer Einschränkung derselben hat ROOSE (1967) die Ergebnisse eines Versuchsobjekts geschildert, das im Senegal aus Gründen der landwirtschaftlichen Nutzungsmöglichkeiten durchgeführt wurde. Eine Gruppe

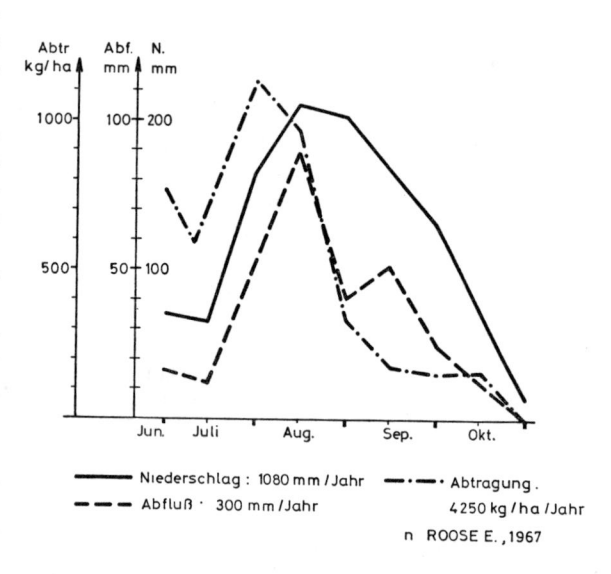

Fig. 21 Entwicklung von Niederschlag, Abfluß und Abtragung auf Flächen mit weniger als 2 % Neigung. Nach ROOSE, E. (1967)

von Wissenschaftlern hat über 10 Jahre hinweg den Effekt der Starkregen auf die Landoberfläche gemessen. Es wurden auf Flächen mit weniger als 2 % Neigung Abfluß- und Erosionsmengen durch Auffangen des bewegten Materials in Sedimentationsbecken gemessen, und der Gang des Niederschlags, des Abflusses und der Erosion im Laufe der Regenzeit genau beobachtet. Tab. 6 und Fig. 21 stellen den Gang des Niederschlags dar, während in Tab. 7 die gemessenen Einzelleistungen der Niederschläge, deren prozentuale Abflußmengen und deren Erosionsmengen in kg/ha aufgezeigt werden.

Die Meßergebnisse zeigen deutlich, in welcher Weise die Starkniederschläge im Verlauf der Regenzeit morphologisch wirksam werden. Betrachtet man die Kurven von Abfluß und Abtragung in Abhängigkeit von der Niederschlagsmenge, so ist die Abtragungsleistung zu Beginn der Regenzeit besonders hoch, obwohl die Abflußmenge relativ niedrig ist. Die vegetationslosen Untergründe nehmen die Niederschläge nur langsam auf, so daß das Material (sandiger Lehm) an der Oberfläche gut bewegt werden kann.

Zunächst verringert sich mit zunehmender Durchfeuchtung Abfluß und Abtragung, um dann Anfang Juli erneut mit rasch steigender Tendenz zuzunehmen. Der Boden ist nun tiefgründig durchfeuchtet, daß jeder Regen das Material leicht aufschlemmen und transportieren kann. Das Maximum der Abtragung ist Ende Juli erreicht.

Während die Niederschlagstätigkeit und die Abflußmenge noch bis Mitte August zunehmen, nimmt die Abtragungsleistung ab. Die aufkeimende Vegetation behindert den Abschwemmvorgang. Trotz nahezu gleichbleibender Niederschlagsmenge verringert sich ab Mitte August die Abfluß-, vor allem aber die Abtragungsleistung erheblich. Das Heranwachsen der Pflanzen unterbindet in zunehmendem Maße die morphologische Aktivität. Die Ernte (Getreide, meist Hirse) Anfang September macht sich noch einmal durch die Erhöhung der Abflußleistung bemerkbar, das Wurzelwerk der Pflanzen aber verhindert ein größeres Abschwemmen des Bodens. Bis zum Ende der Regenzeit verringert sich mit abnehmender Niederschlagstätigkeit die Abflußmenge, während die Abtragungsrate im Verhältnis leicht ansteigt. Am Ende der Regenzeit hemmt die im Boden verbleibende Restfeuchtigkeit und die noch überdauernde Vegetation sowohl Abfluß als auch Abtragung.

In Fig. 22 wird dieser Vorgang dadurch verdeutlicht, daß die Entwicklung der Mittelwerte pro Niederschlag und die davon abhängige Abfluß- und Abtragungsmenge aufgezeichnet werden.

Der zunächst widersinnige Verlauf der Kurven in Fig. 23, der die Abhängigkeit der Abfluß- und Abtragungsmengen von den Niederschlagshöhen zeigt, wird wiederum durch das Phänomen der heranwachsenden Vegetation geklärt.

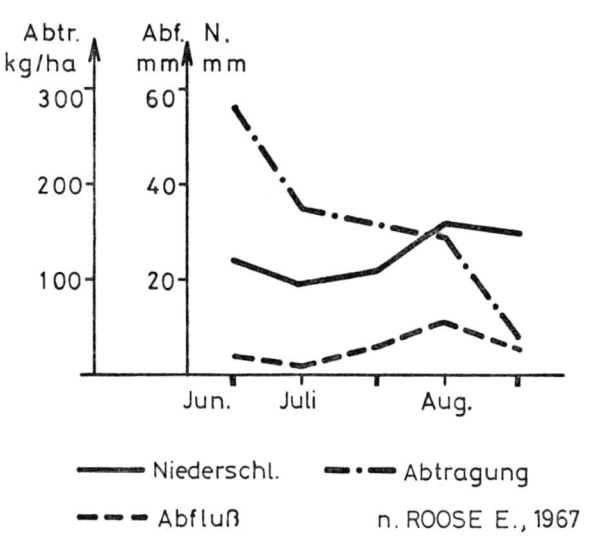

Fig. 22 Entwicklung von Niederschlag, Abfluß und Abtragung pro Regen (Mittelwerte). Nach ROOSE, E. (1967)

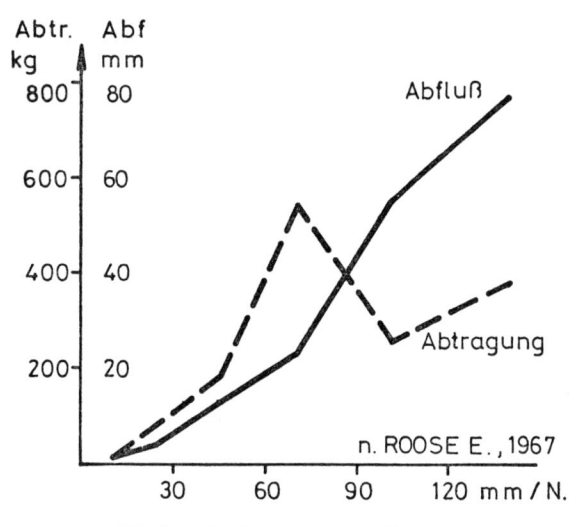

Fig. 23 Abfluß und Abtragung in Abhängigkeit von der Höhe der Niederschläge.

Niederschläge mit einer Intensität bis zu 90 mm pro Regen fallen zu Beginn der Regenzeit, während Regen mit noch größerer Intensität nur zur Zeit des Vegetationsmaximums Mitte bis Ende August fallen. Daher nimmt die Denudation bei Niederschlägen über 90 mm ab.

Die Tab. 6 und 7 sollen den Effekt der Starkniederschläge auf den vegetationslosen Boden noch einmal an Hand einzelner Messungen verdeutlichen. Betrachten wir zunächst nur die Spalte 15. bis 31. Juli in

Datum	Anzahl N.	N. mm	Abfl. mm	Abfl. %/N.	Abtr. kg/ha	Mittelwerte pro N.			% von jährl. Gesamtmenge		
						mm	Abfl. mm	Abtr. kg/ha	N/mm	Abf. mm	Abtr.
30. 6.	2,8	70,4	17,85	25,4	780,1	25,1	6,38	278,6	6,3	5,7	17
15. 7.	3,4	66,0	12,51	19,0	598,6	19,4	3,68	176,1	5,9	4,0	13
31. 7.	7,0	162,8	51,50	31,6	1138,7	23,3	7,36	162,7	14,5	16,5	26
15. 8.	6,4	216,5	90,58	41,8	986,9	33,8	14,15	154,2	19,3	29,0	22
31. 8.	7,6	210,5	44,43	21,1	345,5	27,7	5,85	45,5	18,7	14,2	7

Tab. 6 Entwicklung von Niederschlag, Abfluß und Abtragung bei Beginn der Regenzeit (Station Séfa, Sénégal, 10jährige Mittel). Nach ROOSE, E. (1967). Hangneigung 1 bis 2 %, Material: sandiger Lehm.

Tab. 6. Bei sieben Niederschlägen fielen insgesamt 162,8 mm, also etwa 23 mm pro Regen. Davon flossen 51,5 mm, also 31,6 %, das entspricht 7,36 mm pro Regen, oberflächenhaft ab. Dabei wurden 1136,7 kg Lockermaterial pro Hektar abgeschwemmt. Vom 15. bis 31. August fiel mit 7,6 etwa die gleiche Anzahl Regen mit einer bedeutend größeren Niederschlagshöhe von 210,5 mm. Davon wurden 44,43 mm, das entspricht 21,1 % des Niederschlags oberflächenhaft abgeführt, die lediglich 345,5 kg Lockermaterial pro Hektar verfrachteten. Trotz größerer Intensität und Menge des Niederschlags wird fast nur ein Drittel der Abtragungsrate von Mitte Juli erreicht.

Die insgesamt auf das Jahr bezogene höchste Abtragungsrate (Tab. 6) wird durch die relativ häufigen Regen mit Stärken zwischen 30 und 60 mm erreicht: 1799,2 kg werden pro Jahr von 10 Regen dieser Stärke abgetragen, das entspricht einem Durchschnitt von 179,9 kg pro Regen und Hektar. Die relativ höchsten Abtragungsbeträge werden bei Einzelniederschlägen zwischen 60 und 90 mm erreicht: 1,6 Regen pro Jahr mit der Gesamtmenge von 106,7 mm Niederschlag sind in der Lage 858,4 kg pro Hektar abzuschwemmen, das entspricht 536,5 kg pro Regen. Die große morphologische Kraft der Starkregen ist hiermit erwiesen.

Die Untersuchungen bestätigen die oben beschriebenen morphologischen Prozesse. Bei den heftigen Niederschlägen, die max. 170 mm/24 Std. erreichen, werden selbst bei Neigungen unter 1 % enorme Mengen Lockermaterials verfrachtet. Ohne eine formverändernde Wirkung wird Material zwischen den immer wieder neu entstehenden ganz flachen Voll- und Hohlformen hin- und herbewegt. Die Folge ist eine totale Einebnung.

Wie bei den Sandschwemmebenen, so bestimmt auch hier die große Intensität der Niederschläge die morphodynamischen Prozesse. Der Unterschied liegt im Ausmaß und in der Dauer der flächenbildenden Vorgänge. Dank der Regelmäßigkeit der sommerlichen Niederschläge und ihrer großen Intensität findet auf den Flächen des Sahels jährlich Formung durch das fließende Wasser statt. Dagegen treten in der Vollwüste episodisch Starkregen auf, die meistens an höher aufragendes Gelände gebunden sind und die auch in der Intensität nur selten die Stärken erreichen, die im randtropischen wechselfeuchten Raum gegeben sind. Bei gleichen morphodynamischen Vorgängen werden daher in der Vollwüste nur begrenzte Räume von der Formung erfaßt, wie auch Häufigkeit und Dauer der aktiven flächenbildenden Vorgänge auf die Zufälligkeit einzelner Niederschläge beschränkt sind.

Die auf die Gebirgsrandsäume eingeengte Flächenbildung in Form der Sandschwemmebenen ist ein Relikt tropischer Reliefgestaltung; morphologisch liegt das Tibesti und der nördlich angrenzende Raum bis etwa 28° N heute in der Einflußsphäre tropischer Formungsart, wenn auch im Sinne eines Rückzugsstadiums nur noch örtlich begrenzte, vom Niederschlag bevorzugte Gebiete von der Formung berührt werden. Das stimmt auch in etwa mit dem heutigen Einflußbereich gelegentlicher monsunaler Strömungen überein.

Die Serirflächen sind Zeugen der ehemaligen Ausdehnung dieses Formungsmechanismus, sie sind unter denselben randtropisch-wechselfeuchten Klimabedingungen entstanden, wie sie jetzt im Sahel gegeben sind. Die nördliche Ausdehnung der Serirflächen gibt die ehemalige Grenze tropischer Formungsart wieder, die durch kurze sommerliche Regenzeiten mit Starknieder-

N. mm/R	Anzahl	Menge	Jahresmittel				Mittel/Regen	
			Abfl. mm	Abfl. % N		Abtr. kg/ha	Abf.	Abtr.
15	16,0	150,3	11,24	7,5		182,1	0,7	11,4
15—30	14,2	304,9	61,75	20,2		1180,9	4,35	84,0
30—60	10,0	439,3	135,27	30,8		1799,2	13,53	179,9
60—90	1,6	106,7	36,48	34,2		858,4	22,80	537,5
90—120	0,4	39,4	21,8	55,3		107,5	54,50	268,75
120	0,6	86,5	45,61	52,7		231,3	76,02	385,5

Tab. 7 Abfluß und Abtragung in Abhängigkeit von der Niederschlagshöhe/pro Regen (Station Séfa, Sénégal, 10jähriges Mittel). Nach ROOSE, E. (1967).

schlägen charakterisiert war. Es scheint, daß sich der tropische Einfluß der Formung in den Zeiten der sog. Südpluviale des Quartärs und Holozäns nicht weiter hat nach Norden ausdehnen können als bis etwa 28° N. Mit zunehmender Breite sind weder Serire noch Sandschwemmebenen verbreitet; sie werden weiter nördlich von Pedimenten und Trockenschutthängen abgelöst, die nach Meinung des Verfassers typisch für Trockenräume mit überwiegend ektropischer Luftmassenbeeinflussung sind, d. h. für Trockengebiete, die überwiegend Winterregen empfangen. Die Verteilung der Gebiete mit tropischer bzw. ektropischer Formungsart sprechen dafür, daß sich zumindest in der letzten Feuchtzeit der Wüstengürtel nicht zonal verschoben hat, sondern daß ein allgemein feuchteres Klima den Gesamtraum beherrscht hat, sozusagen eine Wüste im heutigen Sinne nicht existent war.

Dieses klimatische Milieu war nach den Ergebnissen einschlägiger Forschungen (s. o. Kap. 3.2 und 3.3) während der sogenannten neolithischen Feuchtphase gegeben. Allein die Funde von Fossilien sudanesischer Großsäuger und ihre zeitliche Einordnung beweisen, daß zur Zeit des Neolithikums (—7000 bis —4000 b. p.) ausreichende Lebensmöglichkeiten für diese Fauna im Raum der zentralen Sahara vorhanden waren. Im besonderen Maße haben die zahlreichen Funde aus dem Kulturgut des neolithischen Menschen, vor allem Felsbilder und Steinwerkzeuge, dazu beigetragen, den Lebensraum dieser Zeit und dessen klimatische Ausstattung besser kennenzulernen. Aus der umfangreichen Literatur zu diesem Thema soll hier nur auf die Arbeiten von BUTZER (1957 b, c) verwiesen werden.

Die Befunde beweisen, daß das Neolithikum bedeutend feuchter als die Jetztzeit war. Die Sahara trug, auch in den heute hyperariden Bereichen, ein Vegetationskleid vom Typ der Trocken- bzw. Dornstrauchsavanne, das auch den größeren anspruchsvolleren Tieren genügend Nahrung bieten konnte. Die Analyse der Fossilien von Fauna und Flora zeigen eindeutig, daß dieser Raum im mittleren Holozän von einem randtropisch-wechselfeuchten Klima beherrscht wurde. Es ist anzunehmen, daß im Gesamtraum der zentralen Sahara auch in den Gebieten der sogenannten Kernwüste (Serir Tibesti, ostlibysche Wüsten) durchschnittlich mehr als 50 mm/Jahr als Sommerregen gefallen sind.

Die morphologische Analyse der Sandschwemmebenen und ihre Anwendung auf die Serirflächen kann diesen Befund nur bestätigen. Demnach sind nach der Ablagerung ausgedehnter Schwemmfächer zur Zeit des letzten echten Pluvials (i. S. einer Klimaänderung, wahrscheinlich Würm) mit zunehmender Austrocknung die Serirflächen, vor allem zur Zeit des neolithischen Subpluvials entstanden, in der die Klimaverhältnisse durch randtropische Sommerregen charakterisiert waren.

Zu dieser Zeit waren die gleichen formgestaltenden Prozesse auf den Schwemmfächern wirksam, wie sie heute auf den Sandschwemmebenen und auf den Flächen des Sahels zu beobachten sind. Flächenspülung, hervorgerufen durch die Niederschlagsart Starkregen in Verbindung mit der aquatischen und äolischen Akkumulation von Feinmaterial (Tone, Schluffe, Feinsande) und dem (Schwemm-)Transport gröberer Korngrößen (Kiese, Sande) haben zur vollständigen Einebnung dieser Flächen geführt. Dieser tropische Formungsmechanismus kann nur auf ein randtropisch-wechselfeuchtes Klima zurückgeführt werden, das mit langer Trocken- und kurzer Regenzeit die notwendigen heftigen Niederschläge erbracht hat, die auch auf den zentralen Teilen der Serir spülend wirksam wurden.

Vermutlich sind auch die Serirböden (s. MECKELEIN, 1959) in den Zeiten erhöhter Verwitterungsintensität durch größere Feuchtigkeit in Verbindung mit hohen Temperaturen entstanden. Die Entwicklung der Serirflächen geht demnach aus von der Anlage weiter Schwemmfächer in den Zeiten der „Nordpluvial"-Maxima. Die Einebnung der Schwemmfächer erfolgte in den Zeiten des klimatischen Einflusses der „Südpluviale", in denen sich mit großer Wahrscheinlichkeit auch die Serirböden entwickeln konnten.

Die Frage der Entstehung der Ergs muß in diesem Zusammenhang gesehen werden. Trotz stetig, z. T. heftig wehender Winde kann auf den Serirflächen keine Deflation heute mehr stattfinden: die grobe geschlossene Kiesdecke verhindert jede Aufnahme äolisch transportierbaren Materials. Windfracht kann nur da ausgeblasen werden, wo ständig Korngrößen dieses Spektrums oberflächenhaft exponiert werden. Dies ist heute nur bei den Sandschwemmebenen gegeben, wenn das fließende Wasser das Material an der Oberfläche bewegt hat. Die Sandschwemmebenen sind das Liefergebiet für das äolische Material, welches heute in den rezenten Dünen angesammelt wird.

Die weite Ausdehnung und große Mächtigkeit der Dünensande in den Ergs schließt aus, daß diese durch die Deflation von Material aus den Sandschwemmebenen entstanden sind. Die ungeheuren Sandmassen können nur durch länger andauernde Akkumulationstätigkeit des Windes bei stetiger Aufnahmemöglichkeit von äolischer Fracht von einem großflächigen Liefergebiet angehäuft werden. Es ist daher anzunehmen, daß das Material der Ergs zum größten Teil fossil ist, wenn es auch innerhalb der Ergs heute noch bewegt wird. Auch MECKELEIN (1959) kommt zu dem Schluß, daß die Ergs fossil seien. Er schreibt (s. 70 ff.): „Dementsprechend ist die Hauptperiode ihrer Bildung in eine vergangene, relativ feuchtere Zeit zurückzuverlegen. Gerade Sandmeere sind also kein eindeutiger Beweis für vollarides Klima..." Eine genauere Fixierung des Alters der Ergs gibt MECKELEIN nicht an.

Die oben beschriebenen Ergebnisse lassen den Schluß zu, daß die Ergs während der langsamen Austrocknung des zentralsaharischen Raumes im Spätwürm und Holozän entstanden sind, in einer Zeit, als noch genügend Niederschläge fielen, die ein oberflächenhaftes Verschwemmen von Material auf den angrenzenden großen Flächen ermöglichten. Diese klimatische Situation war z. Z. der Serirflächenbildung, vor allem im Neolithikum gegeben, als die sommerlichen Starkniederschläge immer wieder weitflächig äolisch transportables Material exponieren konnten, ohne daß eine zu dichte Vegetationsdecke die Deflation hat unterbinden können.

Ergs und Serirflächen sind mit großer Wahrscheinlichkeit gleichaltrig. Beide Formen sind nicht Zeugen eines hochariden Klimas wie das der Jetztzeit, sondern Relikte einer Zeit zunehmender Austrocknung, als noch auf den Weiten des Landes spülende und verschwemmende Prozesse stattfanden bei lückenhafter Vegetation und langanhaltender jährlicher Trockenheit. Die Deflation fand in der langen Zeit der jährlichen Austrocknung, die Exposition der Windfracht in der kurzen Zeit der sommerlichen Regen statt. Erg- und Serirbildung sind als eine voneinander abhängige Formgebung zu betrachten.

Abschließend wird in Tab. 8 die Genese der Formen in der zentralen Sahara in ihrer Abhängigkeit von den jeweiligen Klimaeinflüssen dargestellt (s. a. Fig. 4).

Genese von Formen und Klima in der zentralen Sahara im Laufe der jüngsten Erdgeschichte

ZEIT	MORPHOLOGISCHE EREIGNISSE (VERW., FORMUNG)			KLIMA
	GEBIRGE	von der Höhenlage unabhän. Formung	VORLAND	
TERTIÄR	RUMPFFLÄCHENBILDUNG (Rotlehme, tiefgrün. Vergrus.)			wechselfeucht-trop.
PLIOZÄN	älteste Talbildung		Schwemmfächer ?	trockener
ALT- QUARTÄR	Wechsel von Erosions- u. Akkumulationsphasen,		Schwemmfächer, Serir- u. Ergbildung	PLUVIALE - u.
MITTEL-	Schluchten, ältere Terrassen		im Wechsel	INTERPLUVIALE
JUNGQUARTÄR (bis etwa)				
30 000 b.p.	Erosion Schluchten ++	Verw.+++ Hangschutt, Bodenbildung	AKKUMULATION Schwemmfächer	Pluvial Max. mediterran
20 000 ?	AKKUMULATION O.T.	Verw.- Hangabtrag.	Serirbildung	trockener
15 000	Erosion, Schluchten	Verw.++ Schutt, Böden	Schwemmfächer	feuchter (medit.)
8 000	AKKUMULATION M.T.	Verw.- Hangabtragung	Serirbildung	trockener
5 000	Erosion, Schluchten	Verw.+ Schutt, Böden	Serirbildung +++	neolith. Feuchtphase (tropischer Einfl.)
3 500	Akkumulation N.T.	Verw.-- Hangzerrunsung	Serirbildung -	trockener
1 500	Erosion, Schluchten	Verw.- Hangabspülung	Serirbildung	feuchter
heute	rez. Akkumulation	Verw.-- Hangzerrunsung	Sandschwemmebenen	hocharid
	(Intensität, stark++, schwach--)			

Tab. 8 Versuch der chronologischen Einordnung der morphologischen Ereignisse in Beziehung zum Klima.

13. Zusammenfassung

a) Die morphodynamischen Vorgänge

Die nur wenig geneigten Sandschwemmebenen (0 bis 3 %) der zentralen Sahara entstehen durch das Zusammenwirken von Wind und Wasser. Folgende Prozesse konnten im Einzelnen durch Feldexperimente (künstlicher Regen) nachgewiesen werden:

1. Sedimentation der feinen Korngrößen (Feinsand, Schluffe, Tone) durch Niederschläge von nicht abflußbringender Stärke,
2. Akkumulation von Windfracht (0,5 mm-Staubfraktion),
3. linienhaft-anastomosierender (stream-flood) und gelegentlich auch flächenhafter (sheet-flood) Transport von Oberflächenmaterial bei Niederschlägen abflußbringender Stärke,
4. Deflation mittlerer und feiner Korngrößen (0,5 mm-Tonstaub) nach Transportvorgängen (Exposition des Materials).

Dabei wirken die Vorgänge wie folgt zusammen:
Bei den Niederschlägen von nicht abflußbringender Stärke werden die Lockersedimente an der Oberfläche entmischt. Die feineren Korngrößen sickern durch das eindringende Wasser im Porenhohlraum des Sediments nach unten; sie sammeln sich und dichten den Untergrund ab. Es entsteht eine Feinmaterialschicht im Untergrund in wechselnder Tiefe (2 bis 10 cm) in Abhängigkeit von der Menge der groben Körner im Oberflächenmaterial.

Die im Untergrund sedimentierten Korngrößen werden in der Oberflächenschicht durch Windfracht ersetzt. Beim Sandfegen wird das Sediment mit den mittleren Korngrößen wieder aufgefüllt, während die feinen Korngrößen nach Abflauen des Windes durch den Staubniederschlag hinzugefügt werden.

Diese beiden Prozesse sind als echt flächenbildende (aufbauende) Vorgänge anzusprechen.

Der Transport von Oberflächenmaterial ist abhängig von deren Mächtigkeit und der Intensität des Niederschlags. Er wird hervorgerufen durch die im Untergrund verklebende Feinmaterialschicht, die den Wasserstauer bildet. Die Oberflächenschicht wird über diese Wasserschicht hinwegbewegt durch stream-flood bei Niederschlägen geringerer Intensität und durch sheet-flood bei besonders heftigen Niederschlägen. Das Material wird schiebend oder wälzend bewegt.

Nach den spontanen und sporadischen Transportvorgängen liegen die für den Wind transportablen Korngrößen erneut an der Oberfläche und können ausgeblasen werden (die Sandschwemmebenen sind daher Lieferflächen für die rezenten Dünen).

b) Die Morphogenese

Sandschwemmebenen sind in der zentralen Sahara als charakteristische gebirgsraumparallel auftretende Formen weit verbreitet. Es sind Ebenen, die auf dem niedrigsten (jüngsten) tertiären Rumpfflächenniveau entwickelt sind; sie werden unter den gegebenen hochariden Klimabedingungen geformt. Sie sind daher als eine Typform der ariden Morphodynamik anzusprechen, als aride Form der Erhaltung und Weiterbildung von Rumpfflächen (Sukzessionsflächen).

Form und Schichtung der Serirflächen sind denen der Sandschwemmebene gleich. Die Serirflächen sind morphodynamisch auf gleiche Weise entstanden wie die Sandschwemmebenen; während die Serirflächen heute Ruheformen darstellen, werden die Sandschwemmebenen aktiv geformt.

Auch die Serire zeigen einen polygenetischen Aufbau: quartäre Schwemmfächer breiteten sich in den Zeiten der Pluvialmaxima über den tertiären Rumpfflächen aus. Diese wurden während der Austrocknungszeiten zu Seriren umgeformt durch dieselben Prozesse, wie sie heute bei der Bildung von Sandschwemmebenen zu beobachten sind. Wahrscheinlich handelte es sich um Klimate sahelischen Charakters mit langen Trockenzeiten und kurzen sommerlichen Regenperioden (neolithische Feuchtphase). Die Entwicklung der Ergs muß in die gleiche Zeit gestellt werden.

Die Sandschwemmebenen sind ein Relikt dieser Formungsart, sozusagen das Rückzugsstadium der Serirbildung. Deshalb findet sich dieser Flächentyp an den Gebirgsrändern und auf intramontanen Ebenen, dort, wo die Niederschläge aus dem Hinterland die Überformung des Gebirgssaums ermöglichen. Man kann die Prozesse der Sandschwemmebenenbildung heute bis in Höhen von 1000 m im Gebirge beobachten. Es kommt zur denudativen Tieferlegung der Flächen, wenn die Sandschwemmebenen zwischen einem tief eingeschnittenen Vorfluter und rückwärtigen Steilstufen eingeschaltet sind.

Résumé

a) Morphodynamique

Les «plaines de sable» (Sandschwemmebenen) du Sahara central (inclinaison 0—3 %) résultent de la combinaison de l'action du vent et de l'eau. Les processus suivants pouvaient démontrer par expériments sur le terrain (pluies superficielles):

1. sédimentation des grains fins (sable fin, limons, argiles) par les pluies sans écoulement,
2. accumulation des grains (0,5 mm-poussière d'argile) par le vent,
3. transport linéaire-anastomosant (stream-flood) et occasionellement transport par ruissellement en nappe (sheet-flood) du matériel superficiel par les pluies avec écoulement,
4. déflation des grains (0,5 mm-poussière d'argile) après transport (exposition du matériel).

Les processus se composent de la façon suivante: Les sédiments meubles superficiels sont démélangé par les pluies sans écoulement. Les grains fins suintent avec l'eau pénétrante par la grande porosité du matériel superficiel; ils accumulent à 2—10 cm (dépendant de la quantité des grains gros (2 cm—0,5 mm) dans la couche superficiel) et calfeutrent le soubassement.

Le sédiment superficiel est rempli de grains éoliens par vent de sable (grains 0,5 mm, 0,125 mm) et après l'action du vent par précipitation de poussière.

Ces deux processus sont responsable pour la construction d'une surface plane.

Le transport du matérial superficiel est dépendant de son épaisseur et de l'intensité de la pluie. Il est provoqué par la couche de grains fins au soubassement, qui agit comme toit imperméable. La couche du matériel superficiel est remuée par dessus de ce toit imperméable par «stream-flood» (intensité moins forte) ou par «sheed-flood» (intensité très forte de la pluie). Le matériel est remuée par un transport poussant et roulant.

D'après l'action spontanée et sporadique du transport le matériel transportable par le vent est exposé de nouveau à la surface et peut être soufflé par l'action du vent (surface livrante pour les dunes récentes).

b) Morphogenèse

Les plaines de sable sont répandues comme formes caractéristiques du Sahara central partout le long des lignes d'affleurement sur le niveau bas, tandis que les hamadas sont étendus sur les niveaux élévés; normalement il s'agit des surfaces d'érosion (d'aplanissement), dont la plus jeune est celle des plaines de sable ou de la serir. Les plaines de sable sont formées par le climat hyperaride actuel: elles représentent la forme typique de la morphodynamique aride, la forme aride de la conservation et contiuation des surfaces d'érosion tertiaires les plus jeunes (Sukzessionsflächen).

La forme et la stratification des serirs sont comparable avec les plaines de sable. Elles sont le résultat de la même morphodynamique, mais elles sont des formes mortes, tandis que les plaines de sable sont formées actuellement.

Les serirs sont d'origine polygénique: des cônes alluviaux quaternaires se sont étendus sur les surfaces d'érosion tertiaires aux temps des pluviales maximales. Ces cônes alluviaux étaient transformés en plaines du typ «serir» pendant l'aridification par un climat «sahélien» avec des périodes arides longues et des périodes humides courtes à l'été (néolithique). C'étaient aussi les temps de la naissance des ergs.

Les plaines de sable représentent la forme «retraite» active de la serir. C'est pourquoi elles se trouvent sur les surfaces à côté des montagnes et sur les bassins d'entremont, là, où les pluies en combinaison avec un arrière-pays élévé ont encore la possibilité de former les bordures de la montagne. On peut observer les processus de façonnement des plaines de sable aujourd'hui jusqu'aux hauteurs de 1000 m sur les bassins d'entremont; quand il y a des lits de rivières incisés qui sont les niveaux de base pour les plaines de sable, les processus morphologiques ont l'effet de denudation (l'érosion en surface).

Summary

a) Morphodynamic processes

The sandy alluvial plains of the Central Sahara have only a slight incline (0—3 %) and are the result of the combined action of wind and water. The following processes could be demonstrated in detail by field experiments (artificial rain):

1. sedimentation of fine grains (fine sand, silt, clay) by precipitation too slight for run-off,
2. accumulation of wind-transported material (0.5 mm dust particles),
3. stream-flood and occasionally sheet-flood transport of surface material by precipitation of run-off strength,
4. deflation of medium and fine grains (0.5 mm clay dust) after transport (material exposed).

The processus act as follows:
In the case of precipitation not heavy enough for run-off, loose sediments are exsolved on the surface. The finer grains seep downwards through the infiltrating water in the pore space of the sediment; they collect and seal off the subsurface. A layer of fine material is formed at varying depths in the subsurface (2—10 cm) depending on the amount of coarse grains in the surface material.

The grains sedimented in the subsurface are replaced by windfreight in the surface layer. Winnowed sand replenishes the sediment with medium-sized grains, fine grains are added when the dust settles after the wind has died down.

These two processes may be seen as accumulative (formative) processes.

The transport of surface material depends on its thickness and the intensity of precipitation. It is brought about by the fine material layer binding together in the subsurface and damming up the water. Stream-flood (in the case of less intense precipitation) and sheet-flood (when precipitation is particularly heavy) bring this surface layer into a pushing and rolling motion. After the spontaneous and sporadic transport the grains movable by the wind lie on the surface again and can be blown away (the sandy alluvial plains are thus a source of supply for the recent dunes).

b) Morphogenesis

Sandy alluvial plains are characteristic formations of the Central Sahara and are found parallel to the mountain fringes. They developed on the lowest (most recent) tertiary peneplain level under the given extreme arid climatic conditions. They are therefore to be regarded as a typical arid morphodynamic formation, as the arid form of conserving and developing peneplains (Sukzessionsflächen).

Serirs and sandy alluvial plains are similar in form and stratification. Both share the same morphodynamical genesis; the former are stationary forms, the latter active.

The serirs also have a polygenetic structure: quaternary fans spread out over the tertiary peneplains during the pluvial maxima. During the drying-out phases these were re-formed into serirs by the same processes observed today in the formation of sand plains, in all probability in "Sahel" climates with long dry periods and short periods of rain in the summer (neolithic wet phase). The development of the ergs belongs to the same period.

The sandy alluvial plains are a relict of this type of formation, so to speak the withdrawal stage of serir formation, and are thus to be found on the borders of mountains an in intermont areas, where precipitation from the hinterland can shape the mountain fringes. The processes of sandy alluvial plain formation can be observed today in the mountains up to heights of about 1000 m. Denudation takes place when the sandy alluvial plains lie between a deep-lying drainage-channel and retrograded escarpments.

Literaturverzeichnis

Abkürzungen

Abhdl.:	Abhandlung(en)
Bd.:	Band
B. R. G. M.:	Bureau de Recherches Géologiques et Minières
C. R. Acad. Sc.:	Comptes Rendues des Séances de l'Académie des Sciences
C. R. Somm. Soc. Gél. Fr.:	Compte Rendu Sommaire des Séances de la Société Géologique de France
F. B.:	Fachbereich
H.:	Heft
P. M.:	Petermanns Geographische Mitteilungen
SCL/NCh.:	South Central Libya and Northern Chad. A guidebook to the Geology and Prehistory. Petroleum Exploration Society of Libya. Eigth annual Field conference 1966
Trav. Inst. Rech. Sah.:	Travaux de l'Institut de Recherches Sahariennes, Alger
Z. f. G.:	Zeitschrift für Geomorphologie

ABDUL-SALAM, A. (1966): Morphologische Studien in der Syrischen Wüste und dem Antilibanon. — Berliner Geogr. Abhdl., H. 3.

ARAMBOURG, C. (1948): Observations sur le Quaternaire de la Région du Hoggar. — Trav. Inst. Rech. Sah. V, 7-18, Alger.

BALOUT, L. (1952): Pluviaux interglaciaires et préhistoire saharienne. — Trav. Inst. Rech. Sah., t. VIII, p. 9-21, Alger.

BARTH, H.-K. und BLUME, H. (1973): Zur Morphodynamik und Morphogenese von Schichtkamm- und Schichtstufenreliefs in den Trockengebieten der Vereinigten Staaten. — Tüb. Geogr. Studien, H. 53.

BETTENAY, E. und BREWER. R. (1973): Further evidence concerning the origin of the western australien sand plains. — Journ. of the Geological Society of Australia Vol. 19, Pt. 4.

BIROT, P.; CAPOT-REY, R. und DRESCH, J. (1955): Recherches morphologiques dans le Sahara Central. — Trav. Inst. Rech. Sah., t. XIII, p. 13-74, Alger.

BÖTTCHER, U. (1968): Erosion und Akkumulation von Wüstengebirgsflüssen während des Pleistozäns und Holozäns im Tibesti-Gebirge am Beispiel von Misky-Zubringern. — Unveröffentlichte Staatsexamensarbeit am Geomorph. Lab. der FU Berlin, Berlin.

BÖTTCHER, U. (1969): Die Akkumulationsterrassen im Ober- und Mittellauf des Ennery Misky (Südtibesti). — Berliner Geogr. Abhdl., Heft 8.

BÖTTCHER, U.; ERGENZINGER, P.-J.; JAECKEL, S. H.; KAISER, K. (1972): Quartäre Seebildungen und ihre Mollusken-Inhalte im Tibesti-Gebirge und seinen Rahmenbereichen der zentralen Ostsahara. — ZfG, N. F., Bd. 16, S. 182-234, Stuttgart-Berlin.

BREMER, H. (1971): Flüsse, Flächen- und Stufenbildung in den feuchten Tropen. — Würzburger Geogr. Arbeiten, H. 35.

BREMER, H. (1972): Flußarbeit, Flächen- und Stufenbildung in den feuchten Tropen. — Z. f. G., N. F., Suppl. Bd. 14.

BRIEM, E. (1976): Beobachtungen zur Talgenese im westlichen Tibesti-Gebirge. — Berliner Geogr. Abh., H. 24, S. 45-54.

BÜDEL, J. (1949): Die räumliche und zeitliche Gliederung des Eiszeitklimas. — Naturwiss. 36.

BÜDEL, J. (1952): Bericht über klimamorphologische und Eiszeitforschungen in Nieder-Afrika. — Erdkunde, Bd. VII, Heft 2/3.

BÜDEL, J. (1954): Sinai, die Wüste der Gesetzesbildung. — Abhdl. Akad. Raumforschung, 28, Festschrift Mortensen, Bremen.

BÜDEL, J. (1955): Reliefgenerationen und plio-pleistozäner Klimawandel im Hoggar-Gebirge. — Erdkunde, Bd. IX, H. 2.

BÜDEL, J. (1957): Die „doppelten Einebnungsflächen" in den feuchten Tropen. — ZfG., N. F., H. 2, S. 201-228, Berlin.

BÜDEL, J. (1960): Die Gliederung der Würmkaltzeit. — Würzburger Geogr. Arbeiten, H. 8.

BÜDEL, J. (1963): Die jungpliozänen und quartären „Pluvialzeiten" der Sahara. — Eiszeitalter und Gegenwart, 13.

BÜDEL, J. (1970): Pedimente, Rumpfflächen und Rückland-Steilhänge. — ZfG, N. F., Bd. 14, H. 1, S. 1-57.

BULL, W. B. (1964): Geomorphology of Segmental Alluvial Fans in Western Fresno County, California. — Geol. Survey Prof. Paper 352 - E, United States Printing Office, Washington.

BUSCHE, D. (1968): Der gegenwärtige Stand der Pedimentforschung (unter Verarbeitung eigener Forschungen im Tibesti-Gebirge). — Unveröffentl. Staatsexamensarbeit am Geomorph. Lab. der FU Berlin.

BUSCHE, D. (1972 a): Untersuchungen zur Pedimententwicklung im Tibesti-Gebirge (République du Tchad). — ZfG, Suppl. Bd. 15, S. 21-38, Stuttgart-Berlin.

BUSCHE, D. (1972 b): Vorläufiger Bericht über Untersuchungen an Schwemmfächern auf der Nordabdachung des Tibestigebirges, Rép. du Tch. — Berliner Geogr. Abh., H. 16, S. 95-104, Berlin.

BUTZER, K. W. (1957 a): Mediterranean Pluvials and the General Circulation of the Pleistocene. — Geografisker Annaler, Stockholm, Bd. 39, H. 1, p. 48-53.

BUTZER, K. W. (1957 b): Late Glacial and Postglacial Climatic Variation in the Near East. — Erdkunde, Bonn, Bd. 11, S. 21-35.

BUTZER, K. W. (1957 c): Quaternary Stratigraphy and Climate in the Near East. — Bonner Geogr. Abhdl. Nr. 24, Bonn.

BUTZER, K. W. (1958): Studien zum vor- und frühgeschichtlichen Landschaftswandel in der Sahara. — Akademie der Wissenschaften und der Literatur (Mainz), Abhdl. der math. nat. Klasse, Nr. 1.

BUTZER, K. W. (1959): Contributions to the Pleistocene Geology of the Nile Valley. — Erdkunde, Bonn, Bd. 13, Nr. 1.

CAPOT-REY, R. F. (1950): Le déplacement des sables éoliens. — Trav. Inst. Rech. Sah. VI., Alger.

CHAVAILLON, J. (1964): Les formations quaternaires du Sahara Nord-Occidental. — Centre National de la Recherche scientifique. Série: Geologie, Nr. 5.

CZAJKA, W. (1958): Fragen der flächenhaften Abtragung am Beispiel Nordostbrasiliens. — Dtsch. Geogr. Tag, Würzburg, Tag.-Berichte und wiss. Abhdl., Wiesbaden.

CORBEL, J. (1963): Pediments d'Arizona. — Centre de Documentation Cartographique et Géographique. Mém. et docum. 9 fasc., B.

DENNY, C. S. (1965): Alluvial Fans in the Death Valley Region California and Nevada. — Geolog. Survey Prof. Paper 466, United States Government Printing Office, Washington.

DALLONI, M. (1934): Mission au Tibesti (1930-1931). — Dirigée par M. Dalloni. Bd. 1/2. Mémoires de l'Académie de l'Institut de France. Gauthier-Villars, Paris.

DUBIEF, J. (1947): Les pluies au Sahara Central. — Trav. Inst. Rech. Sah. VI, Alger.

DUBIEF, J. (1950): Evaporations et coefficients climatiques au Sahara. — Trav. Inst. Rech. Sah. VI., Alger.

DUBIEF, J. (1959): Le climat du Sahara. — Mém. Inst. Rech. Sah., Tome I, Alger.

DUBIEF, J. (1963): Le climat du Sahara. — Mém. Inst. Rech. Sah., Tome II., Alger.

ERGENZINGER, P. J. (1968): Vorläufiger Bericht über geomorphologische Untersuchungen im Süden des Tibestigebirges. — ZfG, N. F., Bd. 12, H. 1, S. 98-105.

ERGENZINGER, P. (1969): Rumpfflächen, Terrassen und Seeablagerungen im Süden des Tibestigebirges. — Tagungsber. und wiss. Abhdl. Deut. Geographentag, Bad Godesberg 1967, S. 412-425, Wiesbaden.

ERGENZINGER, P. (1971): Das südliche Vorland des Tibesti. Beiträge zur Geomorphologie der südlichen zentralen Sahara. — Habilitationsschrift an der FU Berlin vom 28. 2. 1971, Berlin.

ERGENZINGER, P. (1972): Reliefentwicklung an der Schichtstufe des Massif d'Abo (Nordwesttibesti). — ZfG., N. F., Suppl. Bd. 15, S. 93-112.

FAURE, H. (1954): Géologie des régions du Nord du Tchad (Territoire du Niger). — C. R. Somm. Soc. géol. Fr.

FAURE, H. (1959): Sur quelques dépôts du Quaternaire du Ténéré (Niger). C. R. Acad. Sci., Fr., 249, Nr. 25.

FAURE, H. (1963): Reconnaissance géologique des formations sédimentaires post-paléozoiques du Niger oriental. — Thèse, Publ. B. R. G. M., Paris

FAURE, H. u. a. (1963): Formations lacustres du Quaternaire supérieur du Niger oriental: Diatomites et âges absolus. — Bull. B. R. G. M., Nr. 3.

FAURE, H. (1966): Evolution des grands lacs sahariens à l'Holocène. — Quaternaria, 8, S. 167-175.

FLOHN, H. (1963): Zur meteorologischen Interpretation der pleistozänen Klimaschwankungen. — Eiszeitalter und Gegenwart, H. 14.

FRENZEL, B. (1967): Die Klimaschwankungen des Eiszeitalters. — Braunschweig.

FÜRST, M. (1965): Hammada-Serir-Erg. — Z. f. G., N. F. Bd. 9, H. 4.

FÜRST, M. (1966 a): Bau und Entstehung der Serir Tibesti. — Z. f. G., N. F., Bd. 10, H. 4.

FÜRST, M. (1966 b): The Serir Tibesti, its form, material and development. — SC/NCH.

GABRIEL, B. (1970): Die Terrassen des Enneri Dirennao. Beiträge zur Geschichte eines Trockentales im Tibesti-Gebirge. — Dipl.-Arbeit am II. Geogr. Inst. der FU Berlin.

GABRIEL, B. (1972): Terrassenentwicklung und vorgeschichtliche Umweltbedingungen im Enneri Dirennao (Tibesti — östl. Zentralsahara). — Z. f. G., N. F., Supp.-Bd. 15, S. 113-128, Stuttgart-Berlin.

GABRIEL, B. (1973): Steinplätze: Feuerstellen neolithischer Nomaden in der Sahara. — Libyca A. P. E., Bd. 21, Algier.

GABRIEL, B. (1974): Probleme und Ergebnisse der Vorgeschichte im Rahmen der Forschungsstation Bardai (Tibesti). — FU Pressedienst Wissenschaft, Nr. 5/74, Berlin.

GANNSSEN, R. (1968): Trockengebiete. — B. J., Bd. 354/354 a, Mannheim.

GAVRILOVIC, D. (1969): Klimatabellen für das Tibesti-Gebirge. Niederschlagsmengen und Lufttemperatur. — Berliner Geogr. Abh., Heft 8, S. 47-48.

GAVRILOVIC, D. (1970): Die Überschwemmung im Wadi Bardagué im Jahr 1968 (Tibesti, Rép. du Tchad). — ZfG., N. F., Bd. 14, Heft 2, S. 202-218.

GEYH, M. A. und JÄKEL, D. (1974): Spätpleistozäne und holozäne Klimageschichte der Sahara aufgrund zugänglicher 14-C-Daten. — ZfG., N. F., Bd. 18, H. 1, S. 82 bis 98.

GELLERT, J. (1971): Das System der Entstehung und Gestaltung der Rumpfflächen, Inselberge samt Pedimenten und Rumpftreppen in Afrika. — P. M., H. 3.

GELLERT, J. (1974): Pluviale und Interpluviale in Afrika. — P. M., H. 2.

GOSSMANN, H. (1970): Theorien zur Hangentwicklung in verschiedenen Klimazonen. — Würzburger Geogr. Arbeiten, H. 31.

GROVE, A. T. (1960): Geomorphology of the Tibesti Region with Special Reference to Western Tibesti. — Geographical Journal. London, Bd. 126, N. 1.

GRUNERT, J. (1970): Erosion und Akkumulation von Wüstengebirgsflüssen. Eine Auswertung eigener Feldarbeiten im Tibesti-Gebirge. — Hausarbeit im Rahmen der 1. (wiss.) Staatsprüfung für das Amt des Studienrats. Manuskript am II. Geogr. Inst. der FU Berlin.

GRUNERT, J. (1972 a): Die jungpleistozänen und holozänen Flußterrassen des oberen Enneri Yebbigué im zentralen Tibesti-Gebirge und ihre klimatische Bedeutung. — Berliner Geogr. Abh., Heft 16, S. 124-137.

GRUNERT, J. (1972 b): Zum Problem der Schluchtbildung im Tibesti-Gebirge. — ZfG., N. F., Suppl.-Bd. 15, S. 144 bis 155.

GRUNERT, J. (1974): Beiträge zum Problem der Talbildung in ariden Gebieten, am Beispiel des zentralen Tibesti-Gebirges. — Dissertation, FU Berlin, FB 24.

HAGEDORN, H. (1966): Landforms of the Tibesti Region. — SCL/NCh.

HAGEDORN, H. (1967): Beobachtungen an Inselbergen im westlichen Tibesti-Vorland. — Berliner Geogr. Abhdl., Heft 5, S. 17-22.

HAGEDORN, H. (1968): Über äolische Abtragung und Formung in der Südost-Sahara. Ein Beitrag zur Gliederung der Oberflächenformen der Wüste. — Erdkunde, Bd. 22, H. 4.

HAGEDORN, H. (1971): Untersuchungen über Relieftypen arider Räume an Beispielen aus dem Tibesti-Gebirge und seiner Umgebung. — Z. f. G., N. F., Suppl.-Bd. 11.

HAGEDORN, H. und PACHUR, H.-J. (1971): Observations on Climatic Geomorphology and Quaternary Evolution of Landforms in South Central Libya. — In: Symposium on the Geology of Libya, Faculty of Science, University of Libya, Tripoli.

HECHT, F.; FÜRST, M. und KLITZSCH, E. (1963): Zur Geologie von Libyen. — Geol. Rundsch. Bd. 53.

HECKENDORFF, W. D. (1972): Zum Klima des Tibesti-Gebirges. — Berliner Geogr. Abh., H. 16, S. 123-143.

HECKENDORFF, W. D. (1973): Die Hochgebirgswelt des Tibesti. Klima. — In: „Die Sahara und ihre Randgebiete", Bd. III ed.: H. Schiffers, Weltforum Verlag, München.

HERVOUET, M. (1958): Le B. E. T.-Rapport: Chef de la Région B. E. T. Administrateur en chef de la F. O. M., Fort-Lamy.

HÖVERMANN, J. (1963): Vorläufiger Bericht über eine Forschungsreise ins Tibesti-Massiv. — Die Erde, Jg. 94, Heft 2, S. 126-135.

HÖVERMANN, J. (1967): Hangformen und Hangentwicklung zwischen Syrte und Tschad. — Les Congrés et Colloques de l'Université de Liège, Vol. 40. L'évolution des versants, Liège, S. 139-156.

HÖVERMANN, J. (1972): Die periglaziale Region des Tibesti und ihr Verhältnis zu angrenzenden Formungsregionen. — Göttinger Geogr. Abhdl., H. 60.

JÄKEL, D. (1967): Vorläufiger Bericht über Untersuchungen fluviatiler Terrassen im Tibesti-Gebirge. — Berliner Geogr. Abh., H. 5, S. 39-49.

JÄKEL, D. (1971): Erosion und Akkumulation im Enneri Bardagué-Arayé des Tibesti-Gebirges während des Pleistozäns und Holozäns. — Berl. Geogr. Abhdl., H. 10

JÄKEL, D. und SCHULZ, E. (1972): Spezielle Untersuchungen an der Mittelterrasse im Enneri-Tabi, Tibesti-Gebirge. — Z. f. G., N. F., Suppl.-Bd. 15.

JANNSEN, G. (1969): Einige Beobachtungen zu Transport- und Abflußvorgängen im Enneri Bardagué bei Bardai in den Monaten April, Mai und Juni 1966. — Berliner Geogr. Abh., H. 8, S. 41-46.

JOLY, F. (1953): Quelques phénomènes d'écoulement sur la bordure du Sahara, dans les confins algéro-marocains et les consequences morphologiques. — Comt. Rend., 19, Congr. Int. Géol., Alger 1952, Sect. VII, fsc. VII.

KAISER, K. H. (1970): Über Konvergenzen arider und periglazialer Oberflächenformung und zur Frage einer Trockengrenze solifluidaler Wirkungen am Beispiel des Tibesti-Gebirges. — Abhdl. d. Inst. d. FU, H. 13, S. 147.

KAISER, K. H. (1972): Der känozoische Vulkanismus im Tibesti-Gebirge. — In: Arbeitsberichte aus der Forschungsstation Bardai/Tibesti. Berliner Geogr. Abhdl., Heft 16, S. 7-36.

KAISER, K. H. (1973): Materialien zu Geologie, Naturlandschaft und Geomorphologie des Tibesti-Gebirges. — In: Die Sahara und ihre Randgebiete, Bd. III, ed. H. Schiffers, München.

KANTER, H. (1963): Eine Reise in das Nordost-Tibesti (Republik Tschad) 1958. — P. M., Bd. 107, H. 1, S. 21 bis 30.

KING, L. C. (1953): Canons of Landscape Evolution. — Bull. of the Geological Society of America, Vol. 64.

KLAER, W. (1970): Formen der Granitverwitterung im ganzjährig ariden Gebiet der östlichen Sahara (Tibesti). — Tübinger Geogr. Stud., Bd. 34, Tübingen.

KLITZSCH, E. (1966 a): Comments on the Geology of the Central Parts of Southern Libya and Northern Chad. — SCL/NCh.

KLITZSCH, E. (1966 b): Bericht über starke Niederschläge in der Zentralsahara. — Z. f. G., N. F., Bd. 10, H. 2.

KLITZSCH, E. (1970): Die Strukturgeschichte der Zentralsahara. — Geol. Rdsch., Bd. 59, S. 459-527.

KLITZSCH, E. (1974): Bau und Genese der Grarets und Alter des Großreliefs im Nordostfezzan. — Z. f. G., N. F., Bd. 18, H. 1.

KUBIENA, W. L. (1955): Über die Braunlehmrelikte des Atakor. — Erdkunde, Bd. IX, S. 115-132, Bonn.

MAC GEE, W. J. (1897): Sheetflood erosion. — Bull. Geol. Soc. America, 8, S. 87-112.

MAINGUET, M. (1974): Le modelé des grès. — Institut Géographique National, Paris.

MALEY, J. (1973): Mécanisme des changements climatiques aux basses latitudes. — Palaeogeography, Palaeoclimatology, Palaeo ecology, 14.

MALEY, J.; COHEN, J.; FAURE, H.; ROGNON, P.; VINCENT, P. M. (1970): Quelques formations lacustres et fluviatiles associées à différentes phases du volcanisme au Tibesti (Nord du Tchad). — ORST OM. Série Géol. II., 1., S. 246-279, Fort-Lamy.

MAUNY, R. (1956): Préhistoire et Zoologie: La grande „Faune Ethiopienne" du nord ouest africain du paléolithique à nos jours. — Bull. Inst. Franç. Afr. Noire, XVIII, A.

MECKELEIN, W. (1959): Forschungen in der zentralen Sahara. Klimageomorphologie. — Braunschweig.

MENSCHING, H. (1958 a): Entstehung und Erhaltung von Flächen im semiariden Klima am Beispiel von Nordwest-Afrika. — Deutscher Geographentag Würzburg, 1957. Tagungsberichte und wissenschaftliche Abhandlungen, S. 173-184, Wiesbaden.

MENSCHING, H. (1958 b): Glacis — Fußfläche — Pediment. — ZfG., N. F., Bd. 2, S. 165-186.

MENSCHING, H. (1964): Zur Geomorphologie Südtunesiens. — ZfG., N. F., Bd. 9, H. 4, S. 424-439.

MENSCHING, H. (1968): Bergfußflächen und das System der Flächenbildung in den ariden Subtropen und Tropen. — Geol. Rdsch., Bd. 58, S. 62-82.

MENSCHING, H. (1970): Piedmont plains and sand-formations in arid and humid tropic and subtropic regions. — Z. f. G., Suppl.-Bd. 10.

MESSERLI, B. (1972): Formen und Formungsprozesse in der Hochgebirgsregion des Tibesti. — Hochgebirgs-Forschung — High Moutain Research, H. 2, Innsbruck-München.

MOLLE, H. G. (1968): Terrassenuntersuchungen im Gebiet des Enneri Zoumri (Tibesti-Gebirge). — Dipl.-Arbeit am II. Geogr. Inst. der FU, Berlin.

MOLLE, H. G. (1971): Gliederung und Aufbau fluviatiler Terrassenakkumulationen im Gebiet des Enneri Zoumri (Tibesti-Gebirge). — Berliner Geogr. Abhdl., Heft 8.

OBENAUF, K. P. (1967): Beobachtungen zur pleistozänen und holozänen Talformung im Nordwest-Tibesti. — Berliner Geogr. Abh., H. 5, S. 27-37.

OBENAUF, K. P. (1971): Die Enneris Gonoa, Toudoufou, Oudingueur und Nemagayesko im nordwestlichen Tibesti. Beobachtungen zu Formen und zur Formung in den Tälern eines ariden Gebirges. — Berliner Geogr. Abhdl., H. 12.

PACHUR, H.-J. (1966): Untersuchungen zur makroskopischen Sandanalyse. — Berliner Geogr. Abhdl., H. 4.

PACHUR, H.-J. (1970): Zur Hangformung im Tibesti-Gebirge. — Die Erde, H. 1.

RAHN, P. H. (1967): Sheetfloods, Streamfloods and the Formation of Pediments. — Annals of the Association of American Geographers. Vol. 57, S. 593-604.

ROGNON, P. (1962): Observations nouvelles sur le Quaternaire du Hoggar. — Abhdl. ersch. in: Trav. Inst. Rech. Sah. T. XIX, Alger.

ROGNON, P. (1967 a): Le Massif de l'Atakor et ses Bordures (Sahara Central). Etude Géomorphologique. — Centre National de la Recherche Scientifique, Paris.

ROGNON, P. (1967 b): Climatic Influences on the African Hoggar during the Quaternary, based on Geomorphologic Observations. — Annals of the Association of American Geographers, Vol. 57, Nr. 1, S. 115-124.

ROHDENBURG, H. (1970): Hangpedimentation und Klimawechsel als wichtigste Faktoren der Flächen- und Stufenbildung in den wechselfeuchten Tropen. — ZfG., N. F., Bd. 14, H. 1, S. 58-78.

ROLAND, N. W. (1971): Zur Altersfrage des Sandsteins bei Bardai (Tibesti Rép. Tchad). — Neues Jahrbuch Geol. Paläont. Mh., Jg. 1971, H. 8, S. 496-506, Stuttgart.

ROLAND, N. W. (1974): Zur Entstehung der Trou-au-Natron-Caldera aus photogeologischer Sicht. — Geol. Rdschau, Bd. 63.

ROOSE, E. (1967): Dix années de mesure de l'érosion et du ruisellement au Sénégal. — L'Agronomie tropicale, extrait du no. 2.

SCHWARZBACH, M. (1953): Das Alter der Wüste Sahara. — Neues Jhrb. Geol. Pal. 4, Stuttgart.

SCHWARZBACH, M. (1961): Das Klima der Vorzeit — Eine Einführung in die Paläoklimatologie. — Stuttgart.

SCHULZ, E. (1973): Zur quartären Vegetationsgeschichte der zentralen Sahara unter Berücksichtigung eigener pollenanalytischer Untersuchungen aus dem Tibesti-Gebirge. — Wiss. Hausarbeit am FB 23 der FU Berlin.

SCHULZ, E. (1974): Pollenanalytische Untersuchungen quartärer Sedimente aus dem Tibesti-Gebirge. — FU Pressedienst Wissenschaft Nr. 5/74.

VINCENT, P. (1963): Les volcans tertiaires et quaternaires du Tibesti occidental et central (Sahara du Tchad). — Mémoires du BRGM. No. 23. Edition BRGM, Paris.

VANNEY, J. R. (1967): Über Starkregen in Wüstengebieten. — P. M., H. 2.

WACRENIER, P. (1958): Notice explicative de la Carte Géologique Provisoire du Borkou-Ennedi-Tibesti au 1 : 1 000 000. — Brazzaville: Directions des Mines et de la Géologie. AEF.

WEISE, O. (1970): Zur Morphodynamik der Pediplanation. — Z. f. G., Suppl.-Bd. 10.

WICHE, K. (1963): Fußflächen und ihre Deutung. — Mitt. der Österr. Geogr. Gesellschaft Bd. 105.

WILHELMY, H. (1972): Geomorphologie in Stichworten. — Bd. II.

WISSMANN, H. (1951): Über seitliche Erosion. — Colloquium Geographicum I, Bonn.

YAIR, A. (1972): Observations sur les effects d'un ruisellement dirigé selon la pente des interfluves dans une région semiaride d'Israel. — Revue de géographie physique et de géologie dynamique, (2), Vol. XIV, Fasc. 5.

YAIR, A. und KLEIN, M. (1973): The influence of surface properties on flow and erosion processes on debris covered slopes in an arid area. — Catena, Vol. 1, Gießen.

ZIEGERT, H. (1966): Climatic changes and Paleolithic Industries in Eastern Fezzan, Libya. — SCL/NCH.

ZIEGERT, H. (1967): Dor el Gussa and Gebel ben Ghnema. — Zur nachpluvialen Besiedlungsdichte des Ostfezzan. — Franz Steiner, Wiesbaden.

Abb. 1 Satellitenaufnahme des Tibesti-Gebirges (Gemini VII, Flughöhe 216 km, Blickrichtung SSW)

Abb. 2 Satellitenaufnahme des Tibesti-Gebirges (Gemini VII, Flughöhe 216 km, Blickrichtung SE)

Abb. 3 Anschnitt im Blockschuttmaterial eines konvex-konkaven Hanges (Djebel Soda)

Abb. 5 Sandstein-Hamada: Steinpflaster, unterlagerndes Feinmaterial Frischer Kernsprung im Hintergrund (Djebel ben Gnemma)

Abb. 6 Basalthamada (Djebel Eghei) mit Entwässerungsmulden zur Stufenstirn

Abb. 4 Basalt-Blockhamada (Djebel Eghei) und Feinmaterial unter einer Kiesdecke

Abb. 8 Schuttrampe und schuttentblößter Stufenhang bei Sebha

Abb. 7 Staufähigkeit der Feinmaterialschicht am Lager Djebel Eghei

Abb. 9 Auflösung der Schutthänge, Dreiecksform am Hang und auf der Sandschwemmebene. Reste von Hangschutt auf der Fläche (Djebel Eghei)

Abb. 10 Auflösung konkaver Schutthänge (Schuttrampen) (Djebel Eghei)

Abb. 11 Eingreifen der unteren Fläche in den Schutthang, seitliche Unterschneidung und Ausräumung des Hangschutts (Djebel Eghei)

Abb. 13 Kerbrinnenzerschneidung des Hangschutts (bei Sebha)

Abb. 12 Auflösung des Schutthangs durch Ausspülung von oben und Kerbrinnenzerschneidung der Schuttreste (Djebel Eghei)

Abb. 14 Kerbrinne im Hangschutt. Anreicherung des Grobschuttes an der Oberfläche durch Entzug des Feinmaterials (bei Sebha)

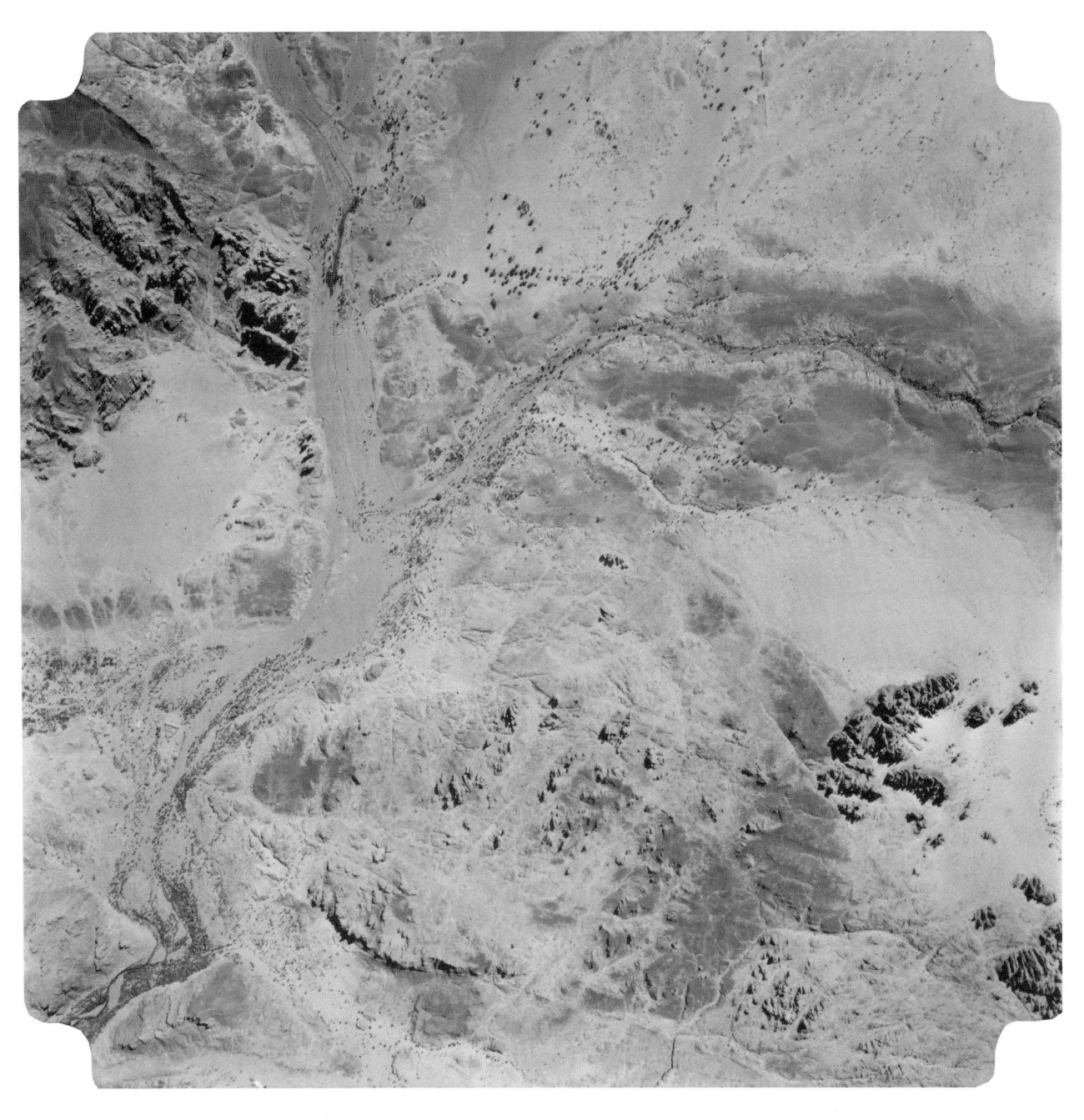

Abb. 15 Luftbild des Beckens von Bardai
(aufgenommen am 9. 2. 1965 durch Aero-Exploration, Bild Nr. 5260)

Abb. 15 a   Geomorphologische Interpretation zu A

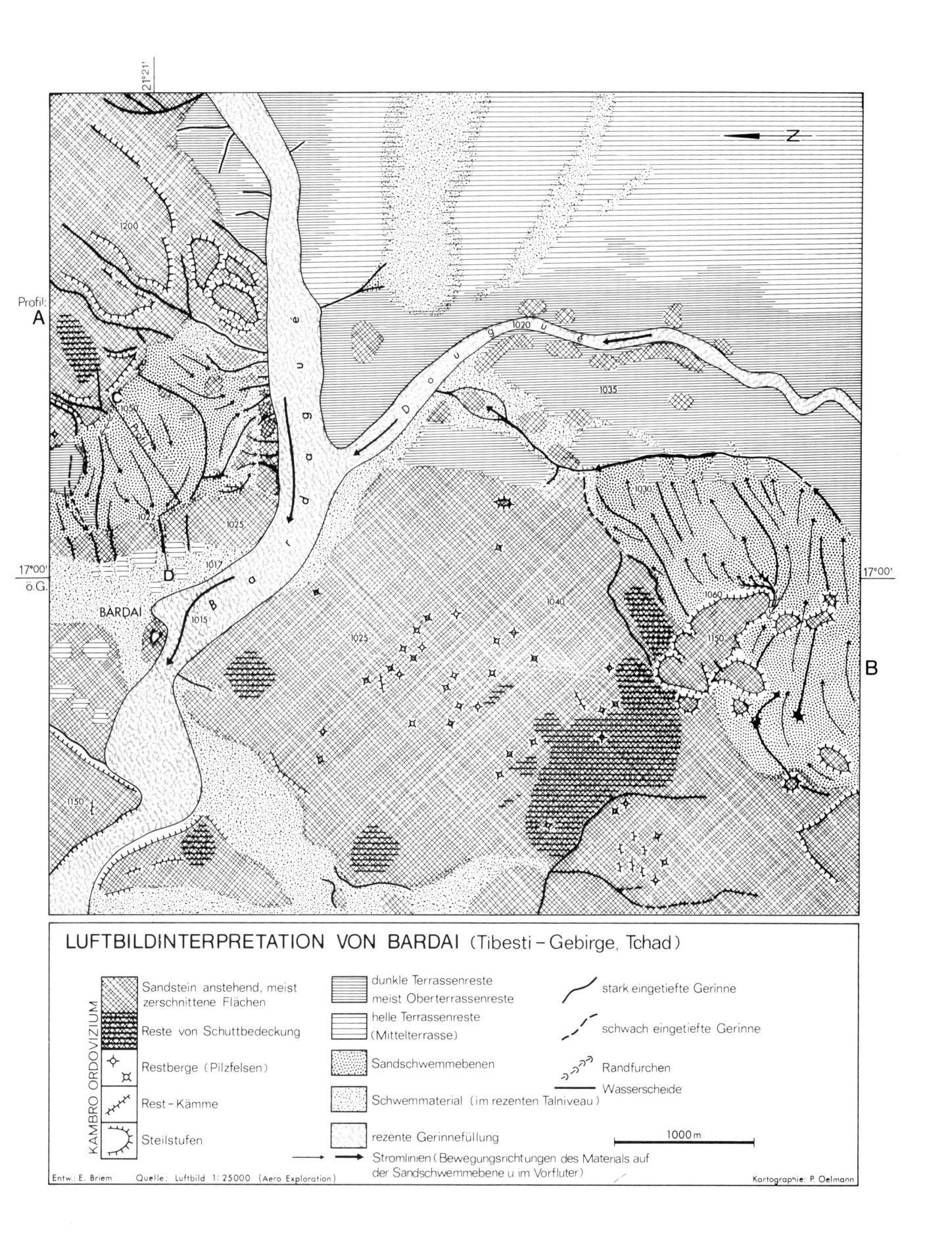

LUFTBILDINTERPRETATION VON BARDAI (Tibesti–Gebirge, Tchad)

KAMBRO ORDOVIZIUM
- Sandstein anstehend, meist zerschnittene Flächen
- Reste von Schuttbedeckung
- Restberge (Pilzfelsen)
- Rest-Kämme
- Steilstufen

- dunkle Terrassenreste meist Oberterrassenreste
- helle Terrassenreste (Mittelterrasse)
- Sandschwemmebenen
- Schwemmaterial (im rezenten Talniveau)
- rezente Gerinnefüllung
- Stromlinien (Bewegungsrichtungen des Materials auf der Sandschwemmebene u. im Vorfluter)

- stark eingetiefte Gerinne
- schwach eingetiefte Gerinne
- Randfurchen
- Wasserscheide

1000 m

Entw.: E. Briem   Quelle: Luftbild 1:25000 (Aero Exploration)   Kartographie: P. Oelmann

Abb. 16 Luftbildschrägaufnahme des Beckens von Bardai. Blickrichtung SE

Abb. 17 Stufenrand und Sandschwemmebene von Bardai

Abb. 18 Unterer Hangknick an der Steilstufe der Sandschwemmebene von Bardai, tiefgründig verwitterter Sandstein

Abb. 19 Sedimente der Sandschwemmebene: Grob- bzw. Lockermaterial und unterlagernde Feinmaterialschicht (Sandschwemmebene von Bardai)

Abb. 20 Sedimente der Sandschwemmebene: Lockermaterial über leicht verbackener Feinmaterialschicht (Sandschwemmebene von Bardai)

Abb. 21 Polygonmuster des Schaumbodens

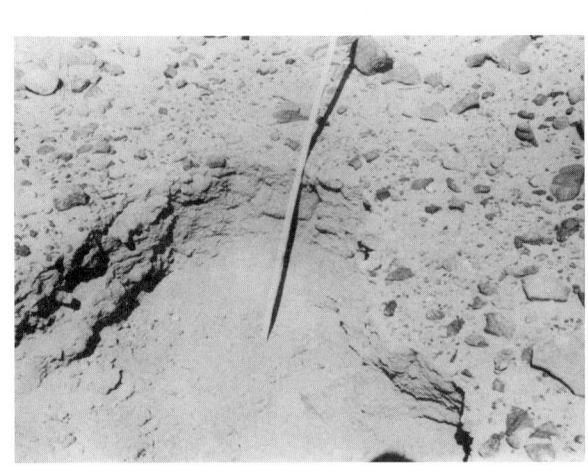

Abb. 22 Verwitterter Hangschutt in Stufennähe

Abb. 23 Oberterrassenrest auf der Sandschwemmebene von Bardai

Abb. 24 Oberterrassenrest auf der Sandschwemmebene von Bardai: Zu Windkantern umgeformte Basaltgerölle, Verwitterungsschutt, Flugsande über Polygonmuster des Schaumbodens (Tonhaut)

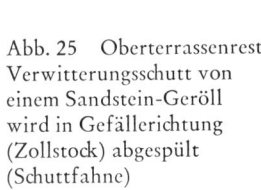

Abb. 25 Oberterrassenrest, Verwitterungsschutt von einem Sandstein-Geröll wird in Gefällerichtung (Zollstock) abgespült (Schuttfahne)

Abb. 26 Verwitterung eines Basaltgerölls der Oberterrasse. Verwitterungsschutt und Flugsandbedeckung der Tonhaut

Abb. 27 Mit Material der Oberterrasse verfülltes Gerinne auf der Sandschwemmebene von Bardai, angeschnitten durch die rezente Zertalung

Abb. 28 Ausbeißender Sandstein am Nordfuß des Inselbergkomplexes auf der Sandschwemmebene am Dougué

Abb. 29 Randfurche am Inselbergkomplex (Sandschwemmebene am Dougué). Schutthangreste, verwitterter Scherbenschutt in bodenähnlicher brauner Feinmaterialmatrix

Abb. 30 Sedimente der Sandschwemmebene am Dougué. Locker-Grobmaterial über Feinmaterialschicht

Abb. 31 Keilförmiges Eingreifen der Sandschwemmebene am Dougué in die Sedimente der Oberterrasse

Abb. 32 Aktive Unterschneidung der Oberterrassen-Sedimente durch die Sandschwemmebene am Dougué

Abb. 33 Sandschwemmebene am Flugfeld von Bardai-Zougra (Westseite)

Abb. 34 Sandschwemmebene am Flugfeld von Bardai-Zougra (Ostseite)

Abb. 35 Versteinertes Holz auf der Sandschwemmebene am Flugfeld Bardai-Zougra (Ostseite)

Abb. 36 Inselberg „Goni" auf der Flugplatzebene von Bardai-Zougra. Konkave Schutthänge, Kerbrinnenzerschneidung

Abb. 37 Verwitterung des fast saiger stehenden Schiefers im Djebel Eghei

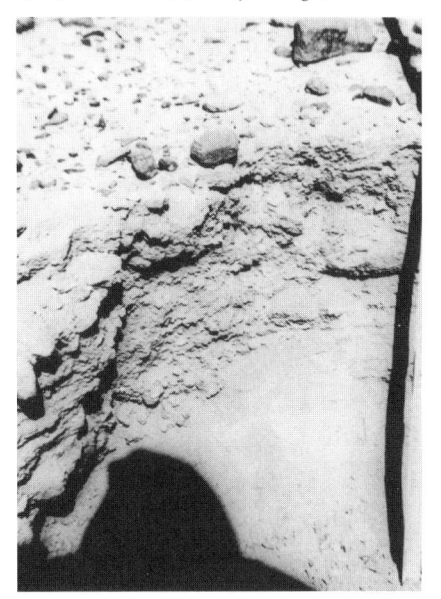

Abb. 38 Stark verwittertes Schuttmaterial im stufennahen Bereich (Sandschwemmebene von Bardai)

Verzeichnis

der bisher erschienenen Aufsätze (A), Mitteilungen (M) und Monographien (Mo)
aus der Forschungsstation Bardai/Tibesti

BÖTTCHER, U. (1969): Die Akkumulationsterrassen im Ober- und Mittellauf des Enneri Misky (Südtibesti). Berliner Geogr. Abh., Heft 8, S. 7-21, 5 Abb., 9 Fig., 1 Karte. Berlin. (A)

BÖTTCHER, U.; ERGENZINGER, P.-J.; JAECKEL, S. H. (†) und KAISER, K. (1972): Quartäre Seebildungen und ihre Mollusken-Inhalte im Tibesti-Gebirge und seinen Rahmenbereichen der zentralen Ostsahara. Zeitschr. f. Geomorph., N. F., Bd. 16, Heft 2, S. 182-234. 4 Fig., 4 Tab., 3 Mollusken-Tafeln, 15 Photos. Stuttgart. (A)

BRIEM, E. (1976): Beiträge zur Talgenese im westlichen Tibesti-Gebirge. Berliner Geogr. Abh., Heft 24, S. 45-54, 7 Fig., 21 Abb., 1 Karte, Berlin. (A)

BRIEM, E. (1977): Beiträge zur Genese und Morphodynamik des ariden Formenschatzes unter besonderer Berücksichtigung des Problems der Flächenbildung am Beispiel der Sandschwemmebenen in der östlichen Zentralsahara. Arbeit aus der Forschungsstation Bardai/Tibesti. Berliner Geogr. Abh., Heft 26, 38 Abb. 23 Fig. 8 Tab. 155 Diagr., 2 Karten, Berlin. (Mo)

BRUSCHEK, G. J. (1972): Soborom — Souradom — Tarso Voon — Vulkanische Bauformen im zentralen Tibesti-Gebirge — und die postvulkanischen Erscheinungen von Soborom. — Berliner Geogr. Abh., Heft 16, S. 35-47, 9 Fig., 14 Abb. Berlin. (A)

BRUSCHEK, G. J. (1974): Zur Geologie des Tibesti-Gebirges (Zentrale Sahara). — FU Pressedienst Wissenschaft, Nr. 5/74, S. 15-36. Berlin. (A)

BUSCHE, D. (1972): Untersuchungen an Schwemmfächern auf der Nordabdachung des Tibestigebirges (République du Tchad). Berliner Geogr. Abh., Heft 16, S. 113-123. Berlin. (A)

BUSCHE, D. (1972): Untersuchungen zur Pedimententwicklung im Tibesti-Gebirge (République du Tchad). Zeitschr. f. Geomorph., N. F., Suppl.-Bd. 15, S. 21-38. Stuttgart. (A)

BUSCHE, D. (1973): Die Entstehung von Pedimenten und ihre Überformung, untersucht an Beispielen aus dem Tibesti-Gebirge, République du Tchad. — Berliner Geogr. Abh., Heft 18, 130 S., 57 Abb., 22 Fig., 1 Tab., 6 Karten. Berlin. (Mo)

ERGENZINGER, P. (1966): Road Log Bardai — Trou au Natron (Tibesti). In: South-Central Libya and Northern Chad, ed. by J. J. WILLIAMS and E. KLITZSCH, Petroleum Exploration Society of Libya, S. 89-94. Tripoli. (A)

ERGENZINGER, P. (1967): Die natürlichen Landschaften des Tschadbeckens. Informationen aus Kultur und Wirtschaft. Deutsch-tschadische Gesellschaft (KW) 8/67. Bonn. (A)

ERGENZINGER, P. (1968): Vorläufiger Bericht über geomorphologische Untersuchungen im Süden des Tibestigebirges. Zeitschr. f. Geomorph., N. F., Bd. 12, S. 98-104. Berlin. (A)

ERGENZINGER, P. (1968): Beobachtungen im Gebiet des Trou au Natron/Tibestigebirge. Die Erde, Zeitschr. d. Ges. f. Erdkunde zu Berlin, Jg. 99, S. 176-183. (A)

ERGENZINGER, P. (1969): Rumpfflächen, Terrassen und Seeablagerungen im Süden des Tibestigebirges. Tagungsber. u. wiss. Abh. Deut. Geographentag, Bad Godesberg 1967, S. 412-427. Wiesbaden. (A)

ERGENZINGER, P. (1969): Die Siedlungen des mittleren Fezzan (Libyen). Berliner Geogr. Abh., Heft 8, S. 59-82, Tab., Fig., Karten. Berlin. (A)

ERGENZINGER, P. (1972): Reliefentwicklung an der Schichtstufe des Massiv d'Abo (Nordwesttibesti). Zeitschr. f. Geomorph., N. F., Suppl.-Bd. 15, S. 93-112. Stuttgart. (A)

ERGENZINGER, P. (1972): Siedlungen im westlichen Teil des südlichen Libyen (Fezzan). — In: Die Sahara und ihre Randgebiete, Bd. II, ed. H. Schiffers, S. 171-182, 11 Abb. Weltforum Vlg. München. (A)

GABRIEL, B. (1970): Bauelemente präislamischer Gräbertypen im Tibesti-Gebirge (Zentrale Ostsahara). Acta Praehistorica et Archaeologica, Bd. 1, S. 1-28, 31 Fig. Berlin. (A)

GABRIEL, B. (1972): Neuere Ergebnisse der Vorgeschichtsforschung in der östlichen Zentralsahara. Berliner Geogr. Abh., Heft 16, S. 181-186. Berlin. (A)

GABRIEL, B. (1972): Terrassenentwicklung und vorgeschichtliche Umweltbedingungen im Enneri Dirennao (Tibesti, östliche Zentralsahara). Zeitschr. f. Geomorph., N. F., Suppl.-Bd. 15, S. 113-128. 4 Fig., 4 Photos. Stuttgart. (A)

GABRIEL, B. (1972): Beobachtungen zum Wandel in den libyschen Oasen (1972). — In: Die Sahara und ihre Randgebiete, Bd. II, ed. H. Schiffers, S. 182-188. Weltforum Vlg. München. (A)

GABRIEL, B. (1972): Zur Vorzeitfauna des Tibestigebirges. — In: Palaeoecology of Africa and of the Surrounding Islands and Antarctica, Vol. VI, ed. E. M. van Zinderen Bakker, S. 161-162. A. A. Balkema. Kapstadt. (A)

GABRIEL, B. (1972): Zur Situation der Vorgeschichtsforschung im Tibesti-Gebirge. — In: Palaeoecology of Africa and of the Surrounding Islands and Antarctica, Vol. VI, ed. E. M. van Zinderen Bakker, S. 219-220. A. A. Balkema, Kapstadt. (A)

GABRIEL, B. (1973): Steinplätze: Feuerstellen neolithischer Nomaden in der Sahara. — Libyca A. P. E., Bd. 21, 9 Fig., 2 Tab., S. 151-168, Algier. (A)

GABRIEL, B. (1973): Von der Routenaufnahme zum Weltraumphoto. Die Erforschung des Tibesti-Gebirges in der Zentralen Sahara. — Kartographische Miniaturen Nr. 4, 96 S., 9 Karten, 12 Abb., ausführl. Bibliographie. Vlg. Kiepert KG, Berlin. (Mo)

GABRIEL, B. (1974): Probleme und Ergebnisse der Vorgeschichte im Rahmen der Forschungsstation Bardai (Tibesti). — FU Pressedienst Wissenschaft, Nr. 5/74, S. 92-105, 10 Abb. Berlin. (A)

GABRIEL, B. (1974): Die Publikationen aus der Forschungsstation Bardai (Tibesti). — FU Pressedienst Wissenschaft, Nr. 5/74, S. 118-126. Berlin. (A)

GABRIEL, B. (1977): Zum ökologischen Wandel im Neolithikum der östlichen Zentralsahara. Arbeit aus der Forschungsstation Bardai/Tibesti. Berliner Geogr. Abh., Heft 27, Berlin. (Mo)

GAVRILOVIC, D. (1969): Inondations de l'ouadi de Bardagé en 1968. Bulletin de la Société Serbe de Géographie, T. XLIX, No. 2, p. 21-37. Belgrad (In Serbisch). (A)

GAVRILOVIC, D. (1969): Klima-Tabellen für das Tibesti-Gebirge. Niederschlagsmenge und Lufttemperatur. Berliner Geogr. Abh., Heft 8, S. 47-48. Berlin. (M)

GAVRILOVIC, D. (1969): Les cavernes de la montagne de Tibesti. Bulletin de la Société Serbe de Géographie, T. XLIX, No. 1, p. 21-31. 10 Fig. Belgrad. (In Serbisch mit ausführlichem franz. Résumé.) (A)

GAVRILOVIC, D. (1969): Die Höhlen im Tibesti-Gebirge (Zentral-Sahara). V. Int. Kongr. für Speläologie Stuttgart 1969, Abh. Bd. 2, S. 17/1-7, 8 Abb., München. (A)

GAVRILOVIC, D. (1970): Die Überschwemmungen im Wadi Bardagué im Jahr 1968 (Tibesti, Rép. du Tchad). Zeitschr. f. Geomorph., N. F., Bd. 14, Heft 2, S. 202-218, 1 Fig., 8 Abb., 5 Tabellen. Stuttgart. (A)

GAVRILOVIC, D. (1971): Das Klima des Tibesti-Gebirges. — Bull. de la Société Serbe de Géographie, T. Ll, No. 2, S. 17-40, 19 Tab., 9 Abb. Belgrad. (In Serbisch mit ausführlicher deutscher Zusammenfassung.) (A)

GEYH, M. A. und D. JÄKEL (1974): ^{14}C-Altersbestimmungen im Rahmen der Forschungsarbeiten der Außenstelle Bardai/Tibesti der Freien Universität Berlin. — FU Pressedienst Wissenschaft, Nr. 5/74, S. 106-117. Berlin. (A)

GEYH, M. A.; JÄKEL, D. (1974): Late Glacial and Holocene Climatic History of the Sahara Desert derived from a statistical Assay of 14-C-Dates. Palaeoecology, 15, S. 205-208, 2 Fig., Amsterdam. (A)

GEYH, M. A.; OBENAUF, K. P. (1974): Zur Frage der Neubildung von Grundwasser unter ariden Bedingungen. Ein Beitrag zur Hydrologie des Tibesti-Gebirges. FU Pressedienst Wissenschaft, Nr. 5/74, S. 70-91, Berlin. (A)

GRUNERT, J. (1972): Die jungpleistozänen und holozänen Flußterrassen des oberen Enneri Yebbigué im zentralen Tibesti-Gebirge (Rép. du Tchad) und ihre klimatische Deutung. Berliner Geogr. Abh., Heft 16, S. 124-137. Berlin. (A)

GRUNERT, J. (1972): Zum Problem der Schluchtbildung im Tibesti-Gebirge (Rép. du Tchad). Zeitschr. f. Geomorph., N. F., Suppl.-Bd. 15, S. 144-155. Stuttgart. (A)

GRUNERT, J. (1975): Beiträge zum Problem der Talbildung in ariden Gebieten, am Beispiel des zentralen Tibesti-Gebirges (Rép. du Tchad). — Berliner Geogr. Abh., Heft 22, 95 S., 3 Tab., 6 Fig., 58 Profile, 41 Abb., 2 Karten. Berlin. (Mo)

HABERLAND, W. (1975): Untersuchungen an Krusten, Wüstenlacken und Polituren auf Gesteinsoberflächen der mittleren Sahara (Libyen und Tchad). — Berliner Geogr. Abh., Heft 21. Berlin. (Mo)

HABERLAND, W.; FRÄNZLE, O. (1975): Untersuchungen zur Bildung von Verwitterungskrusten auf Sandsteinoberflächen in der nördlichen und mittleren Sahara (Libyen und Tschad). Würzb. Geogr. Abh., Heft 43, S. 148-163, 3 Fig., 4 Photos, 3 Tab., Würzburg. (A)

HAGEDORN, H. (1965): Forschungen des II. Geographischen Instituts der Freien Universität Berlin im Tibesti-Gebirge. Die Erde, Jg. 96, Heft 1, S. 47-48. Berlin. (M)

HAGEDORN, H. (1966): Landforms of the Tibesti Region. In: South-Central Libya and Northern Chad, ed. by J. J. WILLIAMS and E. KLITZSCH, Petroleum Exploration Society of Libya, S. 53-58. Tripoli. (A)

HAGEDORN, H. (1966): The Tibu People of the Tibesti Moutains. In: South-Central Libya and Northern Chad, ed. by J. J. WILLIAMS and E. KLITZSCH, Petroleum Exploration Society of Libya, S. 59-64. Tripoli. (A)

HAGEDORN, H. (1966): Beobachtungen zur Siedlungs- und Wirtschaftsweise der Toubous im Tibesti-Gebirge. Die Erde, Jg. 97, Heft 4, S. 268-288. Berlin. (A)

HAGEDORN, H. (1967): Beobachtungen an Inselbergen im westlichen Tibesti-Vorland. Berliner Geogr. Abh., Heft 5, S. 17-22, 1 Fig., 5 Abb. Berlin. (A)

HAGEDORN, H. (1967): Siedlungsgeographie des Sahara-Raums. Afrika-Spectrum, H. 3, S. 48 bis 59. Hamburg. (A)

HAGEDORN, H. (1968): Über äolische Abtragung und Formung in der Südost-Sahara. Ein Beitrag zur Gliederung der Oberflächenformen in der Wüste. Erdkunde, Bd. 22, H. 4, S. 257-269. Mit 4 Luftbildern, 3 Bildern und 5 Abb. Bonn. (A)

HAGEDORN, H. (1969): Studien über den Formenschatz der Wüste an Beispielen aus der Südost-Sahara. Tagungsber. u. wiss. Abh. Deut. Geographentag, Bad Godesberg 1967, S. 401-411, 3 Karten, 2 Abb. Wiesbaden. (A)

HAGEDORN, H. (1970): Quartäre Aufschüttungs- und Abtragungsformen im Bardagué-Zoumri-System (Tibesti-Gebirge). Eiszeitalter und Gegenwart, Jg. 21.

HAGEDORN, H. (1971): Untersuchungen über Relieftypen arider Räume an Beispielen aus dem Tibesti-Gebirge und seiner Umgebung. Habilitationsschrift an der Math.-Nat. Fakultät der Freien Universität Berlin. Zeitschr. f. Geomorph. Suppl.-Bd. 11, 251 S. (Mo)

HAGEDORN, H.; JÄKEL, D. (1969): Bemerkungen zur quartären Entwicklung des Reliefs im Tibesti-Gebirge (Tchad). Bull. Ass. sénég. Quatern. Ouest afr., no. 23, novembre 1969, p. 25-41. Dakar. (A)

HAGEDORN, H.; PACHUR, H.-J. (1971): Observations on Climatic Geomorphology and Quaternary Evolution of Landforms in South Central Libya. In: Symposium on the Geology of Libya, Faculty of Science, University of Libya, p. 387-400. 14. Fig. Tripoli. (A)

HECKENDORFF, W. D. (1972): Zum Klima des Tibestigebirges. Berliner Geogr. Abh., Heft 16, S. 145-164. Berlin. (A)

HECKENDORFF, W. D. (1973): Die Hochgebirgswelt des Tibesti. Klima. — In: Die Sahara und ihre Randgebiete, Bd. III ed. H. Schiffers, S. 330-339, 6 Abb., 4 Tab. Weltforum Vlg. München. (A)

HECKENDORFF, W. D. (1974): Wettererscheinungen im Tibesti-Gebirge. — FU Pressedienst Wissenschaft, Nr. 5/74, S. 51—58, 3 Abb. Berlin. (A)

HECKENDORFF, W. D. (1977): Untersuchungen zum Klima des Tibesti-Gebirges. Arbeit aus der Forschungsstation Bardai/Tibesti. Berliner Geogr. Abh., Heft 28, Berlin. (Mo)

HERRMANN, B.; GABRIEL, B. (1972): Untersuchungen an vorgeschichtlichem Skelettmaterial aus dem Tibestigebirge (Sahara). Berliner Geogr. Abh., Heft 16, S. 165-180. Berlin. (A)

HÖVERMANN, J. (1963): Vorläufiger Bericht über eine Forschungsreise ins Tibesti-Massiv. Die Erde, Jg. 94, Heft 2, S. 126-135. Berlin. (M)

HÖVERMANN, J. (1965): Eine geomorphologische Forschungsstation in Bardai/Tibesti-Gebirge. Zeitschr. f. Geomorph. NF, Bd. 9, S. 131. Berlin. (M)

HÖVERMANN, J. (1967): Hangformen und Hangentwicklung zwischen Syrte und Tschad. Les congrés et colloques de l'Université de Liège, Vol. 40. L'évolution des versants, S. 139-156. Liège. (A)

HÖVERMANN, J. (1967): Die wissenschaftlichen Arbeiten der Station Bardai im ersten Arbeitsjahr (1964/65). Berliner Geogr. Abh., Heft 5, S. 7-10. Berlin. (A)

HÖVERMANN, J. (1972): Die periglaziale Region des Tibesti und ihr Verhältnis zu angrenzenden Formungsregionen. Göttinger Geogr. Abh., Heft 60 (Hans-Poser-Festschr.), S. 261-283. 4 Abb. Göttingen. (A)

INDERMÜHLE, D. (1972): Mikroklimatische Untersuchungen im Tibesti-Gebirge (Sahara). Hochgebirgsforschung — High Mountain Research, Heft 2, S. 121-142. Univ. Vlg. Wagner. Innsbruck—München. (A)

JÄKEL, D. (1967): Vorläufiger Bericht über Untersuchungen fluviatiler Terrassen im Tibesti-Gebirge. Berliner Geogr. Abh., Heft 5, S. 39-49, 7 Profile, 4 Abb. Berlin. (A)

JÄKEL, D. (1971): Erosion und Akkumulation im Enneri Bardagué-Arayé des Tibesti-Gebirges (zentrale Sahara) während des Pleistozäns und Holozäns. Berliner Geogr. Abh., Heft 10, 52 S. Berlin. (Mo)

JÄKEL, D. (1974): Organisation, Verlauf und Ergebnisse der wissenschaftlichen Arbeiten im Rahmen der Außenstelle Bardai/Tibesti, Republik Tschad. — FU Pressedienst Wissenschaft, Nr. 5/74, S. 6-14. Berlin. (A)

JÄKEL, D. (1976): Vorläufiger Bericht über Studien zum Problem der Niederschlagsentwicklung und -verteilung im Sahel und in den angrenzenden Gebieten. Die Erde, Berlin. (A)

JÄKEL, D.; Dronia, H. (1976): Ergebnisse von Boden- und Gesteinstemperaturmessungen in der Sahara mit einem Infrarot-Thermometer sowie Berieselungsversuche an der Außenstelle Bardai des Geomorphologischen Laboratoriums der Freien Universität Berlin im Tibesti. Berliner Geogr. Abh., Heft 24, S. 55-64, 11 Fig., 1 Tab., 10 Abb., Berlin. (A)

JÄKEL, D.; SCHULZ, E. (1972): Spezielle Untersuchungen an der Mittelterrasse im Enneri Tabi, Tibesti-Gebirge. Zeitschr. f. Geomorph., N. F., Suppl.-Bd. 15, S. 129-143. Stuttgart. (A)

JANKE, R. (1969): Morphographische Darstellungsversuche in verschiedenen Maßstäben. Kartographische Nachrichten, Jg. 19, H. 4, S. 145-151. Gütersloh (A)

JANNSEN, G. (1969): Einige Beobachtungen zu Transport- und Abflußvorgängen im Enneri Bardagué bei Bardai in den Monaten April, Mai und Juni 1966. Berliner Geogr. Abh., Heft 8, S. 41-46, 3 Fig., 3 Abb. Berlin. (A)

JANNSEN, G. (1970): Morphologische Untersuchungen im nördlichen Tarso Voon (Zentrales Tibesti). Berliner Geogr. Abh., Heft 9, 36 S. Berlin. (Mo)

JANNSEN, G. (1972): Periglazialerscheinungen in Trockengebieten — ein vielschichtiges Problem. Zeitschr. f. Geomorph., N. F., Suppl.-Bd. 15, S. 167-176. Stuttgart. (A)

KAISER, K. (1967): Ausbildung und Erhaltung von Regentropfen-Eindrücken. In: Sonderveröff. Geol. Inst. Univ. Köln (Schwarzbach-Heft), Heft 13, S. 143-156, 1 Fig., 7 Abb. Köln. (A)

KAISER, K. (1970): Über Konvergenzen arider und „periglazialer" Oberflächenformung und zur Frage einer Trockengrenze solifluidaler Wirkungen am Beispiel des Tibesti-Gebirges in der zentralen Ostsahara. Abh. d. 1. Geogr. Inst. d. FU Berlin, Neue Folge, Bd. 13, S. 147-188, 15 Photos, 4 Fig., Dietrich Reimer, Berlin. (A)

KAISER, K. (1971): Beobachtungen über Fließmarken an leeseitigen Barchan-Hängen. Kölner Geogr. Arb. (Festschrift für K. KAYSER), 2 Photos, S. 65-71. Köln. (A)

KAISER, K. (1972): Der känozoische Vulkanismus im Tibesti-Gebirge. Berliner Geogr. Abh., Heft 16, S. 7-36. Berlin. (A)

KAISER, K. (1972): Prozesse und Formen der ariden Verwitterung am Beispiel des Tibesti-Gebirges und seiner Rahmenbereiche in der zentralen Sahara. Berliner Geogr. Abh., Heft 16, S. 59—92. Berlin. (A)

KAISER, K. (1973): Materialien zu Geologie, Naturlandschaft und Geomorphologie des Tibesti-Gebirges. — In: Die Sahara und ihre Randgebiete, Bd. III, ed. H. Schiffers, S. 339-369, 12 Abb. Weltforum Vlg., München. (A)

LIST, F. K.; STOCK, P. (1969): Photogeologische Untersuchungen über Bruchtektonik und Entwässerungsnetz im Präkambrium des nördlichen Tibesti-Gebirges, Zentral-Sahara, Tschad. Geol. Rundschau, Bd. 59, H. 1, S. 228-256, 10 Abb., 2 Tabellen. Stuttgart. (A)

LIST, F. K.; HELMCKE, D. (1970): Photogeologische Untersuchungen über lithologische und tektonische Kontrolle von Entwässerungssystemen im Tibesti-Gebirge (Zentrale Sahara, Tschad). Bildmessung und Luftbildwesen, Heft 5, 1970, S. 273-278. Karlsruhe.

MESSERLI, B. (1970): Tibesti — zentrale Sahara. Möglichkeiten und Grenzen einer Satellitenbild-Interpretation. Jahresbericht d. Geogr. Ges. von Bern, Bd. 49, Jg. 1967-69. Bern. (A)

MESSERLI, B. (1972): Formen und Formungsprozesse in der Hochgebirgsregion des Tibesti. Hochgebirgsforschung — High Mountain Research, Heft 2, S. 23-86. Univ. Vlg. Wagner. Innsbruck—München. (A)

MESSERLI, B. (1972): Grundlagen [der Hochgebirgsforschung im Tibesti]. Hochgebirgsforschung — High Mountain Research, Heft 2, S. 7-22. Univ. Vlg. Wagner. Innsbruck—München. (A)

MESSERLI, B.; INDERMÜHLE, D. (1968): Erste Ergebnisse einer Tibesti-Expedition 1968. Verhandlungen der Schweizerischen Naturforschenden Gesellschaft 1968, S. 139-142. Zürich. (M)

MESSERLI, B.; INDERMÜHLE, D.; ZURBUCHEN, M. (1970): Emi Koussi — Tibesti. Eine topographische Karte vom höchsten Berg der Sahara. Berliner Geogr. Abh., Heft 16, S. 138 bis 144. Berlin. (A)

MOLLE, H. G. (1969): Terrassenuntersuchungen im Gebiet des Enneri Zoumri (Tibestigebirge). Berliner Geogr. Abh., Heft 8, S. 23-31, 5 Fig. Berlin. (A)

MOLLE, H. G. (1971): Gliederung und Aufbau fluviatiler Terrassenakkumulationen im Gebiet des Enneri Zoumri (Tibesti-Gebirge). Berliner Geogr. Abh., Heft 13. Berlin. (Mo)

OBENAUF, K. P. (1967): Beobachtungen zur pleistozänen und holozänen Talformung im Nordwest-Tibesti. Berliner Geogr. Abh., Heft 5, S. 27-37, 5 Abb., 1 Karte. Berlin. (A)

OBENAUF, K. P. (1971): Die Enneris Gonoa, Toudoufou, Oudingueur und Nemagayesko im nordwestlichen Tibesti. Beobachtungen zu Formen und zur Formung in den Tälern eines ariden Gebirges. Berliner Geogr. Abh., Heft 12, 70 S. Berlin. (Mo)

OKRUSCH, M.; G. STRUNK-LICHTENBERG und B. GABRIEL (1973): Vorgeschichtliche Keramik aus dem Tibesti (Sahara). I. Das Rohmaterial. — Berichte der Deutschen Keramischen Gesellschaft, Bd. 50, Heft 8, S. 261-267, 7 Abb., 2 Tab. Bad Honnef. (A)

PACHUR, H. J. (1967): Beobachtungen über die Bearbeitung von feinkörnigen Sandakkumulationen im Tibesti-Gebirge. Berliner Geogr. Abh., Heft 5, S. 23-25. Berlin. (A)

PACHUR, H. J. (1970): Zur Hangformung im Tibestigebirge (République du Tchad). Die Erde, Jg. 101, H. 1, S. 41-54, 5 Fig., 6 Bilder, de Gruyter, Berlin. (A)

PACHUR, H. J. (1974): Geomorphologische Untersuchungen im Raum der Serir Tibesti. — Berliner Geogr. Abh., Heft 17, 62 S., 39 Photos, 16 Fig. und Profile, 9 Tab. Berlin. (Mo)

PACHUR, H. J. (1975): Zur spätpleistozänen und holozänen Formung auf der Nordabdachung des Tibesti-Gebirges. — Die Erde, 4. Jg. 106, H. 1/2, S. 21-46, 3 Fig., 4 Photos, 1 Tab. Berlin. (A)

PÖHLMANN, G. (1969): Eine Karte der Oase Bardai im Maßstab 1 : 4000. Berliner Geogr. Abh., Heft 8, S. 33-36, 1 Karte. Berlin. (A)

PÖHLMANN, G. (1969): Kartenprobe Bardai 1 : 25 000. Berliner Geogr. Abh., Heft 8, S. 36-39, 2 Abb., 1 Karte. Berlin. (A)

REESE, D.; OKRUSCH, M.; KAISER, K. (1976): Die Vulkanite des Trou au Natron im westlichen Tibestigebirge (Zentral-Sahara). Berliner Geogr. Abh., Heft 24, S. 7-39, Berlin. (A)

ROLAND, N. W. (1971): Zur Altersfrage des Sandsteines bei Bardai (Tibesti, Rép. du Tchad). 4 Abb. N. Jb. Geol. Paläont., Mh., S. 496-506. (A)

ROLAND, N. W. (1973): Die Anwendung der Photointerpretation zur Lösung stratigraphischer und tektonischer Probleme im Bereich von Bardai und Aozou (Tibesti-Gebirge, Zentral-Sahara). — Bildmessung und Luftbildwesen, Bd. 41, Heft 6, S. 247-248. Karlsruhe. (A)

ROLAND, N. W. (1973): Die Anwendung der Photointerpretation zur Lösung stratigraphischer und tektonischer Probleme im Bereich von Bardai und Aozou (Tibesti-Gebirge, Zentral-Sahara). — Berliner Geogr. Abh., Heft 19, 48 S., 35 Abb., 10 Fig., 4 Tab., 2 Karten. Berlin. (Mo)

ROLAND, N. W. (1974): Methoden und Ergebnisse photogeologischer Untersuchungen im Tibesti-Gebirge, Zentral-Sahara. — FU Pressedienst Wissenschaft, Nr. 5/74, S. 37-50, 5 Abb. Berlin. (A)

ROLAND, N. W. (1974): Zur Entstehung der Trou-au-Natron-Caldera (Tibesti-Gebirge, Zentral-Sahara) aus photogeologischer Sicht. — Geol. Rundschau, Bd. 63, Heft 2, S. 689-707, 7 Abb., 1 Tab., 1 Karte. Stuttgart. (A)

ROLAND, N. W. (1976): Erläuterungen zur photogeologischen Karte des Trou-au-Natron-Gebietes (Tibesti-Gebirge, Zentral-Sahara). Berliner Geogr. Abh., Heft 24, S. 39-44, 10 Abb., 1 Karte, Berlin. (A)

SCHOLZ, H. (1966): Beitrag zur Flora des Tibesti-Gebirges (Tschad). Willdenowia, 4/2, S. 183 bis 202. Berlin. (A)

SCHOLZ, H. (1966): Die Ustilagineen des Tibesti-Gebirges (Tschad). Willdenowia, 4/2, S. 203 bis 204. Berlin. (A)

SCHOLZ, H. (1966): Quezelia, eine neue Gattung aus der Sahara (Cruziferae, Brassiceae, Vellinae). Willdenowia, 4/2, S. 205-207. Berlin. (A)

SCHOLZ, H. (1967): Baumbestand, Vegetationsgliederung und Klima des Tibesti-Gebirges. Berliner Geogr. Abh., Heft 5, S. 11-17, Berlin. (A)

SCHOLZ, H. (1971): Einige botanische Ergebnisse einer Forschungsreise in die libysche Sahara (April 1970). Willdenowia, 6/2, S. 341-369. Berlin. (A)

SCHOLZ, H. und B. GABRIEL (1973): Neue Florenliste aus der libyschen Sahara. — Willdenowia, VII/1, S. 169-181, 2 Abb. Berlin (A)

SCHULZ, E. (1972): Pollenanalytische Untersuchungen pleistozäner und holozäner Sedimente des Tibesti-Gebirges (S-Sahara). — In: Palaeoecology of Africa and of the Surrounding Islands and Antarctica, Vol. VII, ed. E. M. van Zinderen Bakker, S. 14-16, A. A. Balkema, Kapstadt. (A)

SCHULZ, E. (1974): Pollenanalytische Untersuchungen quartärer Sedimente aus dem Tibesti-Gebirge. — FU Pressedienst Wissenschaft, Nr. 5/74, S. 59-69, 8 Abb. Berlin. (A)

STOCK, P. (1972): Photogeologische und tektonische Untersuchungen am Nordrand des Tibesti-Gebirges, Zentralsahara, Tchad. Berliner Geogr. Abh., Heft 14. Berlin. (Mo)

STOCK, P.; PÖHLMANN, G. (1969): Ofouni 1 : 50 000. Geologisch-morphologische Luftbildinterpretation. Selbstverlag G. Pöhlmann, Berlin.

STRUNK-LICHTENBERG, G.; B. GABRIEL und M. OKRUSCH (1973): Vorgeschichtliche Keramik aus dem Tibesti (Sahara). II. Der technologische Entwicklungsstand. — Berichte der Deutschen Keramischen Gesellschaft, Bd. 50, Heft 9, S. 294-299, 6 Abb. Bad Honnef. (A)

VILLINGER, H. (1967): Statistische Auswertung von Hangneigungsmessungen im Tibesti-Gebirge. Berliner Geogr. Abh., Heft 5, S. 51-65, 6 Tabellen, 3 Abb. Berlin. (A)

ZURBUCHEN, M.; MESSERLI, B. und INDERMÜHLE, D. (1972): Emi Koussi — eine Topographische Karte vom höchsten Berg der Sahara. Hochgebirgsforschung — High Mountain Research, Heft 2, S. 161-179. Univ. Vlg. Wagner. Innsbruck—München. (A)

Unveröffentlichte Arbeiten:

BÖTTCHER, U. (1968): Erosion und Akkumulation von Wüstengebirgsflüssen während des Pleistozäns und Holozäns im Tibesti-Gebirge am Beispiel von Misky-Zubringern. Unveröffentlichte Staatsexamensarbeit im Geomorph. Lab. der Freien Universität Berlin. Berlin.

BRIEM, E. (1971): Beobachtungen zur Talgenese im westlichen Tibesti-Gebirge. Dipl.-Arbeit am II. Geogr. Institut d. FU Berlin. Manuskript.

BRUSCHEK, G. (1969): Die rezenten vulkanischen Erscheinungen in Soborom, Tibesti, Rép. du Tchad, 27 S. und Abb. (Les Phénomenes volcaniques récentes à Soborom, Tibesti, Rép. du Tchad.) Ohne Abb. Manuskript. Berlin/Fort Lamy.

BRUSCHEK, G. (1970): Geologisch-vulkanologische Untersuchungen im Bereich des Tarso Voon im Tibesti-Gebirge (Zentrale Sahara). Diplom-Arbeit an der FU Berlin. 189 S., zahlr. Abb. Berlin.

BUSCHE, D. (1968): Der gegenwärtige Stand der Pedimentforschung (unter Verarbeitung eigener Forschungen im Tibesti-Gebirge). Unveröffentlichte Staatsexamensarbeit am Geomorph. Lab. der Freien Universität Berlin. Berlin.

ERGENZINGER, P. (1971): Das südliche Vorland des Tibesti. Beiträge zur Geomorphologie der südlichen zentralen Sahara. Habilitationsschrift an der FU Berlin vom 28. 2. 1971. Manuskript 173 S., zahlr. Abb., Diagramme, 1 Karte (4 Blätter). Berlin.

GABRIEL, B. (1970): Die Terrassen des Enneri Dirennao. Beiträge zur Geschichte eines Trockentales im Tibesti-Gebirge. Diplom-Arbeit am II. Geogr. Inst. d. FU Berlin. 93 S. Berlin.

GRUNERT, J. (1970): Erosion und Akkumulation von Wüstengebirgsflüssen. — Eine Auswertung eigener Feldarbeiten im Tibesti-Gebirge. Hausarbeit im Rahmen der 1. (wiss.) Staatsprüfung für das Amt des Studienrats. Manuskript am II. Geogr. Institut der FU Berlin (127 S., Anlage: eine Kartierung im Maßstab 1 : 25 000).

HABERLAND, W. (1970): Vorkommen von Krusten, Wüstenlacken und Verwitterungshäuten sowie einige Kleinformen der Verwitterung entlang eines Profils von Misratah (an der libyschen Küste) nach Kanaya (am Nordrand des Erg de Bilma). Diplom-Arbeit am II. Geogr. Institut d. FU Berlin. Manuskript, 60 S.

HECKENDORFF, W. D. (1969): Witterung und Klima im Tibesti-Gebirge. Unveröffentlichte Staatsexamensarbeit am Geomorph. Labor der Freien Universität Berlin, 217 S. Berlin.

INDERMÜHLE, D. (1969): Mikroklimatologische Untersuchungen im Tibesti-Gebirge. Dipl.-Arb. am Geogr. Institut d. Universität Bern.

JANKE, R. (1969): Morphographische Darstellungsversuche auf der Grundlage von Luftbildern und Geländestudien im Schieferbereich des Tibesti-Gebirges. Dipl.-Arbeit am Lehrstuhl f. Kartographie d. FU Berlin. Manuskript, 38 S.

SCHULZ, E. (1973): Zur quartären Vegetationsgeschichte der zentralen Sahara unter Berücksichtigung eigener pollenanalytischer Untersuchungen aus dem Tibesti-Gebirge. — Hausarbeit für die 1. (wiss.) Staatsprüfung, FB 23 der FU Berlin, 141 S. Berlin.

TETZLAFF, M. (1968): Messungen solarer Strahlung und Helligkeit in Berlin und in Bardai (Tibesti). Dipl.-Arbeit am Institut f. Meteorologie d. FU Berlin.

VILLINGER, H. (1966): Der Aufriß der Landschaften im hochariden Raum. — Probleme, Methoden und Ergebnisse der Hangforschung, dargelegt aufgrund von Untersuchungen im Tibesti-Gebirge. Unveröffentlichte Staatsexamensarbeit am Geom. Labor der Freien Universität Berlin.

Arbeiten, in denen Untersuchungen aus der Forschungsstation Bardai in größerem Umfang verwandt worden sind:

GEYH, M. A. und D. JÄKEL (1974): Spätpleistozäne und holozäne Klimageschichte der Sahara aufgrund zugänglicher 14-C-Daten. — Zeitschr. f. Geomorph., N. F., Bd. 18, S. 82-98, 6 Fig., 3 Photos, 2 Tab. Stuttgart—Berlin. (A)

HELMCKE, D.; F. K. LIST und N. W. ROLAND (1974): Geologische Auswertung von Luftaufnahmen und Satellitenbildern des Tibesti (Zentral-Sahara, Tschad). — Zeitschr. Deutsch. Geol. Ges., Bd. 125 (im Druck). Hannover. (A)

JUNGMANN, H. und J. WITTE (1968): Magensäureuntersuchungen bei Tropenreisenden. — Medizinische Klinik, 63. Jg., Nr. 5, S. 173-175, 1 Abb. München u. a. (A)

KALLENBACH, H. (1972): Petrographie ausgewählter quartärer Lockersedimente und eisenreicher Krusten der libyschen Sahara. Berliner Geogr. Abh., Heft 16, S. 93-112. Berlin. (A)

KLAER, W. (1970): Formen der Granitverwitterung im ganzjährig ariden Gebiet der östlichen Sahara (Tibesti). Tübinger Geogr. Stud., Bd. 34 (Wilhelmy-Festschr.), S. 71-78. Tübingen. (A)

KLITZSCH, E.; SONNTAG, C.; WEISTROFFER, K.; EL SHAZLY, E. M. (1976): Grundwasser der Zentralsahara: Fossile Vorräte. Geol. Rundschau, 65, 1, pp. 264-287, Stuttgart. (A)

LIST, F. K.; D. HELMCKE und N. W. ROLAND (1973): Identification of different lithological and structural units, comparison with aerial photography and ground investigations, Tibesti Mountains, Chad. — S R No. 349, NASA Report I-01, July 1973. (A)

LIST, F. K.; D. HELMCKE und N. W. ROLAND (1974): Vergleich der geologischen Information aus Satelliten- und Luftbildern sowie Geländeuntersuchungen im Tibesti-Gebirge (Tschad). — Bildmessung und Luftbildwesen, Bd. 142, Heft 4, S. 116-122. Karlsruhe. (A)

PACHUR, H. J. (1966): Untersuchungen zur morphoskopischen Sandanalyse. Berliner Geographische Abhandlungen, Heft 4, 35 S. Berlin.

REESE, D. (1972): Zur Petrographie vulkanischer Gesteine des Tibesti-Massivs (Sahara). Dipl.-Arbeit am Geol.-Mineral. Inst. d. Univ. Köln, 143 S.

SCHINDLER, P.; MESSERLI, B. (1972): Das Wasser der Tibesti-Region. Hochgebirgsforschung — High Mountain Research, Heft 2, S. 143-152. Univ. Vlg. Wagner. Innsbruck—München. (A)

SIEGENTHALER, U.; SCHOTTERER, U.; OESCHGER, H. und MESSERLI, B. (1972): Tritiummessungen an Wasserproben aus der Tibesti-Region. Hochgebirgsforschung — High Mountain Research, Heft 2, S. 153-159. Univ. Vlg. Wagner. Innsbruck—München. (A)

SONNTAG, C. (1976): Grundwasserdatierung aus der Sahara nach ^{14}C und Tritium.

TETZLAFF, G. (1974): Der Wärmehaushalt in der zentralen Sahara. — Berichte des Instituts für Meteorologie und Klimatologie der TH Hannover, Nr. 13, 113 S., 23 Abb., 15 Tab. Hannover. (Mo)

VERSTAPPEN, H. Th.; VAN ZUIDAM, R. A. (1970): Orbital Photography and the Geosciences — a geomorphological example from the Central Sahara. Geoforum 2, p. 33-47, 8 Fig. (A)

WINIGER, M. (1972): Die Bewölkungsverhältnisse der zentral-saharischen Gebirge aus Wettersatellitenbildern. Hochgebirgsforschung — High Mountain Research, Heft 2, S. 87-120. Univ. Vlg. Wagner. Innsbruck—München. (A)

WITTE, J. (1970): Untersuchungen zur Tropenakklimatisation (Orthostatische Kreislaufregulation, Wasserhaushalt und Magensäureproduktion in den trocken-heißen Tropen). Med. Diss., Hamburg 1970. Bönecke-Druck, Clausthal-Zellerfeld, 52 S. (Mo)

ZIEGERT, H. (1969): Gebel ben Ghnema und Nord-Tibesti. Pleistozäne Klima- und Kulturenfolge in der zentralen Sahara. Mit 34 Abb., 121 Taf. und 6 Karten, 164 S. Steiner, Wiesbaden.